Laser für die Oberflächenbehandlung

Konzeption geeigneter Systeme

Dr.-Ing. Heinrich Raimund Schunk

Springer-Verlag Berlin Heidelberg GmbH

Bei diesem Buch handelt es sich um die Dissertation des Verfassers im Jahr 1991 an der RWTH Aachen (D 82) mit dem Titel „Konzeption von Lasersystemen für die Oberflächenbehandlung".

Die Deutsche Bibliothek – CIP-Einheitsaufnahme

Schunk, Heinrich Raimund:
Laser für die Oberflächenbehandlung: Konzeption geeigneter Systeme / Heinrich Raimund Schunk. – Düsseldorf: VDI-Verl., 1992
  Zugl.: Aachen, Techn. Hochsch., Diss. u. d. T.: Schunk, Heinrich Raimund: Konzeption von Lasersystemen für die Oberflächenbehandlung

© Springer-Verlag Berlin Heidelberg 1992
Ursprünglich erschienen bei VDI-Verlag GmbH, Düsseldorf 1992

Alle Rechte, auch das des auszugsweisen Nachdruckes, der auszugsweisen oder vollständigen photomechanischen Wiedergabe (Photokopie, Mikrokopie), der elektronischen Datenspeicherung (Wiedergabesysteme jeder Art) und das der Übersetzung, vorbehalten.

ISBN 978-3-540-62237-6   ISBN 978-3-642-95780-2 (eBook)
DOI 10.1007/978-3-642-95780-2

Vorwort

Befürchtungen seitens potentieller Anwender bezüglich der mangelnden Wirtschaftlichkeit der Laseroberflächenbehandlung behindern die schnellere Diffusion des Verfahrens in die industrielle Praxis. In der Vergangenheit wurde primär versucht, diesen Defiziten durch Forschungs- und Entwicklungstätigkeiten im Bereich der Prozeß- und der Anlagentechnologie zu begegnen. Der rein technischen Optimierung sind jedoch Grenzen gesetzt. Der ökonomische Erfolg von Investitionsvorhaben in die Laseroberflächenbehandlung wird aufgrund der Variationsmöglichkeiten bei der Auswahl und der Konfiguration von Lasersystemen auch durch planerische Tätigkeiten wesentlich beeinflußt.

Die Dissertation von Herrn Schunk, der vom Mai 1987 bis August 1991 am Fraunhofer-Insitut für Produktionstechnologie in der von mir geleiteten Abteilung "Planung und Organisation" beschäftigt war, liefert einen Beitrag zu dem oben beschriebenen Sachverhalt. Das vorliegende Buch hat die Entwicklung einer Methode zur Konzeption von Anlagen für die Laseroberflächenbehandlung sowie die Erarbeitung von Hilfsmitteln zur Unterstützung der wesentlichen Planungsfunktionen zum Ziel.

Die derzeit übliche Planungspraxis und die herkömmlichen Verfahren der technischen Investitionsplanung, die bei der Planung von Laseroberflächenbehandlungsanlagen zur Anwendung kommen, berücksichtigen die Notwendigkeit der Technologieentwicklung und den Bedarf an planungsbegleitenden Entscheidungen nur unzureichend. Dies führt zu teilweise unter ökonomischen Gesichtspunkten suboptimalen Systemlösungen. Aus diesem Grund wird in der vorliegenden Arbeit auf der Basis systemtheoretischer Überlegungen eine neue Planungsmethode entwickelt, die den Anforderungen innovativer Technologien gerecht wird. Insbesondere das vorgestellte Programm zur rechnerunterstützten monetären Bewertung von Teil- und Gesamtsystemen ermöglicht es dem Planer, durch "Simulation" und gezielte Auswahl verschiedener Anlagenkonzepte, bereits auf der Basis grober Eckdaten die Wirtschaftlichkeit einer Investition in die Laseroberflächenbehandlung abzuschätzen. Damit kann dem Argument der Entscheidungsunsicherheit bezüglich ökonomischer Aspekte beim Einsatz von Lasersystemen zur Oberflächenbehandlung bereits im frühen Planungsstadium wirkungsvoll begegnet werden.

Prof. Dr.-Ing. Dipl.-Wirt.Ing. Walter Eversheim

Danksagung

Das vorliegende Buch entstand während meiner Tätigkeit als wissenschaftlicher Mitarbeiter am Fraunhofer-Institut für Produktionstechnologie in Aachen. Es entspricht meiner Dissertation, die an der Rheinisch-Westfälischen Technischen Hochschule Aachen von der Fakultät für Maschinenwesen unter den Titel "Konzeption von Lasersystemen für die Oberflächenbehandlung" genehmigt wurde.

Herrn Professor Dr.-Ing. Dipl.-Wirt. Ing. W. Eversheim, dem Leiter der Abteilung Planung und Organisation am oben genannten Institut und Leiter des Lehrstuhls für Produktionssystematik am Laboratorium für Werkzeugmaschinen und Betriebslehre der Rheinisch-Westfälischen Technischen Hochschule Aachen, bin ich zu besonderem Dank verpflichtet für seine wohlwollende Unterstützung und großzügige Förderung, die mir wertvolle Erfahrungen vermittelt und die Durchführung dieser Arbeit ermöglicht haben. Herrn Professor Dr.-Ing. J. Milberg danke ich für die kritische Durchsicht der Dissertation und die Übernahme des Korreferats.

Mein Dank gilt ebenfalls Herrn Dr.-Ing. M. Groß, Herrn Dr.-Ing. F. Oehmke, Herrn Dipl.-Ing. F. Treppe und Herrn Dr.-Ing. P. Zeller für ihre kritischen und konstruktiven Hinweise während der Anfertigung dieser Arbeit.

Weiterhin bedanke ich mich bei allen Freunden sowie Mitarbeitern des Institutes, die mich durch ihre persönliche Einsatz- und Hilfsbereitschaft unterstützt haben. Diesen Dank möchte ich vor allem Herrn Dr.-Ing. T. Haermeyer, Herrn Dipl.-Ing. L. Rozsnoky und Herrn Dr.-Ing. H. Trappmann sowie meinen "Hiwis" Herrn Dipl.-Ing. M. Adams, Herrn Dipl.-Ing. J. Berndt, Herrn cand. ing. G. Restrepo Correa und Herrn Dipl.-Ing. T. Rikus aussprechen. Besonders hervoheben möchte ich meinen Kollegen und Freund Herrn Dr.-Ing. Dipl.-Wirt. Ing. E. Steinfatt, dessen selbstlose Unterstützung sowie stete Gesprächsbereitschaft entscheidend zum Gelingen dieser Arbeit beigetragen haben.

In ganz besonderem Maß danke ich Elke. Ihre Unterstützung, ihr Verständnis und ihre Bereitschaft zum Verzicht schufen den Freiraum, der für die Erstellung der Arbeit nötig war.

Schließlich aber nicht zuletzt bin ich meinen Eltern und meinem Bruder zu großem Dank verpflichtet. Sie gaben mir Rückhalt und wiesen den Weg, der zur Entstehung dieser Arbeit führte.

Seite

Verwendete Abkürzungen und Formelzeichen

Bd.	Band
BMFT	Bundesministerium für Forschung und Technologie
C	Celsius
CAD	Computer Aided Design
CAM	Computer Aided Manufacturing
CIM	Computer Integrated Manufacturing
CNC	Computer Numerical Control
DIN	Deutsches Institut für Normung e.V.
DM	Deutsche Mark
DNC	Direct Numerical Control
DVS	Deutscher Verband für Schweißtechnik
EDV	Elektronische Datenverarbeitung
EVAS	Erzeugnis-Varianten-Analysesystem (WZL)
GISA	Graphisch interaktive Simulation und Animation (WZL)
He	Helium
HRC	Rockwell Härte
Hrsg.	Herausgeber
Inc.	Incorporated
INVEST	Programm zur Berechnung wirtschaftlicher Kennzahlen (WZL)
IFO	Institut für Wirtschaftsforschung
INKOS	Informations- und Kommunikationssystem (WZL)
IPT	Fraunhofer Institut für Produktionstechnologie
KCIM	Komission CIM im DIN
KOMO	Programmsystem zur Bewertung von Produktvarianten (WZL)
Laser	Light Amplification of Stimulated Emission by Radiation
LASPLAN	EDV-Programm zur Investitionsplanung von Laseranlagen (IPT)
Ltd.	Limited
Mio	Millionen
Ne	Neon
Nd:YAG	Neodym: Yttrium-Aluminium-Granat
N.N.	nomen nescio
Nr.	Nummer
PC	Personal Computer
PCSA	PC-Programm zur Structured Analysys

P_L	Laserleistung
R	Menge der Relationen
REFA	Verband für Arbeitsstudien
RWTH	Rheinisch Westfälische Technische Hochschule
S	System
S.	Seite
TA	Technische Anweisung
TDM	Tausend Deutsche Mark
TEM	Transversaler Elektromagnetischer Mode
TH	Technische Hochschule
TU	Technische Universität
UVV	Unfall Verhütungs Vorschrift
VDI	Verein Deutscher Ingenieure e.V.
VDI-Z	VDI-Zeitschrift
VDMA	Verband Deutscher Maschinenbau-Anstalten e.V.
VDW	Verein Deutscher Werkzeugmaschinenfabriken e.V.
Vol.	Volume
W	Watt
WZL	Laboratorium für Werkzeugmaschinen und Betriebslehre
X	Menge der Funktionen
ZnSe	Zinkselenid
ZWS	Zusatzwerkstoff
°	Grad
a	Jahr
bzw.	beziehungsweise
ca.	circa
cm	Zentimeter
cm^2	Quadratzentimeter
cw	continuous wave
e.a.	et alterum
etc.	et cetera
e.V.	eingetragener Verein
ff.	folgende
g	Gramm
h	Stunde
kg	Kilogramm
kW	Kilowatt
kWh	Kilowatt Stunde
l	Liter
m	Meter

m^2	Quadratmeter
max.	Maximum
min.	Minute
mm	Millimeter
mrad	Millirad
ms	Millisekunde
s	Sekunde
t	Zeit
u.	und
u.a.	unter anderem
vgl.	vergleiche
wt	Werkstatttechnik, Zeitschrift für industrielle Fertigung
z.B.	zum Beispiel
µm	Mikrometer
µrad	Mikrorad

Kapitel 1

Einleitung

Mit der Entwicklung der ersten CO_2- und Nd:YAG-Laser Mitte der sechziger Jahre wurde der Grundstein für den Einsatz des Lasers in der Materialbearbeitung gelegt. Mittlerweile wurden Teilbereiche der Lasermaterialbearbeitung als Fertigungsverfahren etabliert und zu Schlüsseltechnologien mit hoher Breitenwirkung entwickelt /1-3/. Die Lasertechnologie hat damit eine Entwicklung vollzogen, die in ihrem Verlauf der Computertechnologie ähnelt /4/. Vergleicht man die Umsatzentwicklungen auf diesen beiden Gebieten, läßt sich unter Berücksichtigung der um siebzehn Jahre differierenden Inventionszeitpunkte für die ersten beiden Dekaden ein fast deckungsgleicher Verlauf feststellen /5/.

1988 bezifferte das Forschungsinstitut Prognos den Weltmarkt für Lasermaterialbearbeitungssysteme auf 900 Millionen Dollar, während vorsichtigere Schätzungen zum gleichen Zeitpunkt von 600 Millionen Dollar ausgingen /6/. Auf Westeuropa entfielen zu dieser Zeit Systeme im Wert von 250 Millionen Dollar. CO_2-Lasersysteme waren dabei mit 62 % Marktanteil am weitesten verbreitet /7/. In der Bundesrepublik Deutschland setzten 1989 über 1100 Betriebe Laser zur Materialbearbeitung ein, während weitere 4500 ein Anwendungspotential für die Zukunft sahen /8/.

Wie **Bild 1** zeigt, hat die Laserbearbeitung vor allem in der Mikrobearbeitung bereits einen hohen Reifegrad erreicht. Eine Erhebung des IFO-Instituts für Wirtschaftsforschung hat ergeben, daß 1987 ein Drittel der etwa zweihundert befragten deutschen Anwender Schneidapplikationen, ein Viertel Beschriftungen und ein Fünftel Schweißapplikationen mit dem Laser durchführte. *Laseroberflächenbehandlungen* wurden zu diesem Zeitpunkt von 6,7 % der befragten Firmen realisiert /7/. Mittlerweile wird das Umwandlungshärten mit Laserstrahlung vermehrt eingesetzt, während andere Randschichtverfahren gerade die Schwelle des Laborstadiums überschritten haben /8/. Von einem industriellen Durchbruch der Laseroberflächenbehandlung kann folglich in der Bundesrepublik noch keine Rede sein.

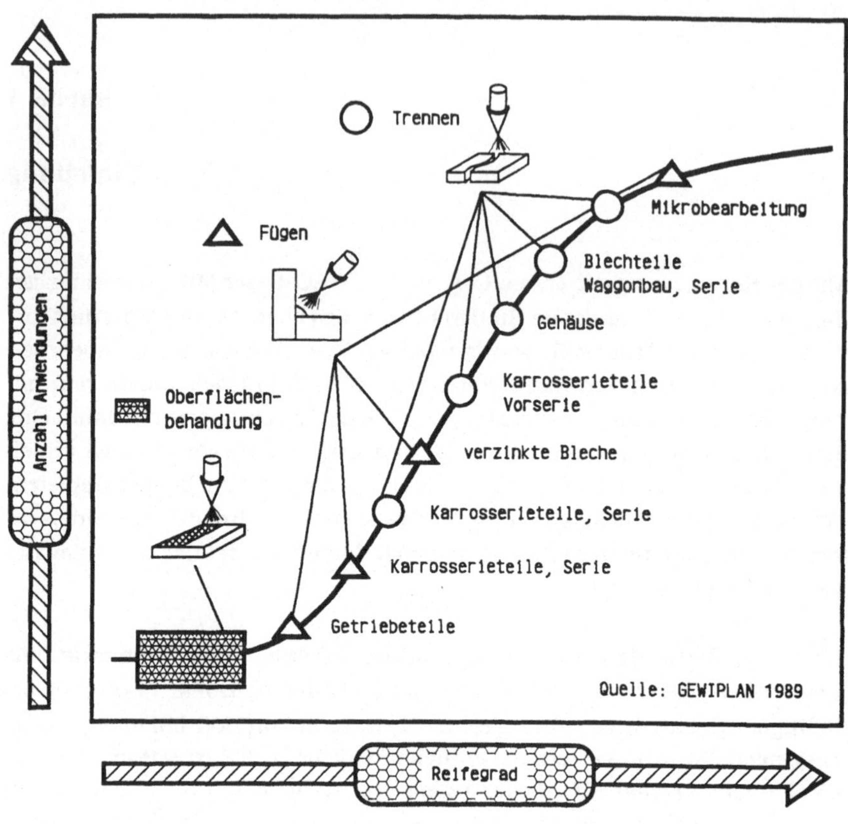

Bild 1: Diffusionsgrad verschiedener Anwendungen der Lasertechnologie

In den USA hingegen wurde die Laseroberflächenbehandlung bereits in den siebziger Jahren in der Rüstungs- sowie der Luft- und der Raumfahrtindustrie in größerem Umfang eingesetzt. Dieser Unterschied ist vor allem darauf zurückzuführen, daß in den angesprochenen Branchen Kosten gegenüber technischen Verbesserungen eine untergeordnete Bedeutung aufweisen /9/. Heute konzentrieren sich die bekannten Anwendungen auf das Härten von Großserienteilen wie z.B. Getriebegehäusen, Kurbelwellen und Zylinderlaufbuchsen oder das Beschichten von Ventilsitzen /10-16/.

Die Anzahl der Anwendungen der Laseroberflächenbehandlung wird jedoch auch in der Bundesrepublik in Zukunft steigen /17,18/. Prognosen für die nächsten Jahre gehen von einem jährlichen Weltmarktwachstum für alle

Lasermaterialbearbeitungssysteme von 10-15 % aus /3,6,7/. Der prognostizierte Anstieg der Anwendungen von Laseroberflächenbehandlungen wird vor allem mit der steigenden Verfügbarkeit von Strahlquellen höherer Leistung begründet /17,18/. So wird vorhergesagt, daß in den nächsten fünfzehn Jahren etwa 50 % aller Laserquellen mit Leistungen über 10 Kilowatt für die Oberflächenbehandlung eingesetzt werden sollen /19/.

Der insgesamt positive Trend bezüglich der Laseroberflächenbehandlung hat mehrere Ursachen. Zum einen erschließt der Laser neue Anwendungsgebiete. So können Bearbeitungsaufgaben gelöst werden, die mit konventionellen Verfahren kaum realisierbar sind. Zum anderen zeichnen sich immer häufiger Anwendungsfälle ab, bei denen der Laser nicht nur technisch, sondern auch wirtschaftlich anderen Verfahren überlegen ist /2,20/. Eine diesbezügliche Untersuchung zeigt, daß viele Anwender sich vom Einsatz des Lasers Durchlaufzeitreduzierungen, Produktverbesserungen und -innovationen sowie Flexibilitätssteigerungen und Kosteneinsparungen versprechen /7,8/.

Diesen Möglichkeiten stehen jedoch Risiken gegenüber, die eine schnelle Akzeptanz der Lasermaterialbearbeitung in der industriellen Praxis behindern. Neben Informationsdefiziten stellen die Skepsis bezüglich der Ausgereiftheit der Technologie und die Befürchtungen bezüglich der Wirtschaftlichkeit die größten Hemmnisse für den Lasereinsatz dar /7,8/.

1.1 Problemstellung

Forschungs- und Entwicklungsarbeiten konzentrieren sich bisher vornehmlich auf die technische Anlagen- und Prozeßauslegung /21/. Wie die verschiedenen Projektstandskurven in **Bild 2** zeigen, kann der ökonomische Erfolg einer Investition in die Lasertechnologie auf diese Weise jedoch nur begrenzt beeinflußt werden.

In dem angeführten Fallbeispiel sind mehrere Optimierungsmaßnahmen als Extremfälle dargestellt und monetär bewertet. Im Fall A wird vorausgesetzt, daß ein fixes Produktionsprogramm vorgegeben ist, während im Fall B beliebig viele Werkstücke zur Verfügung stehen.

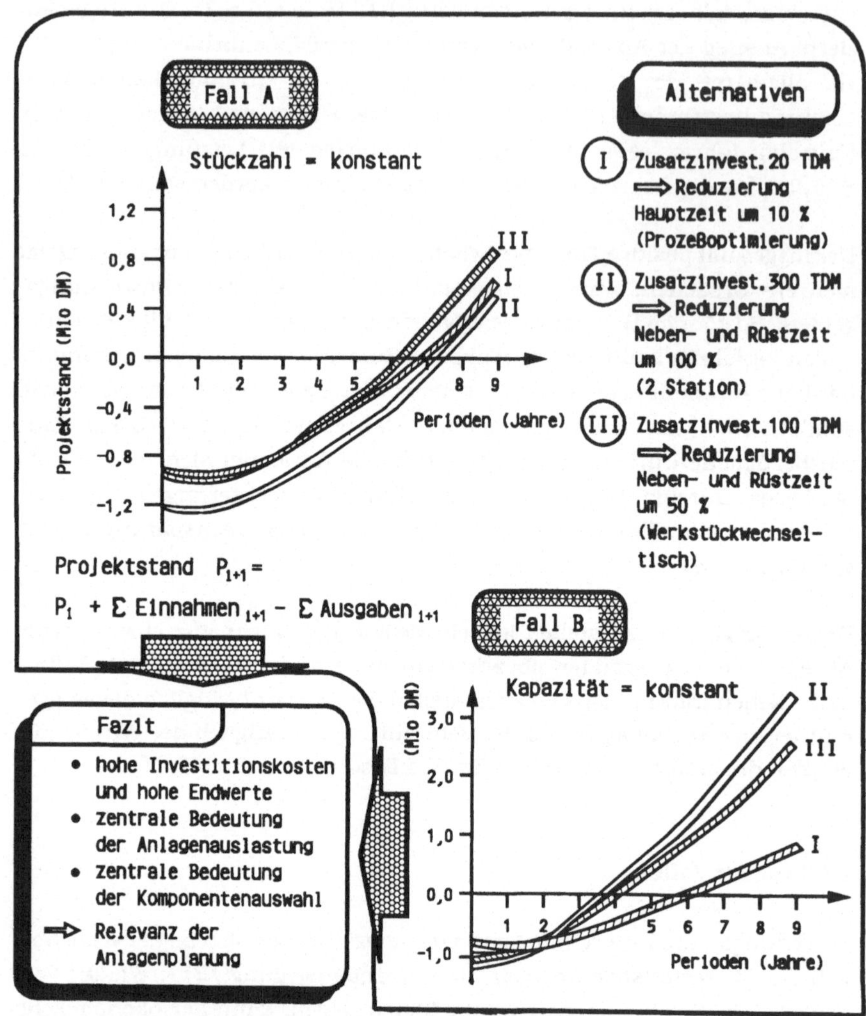

Bild 2: Relevanz der Anlagenplanung

In beiden Fällen wird zugrunde gelegt, daß durch eine Investition von 20 TDM in Prozeß- und Anlagenoptimierungen eine Hauptzeitreduzierung von 10 % erzielt werden kann (Alternative I). Bei einem Verhältnis von Haupt- zu Nebenzeiten größer als eins können durch die Anschaffung einer zweiten Arbeitsstation die Neben- und die Rüstzeiten entfallen (Alternative II). Bei der dritten Alternative wird davon ausgegangen, daß durch einen Werkstückwechseltisch eine Reduzierung der Nebenzeiten um 50 % erfolgen kann.

An den Ergebnissen spiegeln sich einige für die Lasertechnologie typische Merkmale wider. Zum einen können die hohen Investitionskosten angeführt werden. Zum anderen wird die Bedeutung der Anlagenauslastung ersichtlich. Bei ausreichendem Auftragsvolumen lassen sich am Ende des Betrachtungszeitraums sehr hohe Projektstände realisieren.

Ebenfalls typisch ist, daß Mehraufwendungen für die Optimierung des Anlagenkonzeptes zur erheblichen Verkürzung der Amortisationszeiten beitragen können. Dies gilt insbesondere, da der Hauptzeitreduzierung verfahrensbedingt Grenzen gesetzt sind, während die Nebenzeiten unter Umständen in vollem Umfang beeinflußt werden können. Planerische Aspekte, wie die Auswahl und die Bewertung von Anlagenkonzepten, haben folglich großen Einfluß auf den wirtschaftlichen Erfolg einer Investition in die Lasertechnologie.

Wie **Bild 3** zeigt, wird die Planung von Laseranwendungen heute überwiegend von Systemlieferanten durchgeführt /7/. Diese werden in der Regel mit Applikationsstudien betraut, die einen Bericht über den erforderlichen Systemtyp, die benötigte Laserleistung, den erforderlichen Finanzrahmen sowie die erzielbaren Bearbeitungsergebnisse zum Resultat haben.

Fällt nach den Applikationsstudien eine positive Entscheidung hinsichtlich des Lasereinsatzes, liegt die Verantwortung für die Konzeption und Inbetriebnahme der Anlagen heute in den meisten Fällen ebenfalls im Verantwortungsbereich der Systemlieferanten. Diese sind aufgrund ihrer fachlichen Ausrichtung oder aus Zeitgründen jedoch nur begrenzt in der Lage, umfangreiche produktionstechnische Studien sowie Wirtschaftlichkeitsbetrachtungen durchzuführen, die die Grundlage für die Entwicklung von optimal auf die Bedürfnisse der Anwender abgestimmten Anlagenkonzepten darstellen /22/.

In letzter Zeit gehen die Anwender von Laseranlagen deshalb vermehrt dazu über, wichtige Planungsaufgaben in eigener Regie durchzuführen /23/. Bei einer rein anwenderseitigen Planung treten jedoch ebenfalls Probleme auf. Dies ist insbesondere der Fall wenn keine Erfahrungen auf dem Gebiet der Laseroberflächenbehandlung vorliegen.

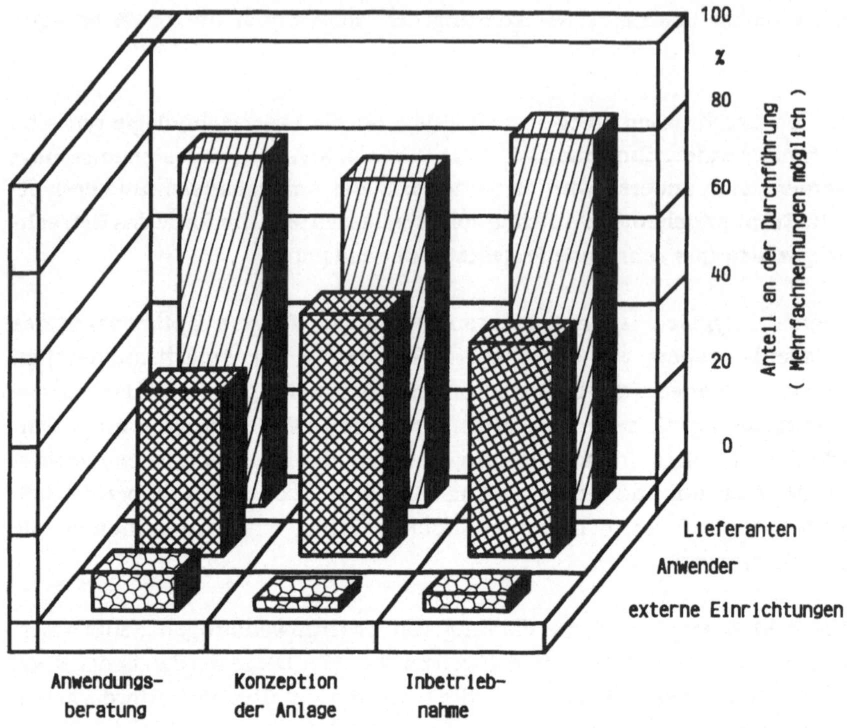

Bild 3: Tätigkeitsverteilung bei der Planung von Laseranlagen

Zur Planung von Laseranlagen ist ein hohes Maß an technischem Spezial-
wissen erforderlich, das nur teilweise allgemein zugänglich ist. Dies gilt insbesondere für die Laseroberflächenbehandlung. Vom reinen Werkzeug-
maschinen- und Anlagenbau über die Elektrotechnik, die Datenverarbeitung
und die Optik, bis hin zur Werkstoffkunde und Fertigungstechnik sind
Kenntnisse erforderlich, um eine optimal arbeitende Laseranlage für den
industriellen Einsatz zu planen /1,24/. Anlagentechnisch bietet die
Lasertechnologie eine Vielzahl an Lösungsvarianten. Neben Kombinations-
konzepten zur Komplettbearbeitung (z.B. Laser und Drehmaschine) können
mehrere Stationen, mehrere Laser mit der zugehörigen Peripherie zu einer
großen Zahl von Systemvarianten synthetisiert werden. Hinzu kommen
spezielle Detailvarianten für einzelne Subsysteme.

Im Unterschied zu konventionellen Verfahren, über die umfangreiche und
gesicherte prozeß- und anlagentechnische Erkenntnisse vorliegen, die auch
dokumentiert sind, kann bei der Planung von Laseroberflächenbehand-
lungssystemen aus den angeführten Gründen auf Versuche kaum verzichtet
werden. In der Regel ist ein Arbeitsschritt für die Entwicklung der Ver-
fahrens- und Anlagentechnologie erforderlich /10/, der in den Planungsprozeß zu integrieren ist. Wie noch gezeigt werden wird, findet diese
Besonderheit bei den bekannten Planungsmethoden nur unzureichend
Berücksichtigung.

Stehen Ersatzinvestitionen für veraltete Maschinen an oder sind neue
Produkte mit hoher Genauigkeit und geringer Wärmebeeinflussung zu
bearbeiten, wird heute der Lasereinsatz vermehrt in Betracht gezogen /22/.
Die Entscheidung für den Einstieg in die Lasertechnologie wird aber häufig
aus strategischen Gründen oder mangels technologischer Alternativen
getroffen. Es sollte angestrebt werden, daß der Lasereinsatz immer als
mögliche Alternative zu konventionellen Technologien berücksichtigt wird,
wenn Kostenreduzierungen z.B. durch Rationalisierungseffekte oder
Produktverbesserungen zu erwarten sind /25/.

Bei der Verwendung klassischer Investitionsplanungsmethoden ist eine
Investitionsbewertung aber erst am Ende der Planung, also bei Vorliegen
aller Daten über die Systemalternativen und Versuche, möglich. Geldmittel,
die bis zu diesem Zeitpunkt beispielsweise für Versuche aufgewendet
wurden, sind bei einem negativen Ergebnis der Wirtschaftlichkeitsbetrachtung fehlinvestiert. Lösungsmöglichkeiten für diese Problemstellung wurden
bisher nur ansatzweise aufgezeigt.

Zusammenfassend läßt sich feststellen, daß Planungsaspekten im Bereich
der Laseroberflächenbehandlung eine wesentliche Bedeutung zukommt.
Planungsaufgaben werden überwiegend von Systemlieferanten wahrgenom-
men. Die Anwender gehen jedoch in letzter Zeit vermehrt dazu über,
Planungstätigkeiten in eigener Regie durchzuführen. In beiden Fällen treten
Probleme auf, die unter anderem in der fachlichen Ausrichtung der
Systemlieferanten, der Komplexität der Technologie, der eingeschränkten
Verfügbarkeit von planungsrelevanten Informationen sowie der Notwendig-
keit zur Versuchsdurchführung begründet sind. Diese Probleme führen zu
teilweise suboptimalen Systemlösungen /8/. Die Folge ist, daß nach der
Inbetriebnahme von Laseranlagen Anpassungsarbeiten und damit Nach-
investitionen notwendig werden, die den wirtschaftlichen Erfolg des

Investitionsvorhabens gefährden können. Die bekannten Verfahren der technischen Investitionsplanung können hier kaum Abhilfe schaffen, da sie die Notwendigkeit der Technologieentwicklung und den Bedarf an planungsbegleitenden Entscheidungen nur ungenügend berücksichtigen.

1.2 Zielsetzung und Vorgehensweise

Korrespondierend zu der aufgezeigten Problemstellung besteht die Zielsetzung der Arbeit darin, eine Methode sowie zugehörige Hilfsmittel zu entwickeln, die sowohl potentielle Anwender als auch Anbieter von Systemen bei der Konzeption von Anlagen für die Laseroberflächenbehandlung unterstützen. **Bild 4** zeigt die zur Erfüllung dieser Zielsetzung gewählte Vorgehensweise sowie wesentliche Fragen, die im Rahmen der Arbeit behandelt werden.

Nach einer Konkretisierung des Handlungsbedarfs werden zunächst Randbedingungen aufgezeigt, die den Gestaltungsfreiraum bei der Konzeption von Laseranlagen eingrenzen. Weiterhin erfolgt eine Untersuchung der derzeit üblichen Vorgehensweisen zur Planung von Laseranlagen und der sich daraus ergebenden Problembereiche. Darauf aufbauend werden Anforderungen an die Planungsmethode abgeleitet.

Basierend auf einer Abstraktion der Ergebnisse aus Industrie- und Forschungsprojekten sowie den Prinzipien des "Systems-Engineering" und der technischen Investitionsplanung wird anschließend eine Methode zur Konzeption von Laseranlagen entwickelt. Hierbei wird darauf geachtet, daß die Ergebnisse der Überlegungen auch auf andere innovative Technologien übertragbar sind.

Durch eine Detaillierung der ermittelten Planungsschritte wird die Methode anschließend konkretisiert und um Hilfsmittel erweitert, die wichtige Planungsaufgaben im Rahmen der Systemkonzeption unterstützen.

Anhand von Fallbeispielen werden weiterhin die Einsatzmöglichkeiten der Methode und der Planungshilfsmittel demonstriert sowie exemplarisch Planungsschwerpunkte abgeleitet, die die Wirtschaftlichkeit einer Investition in die Laseroberflächenbehandlung maßgeblich beeinflussen. Ein Ausblick auf zukünftige Erweiterungs- und Einsatzmöglichkeiten der abgeleiteten Ergebnisse schließt die Arbeit ab.

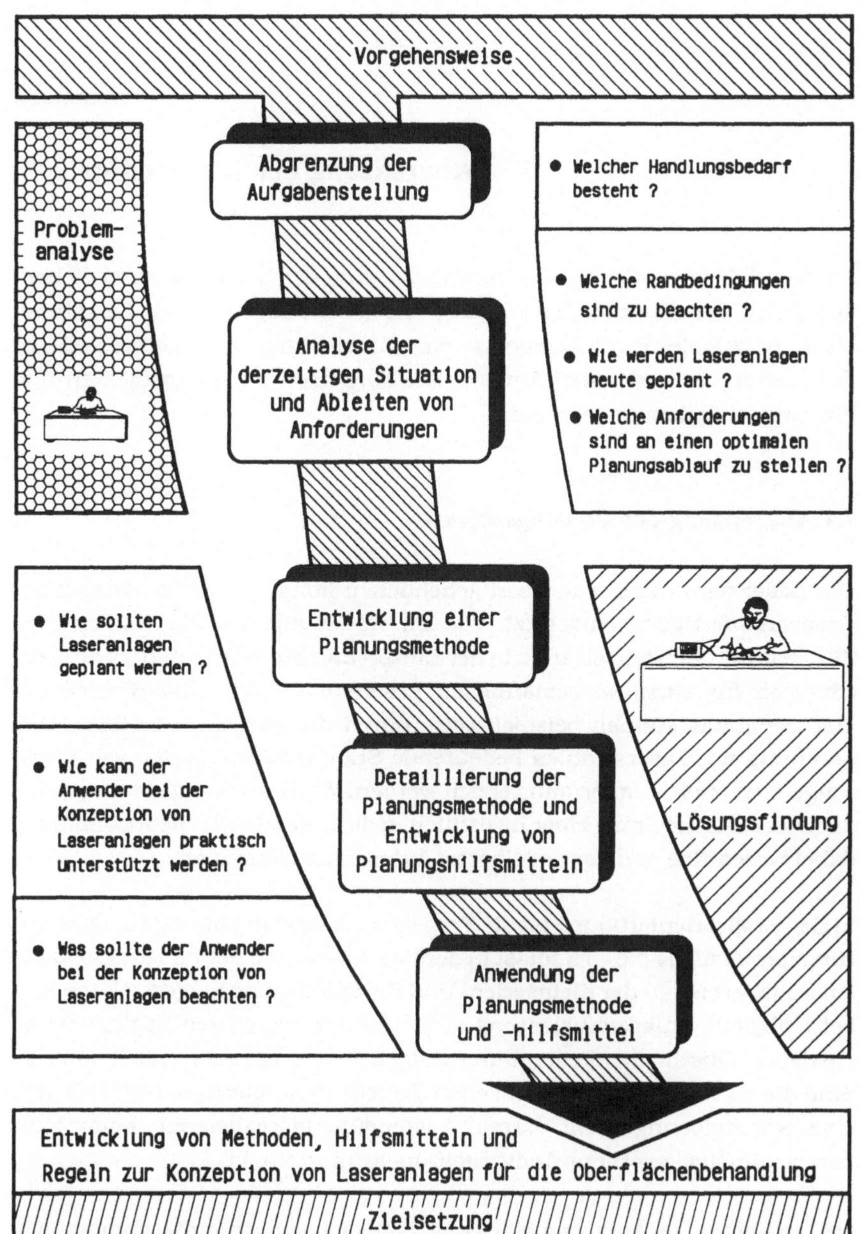

Bild 4: Aufbau und Gliederung der Arbeit

Kapitel 2

Abgrenzung der Aufgabenstellung

Aufgrund der Komplexität der Technologie und des Umfangs der bestehenden Defizite im Bereich der Planung von Laseranlagen ist zur Gewährleistung praxisrelevanter Ergebnisse eine Einordnung und Konkretisierung der hier zu behandelnden Aufgabenstellung nach Planungsobjekten und Planungsaufgaben angebracht.

2.1 Abgrenzung der Planungsobjekte

Der Laser wird heute zur Oberflächenbehandlung primär im Bereich der Großserienfertigung eingesetzt. Wie Untersuchungen gezeigt haben /26-28/, ergeben sich jedoch auch in der Einzel- und Kleinserienfertigung reelle Chancen für einen wirtschaftlichen Lasereinsatz /26/. Im Bereich des Werkzeugbaus können beispielsweise durch die partielle Oberflächenbehandlung mit Laserstrahlen bedeutende Standzeiterhöhungen von Werkzeugen zur Massivumformung erzielt werden. Wie bereits angedeutet, hängt der ökonomische Erfolg einer Investition in die Laseroberflächenbehandlung dabei wesentlich von der erzielbaren Anlagenauslastung ab.

In der Großserienfertigung ist die Frage der Auslastung häufig ein Optimierungsproblem, da die Grundlast in der Regel aufgrund der hohen Stückzahlen gesichert ist. In der Kleinserien- und Einzelfertigung hingegen kann eine befriedigende Anlagenauslastung aufgrund des begrenzten Spektrums an partiellen Oberflächenbehandlungsaufgaben häufig nicht erzielt werden. Sind die zu erwartenden technischen Vorteile nicht immens, oder läßt sich eine Systemlösung nicht extrem kostengünstig realisieren, kommt die Lasertechnologie vordergründig nicht mehr in Betracht.

Die erforderliche Anlagenauslastung läßt sich jedoch unter Umständen durch Ausnutzen der im **Bild 5** dargestellten Flexibilitätsarten von Lasersystemen erreichen.

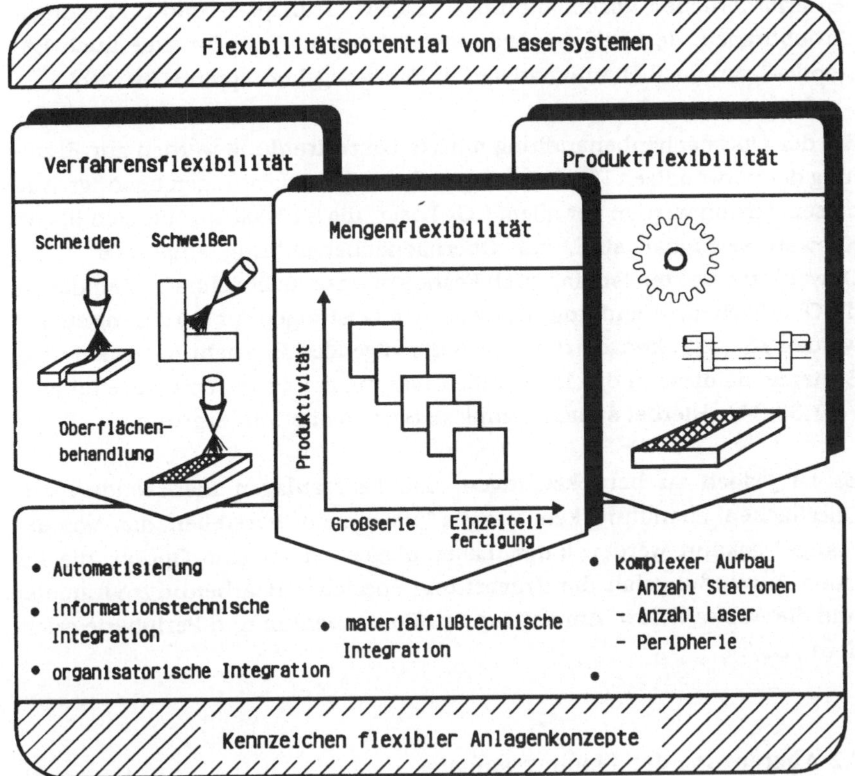

Bild 5: Flexibilitätspotentiale von Laseranlagen

Neben der Nutzung der Produkt- und Mengenflexibilität, z.B. durch Übernahme von Fremdaufträgen, kann die Verfahrensflexibilität des Lasers zur
Erzielung einer höheren Auslastung beitragen. Werden unterschiedliche
oder auch zusätzliche Bearbeitungsoperationen mit einer Laseranlage
durchgeführt, ergeben sich neue Perspektiven hinsichtlich der Wirtschaftlichkeit.

Wird diese Möglichkeit in Betracht gezogen, scheiden in der Regel "low-cost"
Lösungen aus. Es werden relativ komplexe Systeme benötigt, die zumindest
einen gewissen Automatisierungsgrad aufweisen und Ansätze zur informationstechnischen Integration erfordern. Solche Systeme bestehen unter
Umständen aus mehreren Bearbeitungsstationen und Laserquellen sowie

den erforderlichen Vorbehandlungs-, Lager-, Transport- und Steuerungs-
einrichtungen. Je nach Anwendungsfall können diese Systeme auch Bestandteil von flexibel automatisierten Fertigungskonzepten sein /30/.

Bei der Oberflächenbehandlung mittels Laserstrahlung werden zur Erzielung der notwendigen Flächenenergien hohe Strahlleistungen benötigt. Aus
diesem Grund werden vor allem CO_2-Laser, die im Leistungsbereich bis 25
Kilowatt verfügbar sind, zur Oberflächenbehandlung eingesetzt /31/.
Obwohl zu erwarten ist, daß auch Festkörperlaser in absehbarer Zeit die für
die Oberflächenbehandlung erforderlichen Leistungen zur Verfügung stellen
werden /31,32/, konzentrieren sich die folgenden Betrachtungen auf CO_2-
Systeme, da diese in der Materialbearbeitung am weitesten verbreitet sind
/4,7,33,34/. Hierbei stehen komplexe Systeme im Vordergrund.

Es ist jedoch zu berücksichtigen, daß Laseranlagen insbesondere zur
Oberflächenbehandlung kein fertiges "Instrument" darstellen, das "von der
Stange" gekauft werden kann. Laseranlagen bilden eine Option, die für
jeden Anwendungsfall die Erarbeitung spezieller Bearbeitungsparameter
und die Auswahl bzw. Anpassung von Komponenten und Peripherie erfordern /35/.

2.2 Abgrenzung der Planungsaufgabe

Aufgrund der Komplexität der Lasertechnologie sowie der zugehörigen
Anlagen ist zur Ermittlung optimaler Systemlösungen ein strukturierter
Planungsansatz erforderlich /30,36-38/. Ein Planungssystem zur Bestimmung anforderungsgerechter Lösungen im Bereich der Laseroberflächenbehandlung besteht entsprechend **Bild 6** aus den Elementen Ziel-, Aktions-,
Objekt- und Bewertungssystem /26/. Das Aktionssystem beinhaltet dabei
den eigentlichen Planungsvorgang. Unter Berücksichtigung der Zielvorstellungen werden im Verlauf der Planung alternative Objektsysteme entwickelt
und bewertet.

Im Rahmen der Verfahrensplanung sind grundsätzliche Fragen der prozeßtechnischen Machbarkeit zu klären. Hier werden mögliche Verfahrensvarianten untersucht, wesentliche Prozeßeckdaten bestimmt und die Min-
destanforderungen an die Anlage festgelegt.

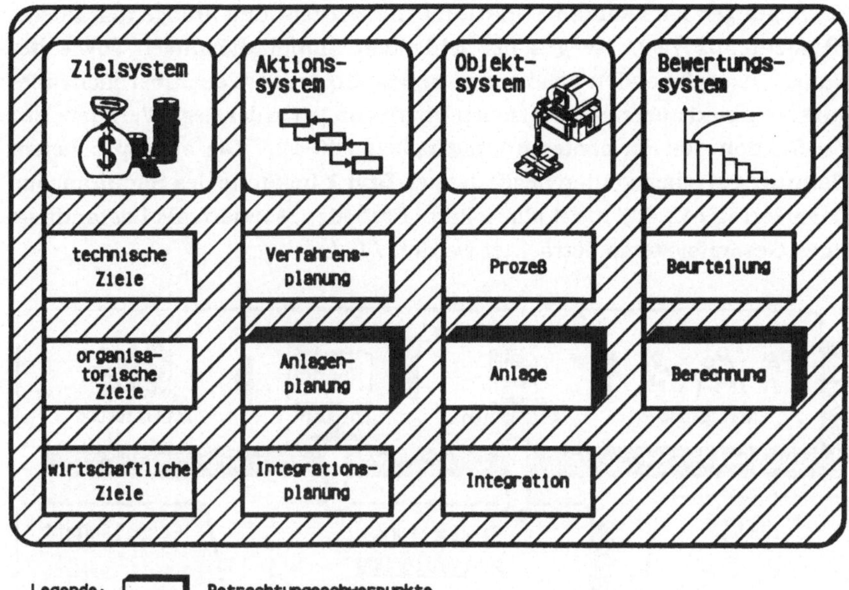

Bild 6: Bestandteile eines Planungssystems für Laseranlagen

Die Anlagenplanung dient dem Ziel, unter Berücksichtigung vorhandener Restriktionen Systemlösungen zu ermitteln, zu spezifizieren und Daten zu deren Bewertung bereitzustellen. In Hinblick auf die Kostenverantwortung kommt im Rahmen der Anlagenplanung der Konzeptionsphase eine besondere Bedeutung zu /39/. Hier werden die Investitions- und die Betriebskosten weitgehend festgelegt. Insbesondere in dieser Phase ist abzuschätzen, ob der Lasereinsatz eine Aussicht auf wirtschaftlichen Erfolg hat. Nicht- oder schwerquantifizierbare Größen werden dabei in Abhängigkeit von der angestrebten Zielsetzung durch eine Beurteilung und quantifizierbare Größen durch eine Berechnung bewertet.

Aufgrund der gestiegenen Anforderungen an die organisatorische, informations- und materialflußtechnische Einbindung von Produktionssystemen stellt die Integrationsplanung einen weiteren wichtigen Bestandteil der Systemplanung dar.

Da die Laseroberflächenbehandlung zwar eine hochentwickelte, aber dennoch vielfach empirisch geprägte Technologie ist, reichen theoretische

Überlegungen zur exakten Ermittlung aller Prozeß- und Anlagenparameter oft nicht aus /10/. Wegen der fehlenden Standardlösungen sowie der bisher unzureichenden Erfahrung auf dem Gebiet der Laseroberflächenbehandlung sind neben theoretischen Überlegungen in der Regel Versuche zur Verifikation der Parameter unumgänglich /40-42/. Die angesprochenen Planungsaufgaben sollten deshalb nach **Bild 7** im Sinne des Simultaneous Engineering /43,44/ nicht als isolierte Einheiten, sondern als Bestandteile eines Gesamtsystems betrachtet werden /45/.

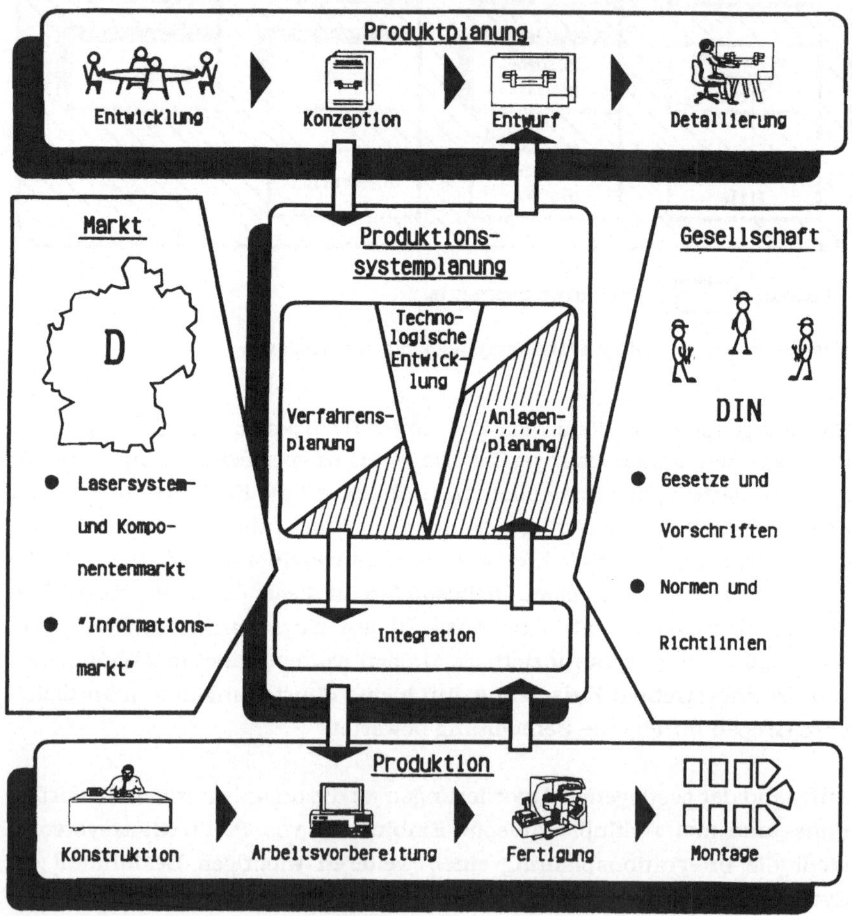

Bild 7: Einordnung der Anlagenplanung

Eine effiziente Planung von Laseranlagen erfordert aus den genannten Gründen eine enge Kooperation mit der Verfahrensplanung und der Technologieentwicklung. Diese stellen wiederum Schnittstellen zu den produktplanenden Bereichen dar. Die Integrationsplanung bildet hingegen das Bindeglied zu den durchführenden Abteilungen.

Weiterhin sind die Einflüsse des Marktes und der Gesetzgebung zu berücksichtigen, da sich Anwender bei der Planung von Systemlösungen an der Verfügbarkeit von Komponenten sowie an den geltenden Gesetzen, Vorschriften und Normen orientieren sollten.

Anknüpfend an die Arbeit von TRAPPMANN, der sich mit dem Bearbeitungsprozeß, der Verfahrensplanung sowie dem Ziel- und Bewertungssystem beschäftigt /26/, steht bei den weiteren Untersuchungen die Anlagenplanung mit den zugehörigen Betrachtungsobjekten und Randbedingungen im Vordergrund (vgl. Bild 6). Wie noch gezeigt werden wird, kommt im Rahmen der Anlagenplanung der Konzeptionsphase eine besondere Bedeutung zu. Aus diesem Grund werden für diese Phase eine Planungsmethode und entsprechende Planungshilfsmittel entwickelt.

Die Bearbeitungsaufgaben mit den korrespondierenden Prozeßparametern werden als vorgegebene Eingangsgrößen angesehen. Auch wird vorausgesetzt, daß Anlagen zur Laseroberflächenbehandlung aus marktgängigen Komponenten zusammengesetzt werden können. Um im Verlauf der Konzeptionsphase Entscheidungskriterien ableiten zu können, wird weiterhin auf die monetäre Bewertung von Planungsalternativen näher eingegangen.

Kapitel 3

Derzeitige Situation

Durch prozeßseitige Anforderungen, den Stand der Technik auf dem Anlagenmarkt sowie einzuhaltende Gesetze und Vorschriften werden der Ausgangspunkt für die Planung von Laseranlagen definiert und gleichzeitig der Freiraum bezüglich der Lösungsfindung eingegrenzt. Aus diesem Grund werden diese Aspekte hinsichtlich ihrer Bedeutung für die Anlagenplanung untersucht und konkretisiert. Der Stand der Technik bei der Planung von Laseranlagen spiegelt sich unter anderem in den Möglichkeiten der Informationsbeschaffung wider. Das verfügbare Planungswissen stellt einen weiteren Indikator dar. Nach einer Untersuchung dieser Bereiche können folglich Problemfelder aufgezeigt werden, die derzeit bei der Planung von Lasersystemen bestehen. Auf dieser Grundlage sind anschließend Anforderungen abzuleiten, denen eine Planungsmethode entsprechen muß.

3.1 Prozeßtechnologie

Bauteile im Bereich des Maschinenbaus unterliegen in der Regel verschiedenen Beanspruchungsarten und können unterschiedliche Versagenserscheinungen aufweisen. Volumenbeanspruchungen durch statische und dynamische Überbelastungen führen beispielsweise zu Verformungen, Ermüdungen und schließlich zum Versagen des Bauteils. Oberflächenbeanspruchungen wie Abrasion, Adhäsion, Zerrüttung oder Korrosion können dagegen Verschleißerscheinungen zur Folge haben. Während das Volumen den statischen und dynamischen Belastungen standzuhalten hat, soll die Randschicht einen hohen Widerstand gegen die aufgeführten Oberflächenbeanspruchungen aufweisen. Diese Funktionstrennung spiegelt sich im Aufbau vieler Bauteile wider. Während der Kern aus zähem, hochfestem Werkstoff bestehen sollte, wird eine Randzone mit verschleißfester und hochharter Schicht benötigt /15,31,46/.

Ist die Randzonenbeanspruchung der Bauteile lokal begrenzt und die zu behandelnde Fläche im Verhältnis zur Gesamtfläche des Bauteils gering, ergeben sich Fertigungsanforderungen, die prinzipiell der Laserbehandlung entgegenkommen /14,46/. Aufgrund der hohen Energiedichte und der guten Fokussierbarkeit der Laserstrahlung wird eine räumlich und zeitlich eng begrenzte Energieeinbringung in das Werkstück ermöglicht. Neben einer definierten Bearbeitungsgeometrie und neuen Randschichteigenschaften wird auf diese Weise ein im Vergleich zu konventionellen Verfahren geringer Wärmeverzug gewährleistet.

Die wichtigsten Verfahren zur Laseroberflächenbehandlung lassen sich in zwei Gruppen unterteilen. In **Bild 8** sind die Verfahren und einige Extremwerte für die Prozeßparameter dargestellt. Die erste Gruppe ist dadurch gekennzeichnet, daß die Werkstoffe mittels partieller Wärmebehandlung nur durch thermisch induzierte Gefügeänderungen aufgewertet werden. Wichtigste Verfahrensvarianten sind das Umwandlungshärten und das Umschmelzen. In der zweiten Gruppe sind das Beschichten und das Legieren mit der Sonderform des Dispergierens zu nennen. Bei diesen Verfahren wird das Substratmaterial nicht nur thermisch behandelt, sondern auch chemisch durch die Zufuhr von Zusatzwerkstoffen veredelt /28,47/.

Das Laserhärten entspricht prinzipiell dem konventionellen martensitischen Härten. Der kohlenstoffhaltige Werkstoff wird lokal über die Austenitisierungstemperatur erwärmt. Für eine vollständige Umwandlung des Gefüges in Austenit muß eine Mindesthaltezeit eingehalten werden /48/. Der Kohlenstoff geht in Lösung und es folgt ein Abschreckvorgang, in dessen Verlauf ein martensitisches Gefüge entsteht. Aufgrund der steilen Temperaturgradienten wird bei ausreichendem Werkstückvolumen das Erreichen der kritischen Abkühlgeschwindigkeit durch innere Wärmeleitung sichergestellt /15,28,46,48/.

Beim Umschmelzen entsteht während der Erstarrung des Schmelzbades ein feinstkörniges Gefüge hoher Festigkeit und Zähigkeit. Je nach Prozeßführung bilden sich dabei infolge von Selbstabschreckung übersättigte Lösungen, metastabile Phasen oder amorphe Strukturen. Bei Bearbeitungen unterhalb der kritischen Intensität von 10^6 W/cm^2 ist die Energieeinkopplung durch natürliche Absorption bestimmt. Höhere Intensitäten bewirken eine Plasmabildung und damit verbunden eine fast vollständige Einkopplung der Laserenergie. Die entstehende Oberfläche besitzt im Vergleich zu Bearbeitungen mit unterkritischer Intensität häufig mindere Qualität /49/.

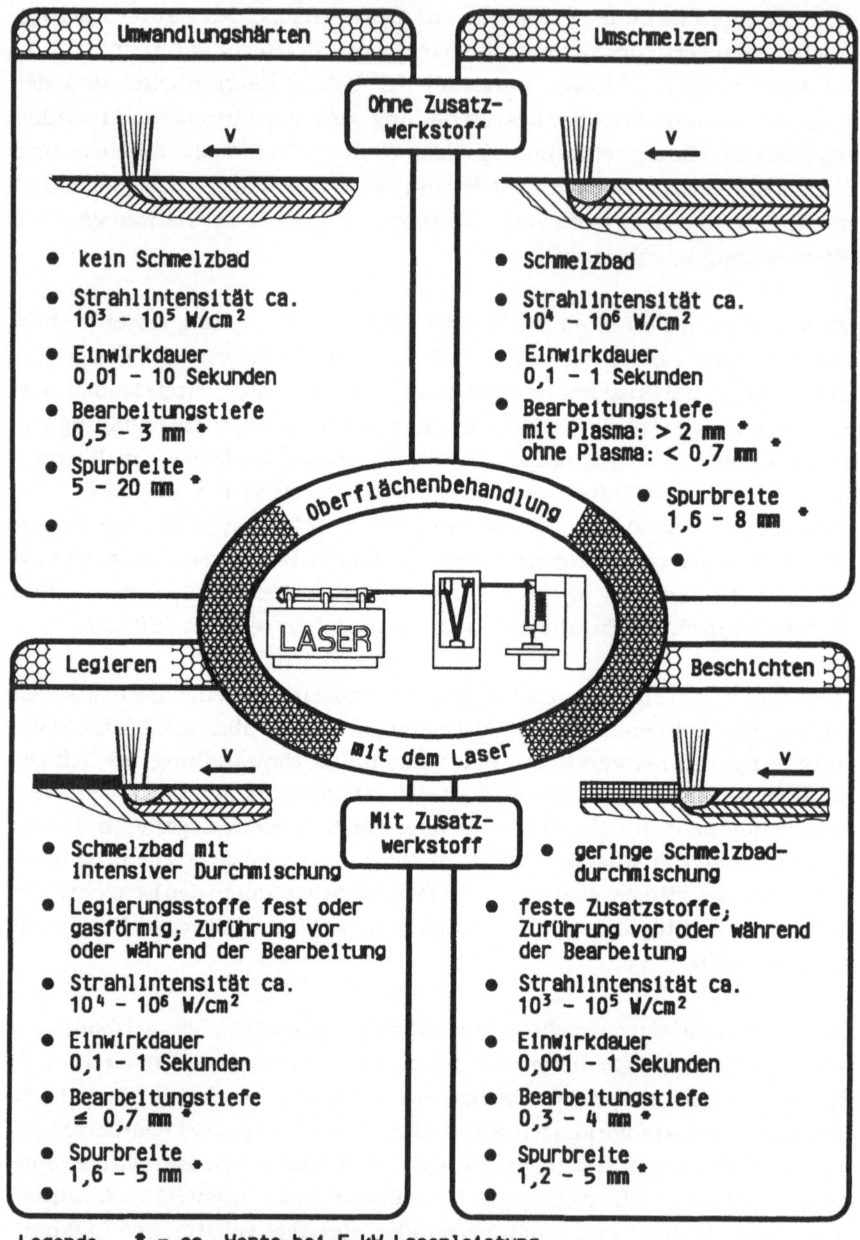

Bild 8: Verfahren der Laseroberflächenbehandlung

Das Laserlegieren beruht auf einem ähnlichen Prinzip wie das Umschmelzen. Aufgrund einer intensiven Durchmischung zwischen dem schmelzflüssigen Grundwerkstoff und dem Zusatzwerkstoff lassen sich jedoch Randschichteigenschaften erzeugen, die sich wesentlich von denen des Grundwerkstoffs unterscheiden. Der Aufmischungsgrad ist sehr hoch und der Substratanteil in der Schmelzzone überwiegt /28,47,50/. Die Schichtdicke ist dabei auf ca. 2 mm begrenzt /47/. Beim Dispergieren, als Sonderform des Legierens, werden hochschmelzende Hartstoffe in eine niedrigschmelzende, duktile Matrix eingebracht /47,51/. Auf diese Weise werden hochverschleißfeste Schichten erzeugt.

Durch Beschichten lassen sich reine und fest haftende Schichten bis zu mehreren Millimetern Stärke realisieren. Unter Ausnutzung der unterschiedlichen Schmelzpunkte von Substrat- und Zusatzwerkstoff werden die Prozeßparameter so eingestellt, daß eine geringe Durchmischung von Zusatz- und Grundwerkstoff gewährleistet ist /28,47,50/.

Unabhängig von der gewählten Verfahrensvariante, sind bei einstufiger Prozeßführung prinzipiell die in **Bild 9** dargestellten Prozeßeingangsgrößen Laserstrahl, Bewegung, Werkstück sowie eventuell Zusatzstoffe und Arbeitsgase erforderlich. Abhängig von der durchzuführenden Bearbeitung bedingt die Laserwärmebehandlung unterschiedliche Ausprägungen dieser Eingangsgrößen, die durch gerätetechnische Maßnahmen und Variation der Stellgrößen gewährleistet werden müssen.

Neben der Laserstrahlleistung ist die Brennfleckgeometrie entsprechend der an der Bearbeitungsstelle geforderten Intensität anzupassen. Die benötigte Strahlgeometrie im Arbeitsfleck wird durch optische Komponenten eingestellt. Für die Durchführung von Oberflächenbehandlungen sind nach Bild 8 Intensitäten größer als 10^3 W/cm^2 erforderlich. Unter Berücksichtigung der üblichen Brennfleckgeometrien entspricht dies in der Regel Laserleistungen von mehr als 2 kW. Werden Fokussierlinsen oder Fokussierspiegel eingesetzt, erfolgt die Bearbeitung mit defokussiertem Strahl, wobei die Intensitätsverteilung nicht verändert wird. Laserscanner mit denen die Strahlgeometrie und Intensitätsverteilung in weiten Bereichen variiert werden kann, haben sich bis heute zur Oberflächenbehandlung noch nicht durchgesetzt. Sonderoptiken wie Strahlintegratoren oder Facettenspiegel beeinflussen die Strahlgeometrie und Intensitätsverteilung durch die Überlagerung von Teilstrahlen /52/.

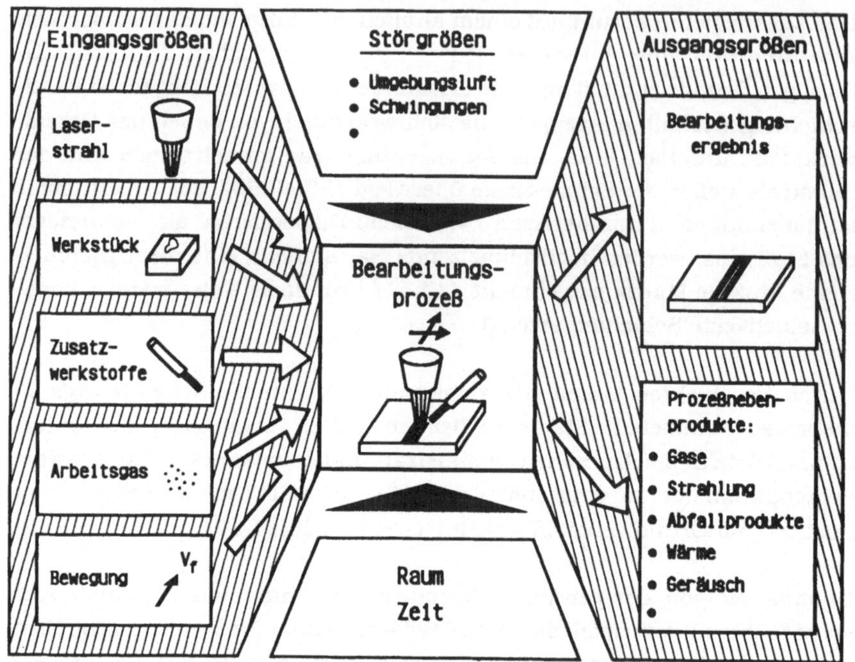

Bild 9: Wichtige Ein- und Ausgangsgrößen von Oberflächenbehandlungsprozessen

Das Absorptionsverhalten determiniert bei der Laserbehandlung das Verhältnis zwischen eingekoppelter und reflektierter Energie. Dies hat zum einen Auswirkungen auf die benötigte Laserleistung und zum anderen auf die erforderlichen Sicherheitsmaßnahmen, da die reflektierte Laserstrahlung das Umfeld gefährdet. Einflußgrößen auf die Absorption sind vor allem die Wellenlänge und die Polarisation des Laserstrahls, der Einstrahlwinkel, der Werkstoff, der Oberflächenzustand, die Werkstücktemperatur sowie die prozeßbegleitenden Faktoren /51/. Bei Oberflächenrauhigkeiten größer als 10 µm wird meistens eine ausreichende Energieeinkopplung ohne zusätzliche Maßnahmen erreicht, während ansonsten absorptionssteigernde Schichten von ca. 3-8 µm Stärke benötigt werden, die die Bearbeitungsfläche bedecken /27/. Neben Grafit werden beispielsweise Farben, Phosphate oder Metalloxide durch Tauchen, Sprühen, Rollen oder Streichen vor der Oberflächenbehandlung aufgebracht /14/.

Eine weitere Möglichkeit zur Erhöhung der Absorption besteht in der Nutzung des Brewster Effekts. Unter Verwendung polarisierter Laserstrahlung erreicht der Anteil reflektierter Strahlung ein Minimum bei Einhalten eines bestimmten Einstrahlwinkels (Brewsterwinkel). Diese Möglichkeit der Absorptionssteigerung wird allerdings aufgrund des erforderlichen kinematischen Aufwandes in der Praxis kaum genutzt.

Bauteil-, verfahrens- und werkstoffbedingt kann bei den Werkstücken eine Vorwärmung oder Fremdkühlung erforderlich werden. Eine Vorwärmung durch den Laserstrahl oder in separaten Öfen wird in der Regel durchgeführt, wenn die geforderte Einhärtungstiefe ohne Überhitzung nicht erzielt werden kann oder Legierungen bei steilen Temperaturgradienten zur Rißbildung neigen. Die Vorwärmung kann auch dazu dienen, die benötigte Laserenergie zu reduzieren, bzw. den Vorschub zu erhöhen. Bei kleinen Werkstücken, deren Volumen nicht ausreicht, um eine ausreichende Selbstabschreckung zu gewährleisten, besteht die Möglichkeit, die Abkühlung durch Kühlmittel zu unterstützen /52/.

Als Zusatzwerkstoffe für das Beschichten werden z.B. hartstoffreiche Kobalt- oder Nickelbasislegierungen eingesetzt. Bei Legierungs- und Dispergierungs- verfahren finden neben reinen Legierungselementen auch deren Ver- bindungen wie Oxide und Karbide Verwendung /47/. Diese Werkstoffe können in einem zweistufigen Prozeß vor der Laserbehandlung oder bei einstufiger Prozeßführung während der Bearbeitung aufgebracht werden. Im zweistufigen Prozeß kann dies beispielsweise durch vorherige Pulverzufuhr, das Aufbringen von Folien oder Pasten sowie durch zusätzliche Plasma- und Flammspritzarbeitsgänge erfolgen. Bei einstufigen Prozessen wird der Zusatzwerkstoff in Gas-, Pulver-, Pasten- oder Drahtform während des Laserprozesses zugeführt /9,13,28,47,53/.

Neben metallurgischen Besonderheiten bezüglich der Bearbeitungsergeb- nisse, weisen die einzelnen Verfahren Unterschiede bezüglich ihrer ferti- gungstechnischen Restriktionen auf. Die Verwendung von Pasten im zwei- stufigen Prozeß bringt z.B. das Problem des Ablaufens bei komplexen Kon- turen mit sich. Auch erweist es sich als schwierig, gleichmäßige Schichten aufzubringen.

Vorheriges Auftragen von Pulver ist nur bei flachen Teilen möglich, falls keine Pasten als Trägermaterial verwendet werden. Weiterhin ist bei der Schutzgaszufuhr darauf zu achten, daß das Pulver nicht weggeblasen wird.

Werden thermische Spritzverfahren eingesetzt, ist ein weiterer Arbeitsgang erforderlich, der zusätzliche Wärme in das Werkstück einbringt. Allen zweistufigen Prozeßvarianten ist gemeinsam, daß eine Mehrlagentechnik zur Erhöhung der Schichtdicke ohne Unterbrechung des Laserprozesses nicht möglich ist und eine geringere Energieeffizienz im Vergleich zur einstufigen Prozeßführung vorliegt /9,13/.

Bei einstufiger Prozeßführung entfallen die oben genannten Nachteile bis auf die eingeschränkte Einsetzbarkeit der Pulverzufuhr in Zwangslagen weitgehend. Pulver kann entweder durch Schwerkraft oder durch Einblasen mit einem inertem Gasstrom in die Schmelzzone eingebracht werden. Dabei ist eine Variation der Pulverzusammensetzung sowie eine Mehrfachpulverzufuhr möglich. Über die Möglichkeiten der Drahtzufuhr liegen bis heute wenige Erfahrungen vor /13/.

Weiterhin werden bei der Laseroberflächenbehandlung häufig Arbeitsgase zur Vermeidung der Oberflächenoxidation eingesetzt. Die Gasart und der Durchfluß weisen beim Härten allerdings keinen dominanten Einfluß auf das Bearbeitungsergebnis auf. Die Kühlwirkung ist jedoch bei Überschreiten eines maximalen Massenstroms nicht zu vernachlässigen. In der Regel werden inerte Gase wie Argon, Stickstoff oder Helium bei koaxialer Zufuhr eingesetzt /27,52/.

Zur Durchführung der Laserbearbeitung ist eine Relativbewegung zwischen dem Laserstrahl, dem Zusatzwerkstoff, dem Arbeitsgas und dem Werkstück erforderlich. Der Genauigkeit kommt hierbei im Vergleich zu Schneid- und Schweißanwendungen geringere Bedeutung zu. Wird der Brewster Effekt zur Erhöhung der Energieeinkopplung genutzt, müssen der Strahleinfallswinkel sowie die Strahlorientierung abhängig von der Vorschubrichtung und der Oberflächennormalen nachgeführt werden. Die Nachführung der Strahlorientierung kann auch bei stark asymmetrischer Intensitätsverteilung des Laserstrahls im Arbeitsfleck erforderlich werden.

Bei einer einstufigen Prozeßführung gilt ähnliches für die Zufuhr des Zusatzwerkstoffes. Hier ist im Idealfall der Winkel zwischen der Zusatzwerkstoffzufuhr und der Vorschubrichtung konstant zu halten. In der Praxis zeigt sich jedoch, daß bei einfachen Werkstückgeometrien akzeptable Ergebnisse auch ohne diese Maßnahmen erzielt werden können. Der Gasstrom erfordert in der Regel keine gesonderte Nachführung, da das Arbeitsgas häufig koaxial mit dem Laserstrahl zugeführt wird.

Bei der Laserbehandlung sind neben den Prozeßeingangsgrößen die Prozeßausgangsgrößen von Bedeutung. Wichtigste Größe ist hier das bearbeitete Werkstück. Weiterhin treten Prozeßnebenprodukte auf, die im Rahmen der Anlagenplanung berücksichtigt werden müssen. Vor allem die Streustrahlung sowie toxische Dämpfe oder Aerosole müssen durch geeignete Maßnahmen abgeschirmt bzw. abgesaugt werden. Bei Verwendung von Pulver ist weiterhin zu berücksichtigen, daß eine Beeinflussung des zugeführten Pulverstroms durch die Absaugung vermieden werden muß.

Aufgrund der obigen Ausführungen zeichnen sich unter produktionstechnischen Gesichtspunkten Variationsmöglichkeiten ab, die Potentiale zur Zeit- bzw. Kostenminimierung beinhalten können und somit für die Anlagenplanung von besonderer Bedeutung sind.

Zweistufige Prozesse erfordern beispielsweise einen höheren gerätetechnischen, zeitlichen und energetischen Aufwand als einstufige. Aus diesem Grund sind einstufige Prozesse aus produktionstechnischer Sicht zu bevorzugen.

Weiterhin ist die Optimierung von Laserleistung, Vorschub und Brennfleckabmessungen zu nennen. Die Laserleistung bestimmt die Investitions- und Betriebskosten der Anlage in großem Maße, während der Vorschub und die Brennfleckgeometrie vor allem die Bearbeitungszeiten determinieren. Im Rahmen der Anlagenplanung ist das Optimum der technisch möglichen Lösungen unter Kostengesichtspunkten zu ermitteln. Der prinzipielle Zusammenhang zwischen den angeführten Größen ist in **Bild 10** vereinfacht dargestellt, wobei die exakten Abhängigkeiten prozeß- und bauteilspezifisch zu ermitteln sind.

Neben einer reinen Leistungs-/Vorschubvariation ist hier zunächst die Möglichkeit der Werkstückvorwärmung anzuführen. Der Vorwärmung sind aufgrund des Anlaßverhaltens und der Geometrie der Werkstücke sowie möglicher Kantenverrundungen, Verzugs- und Verzunderungserscheinungen Grenzen gesetzt. Zusätzlich ist der erhöhte Aufwand zur Werkstückvorwärmung und -handhabung zu berücksichtigen. Da bei aufschmelzenden Verfahren auch Beeinflussungen der Schmelzbaddynamik möglich sind, ist es erforderlich, die technologische Realisierbarkeit einer Vorwärmung, bzw. die erzielten Bauteileigenschaften im Einzelfall zu prüfen.

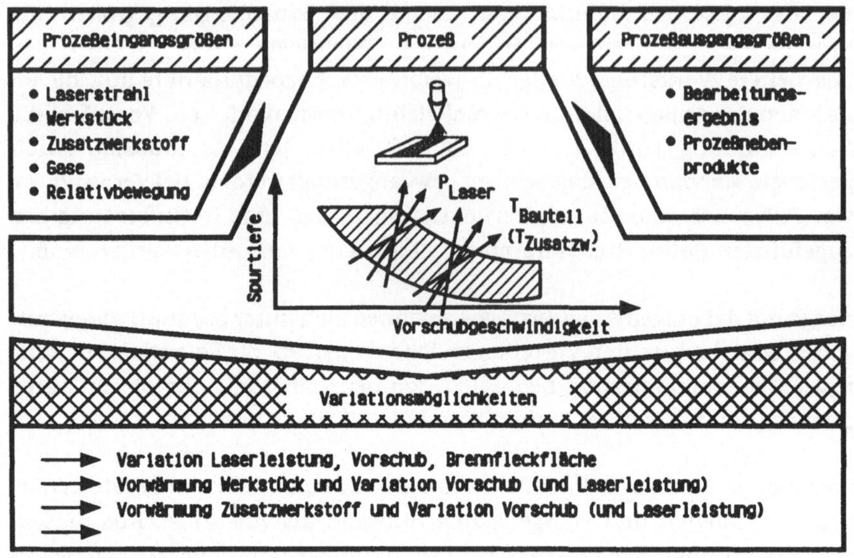

Bild 10: Produktionstechnisch interessante Variationen der Prozeßführung

Versuche zum Härten von Nockenwellen aus Kugelgraphit haben jedoch gezeigt, daß eine zur Minimierung der Rißbildung durchgeführte Vorwärmung der Bauteile auf ca. 400 °C als "Nebenwirkung" bei gleicher Laserleistung zur Verdoppelung des Vorschubes führen kann /54/.

Eine andere Möglichkeit besteht in der induktiven Vorwärmung des Zusatzwerkstoffes bei einer Drahtzufuhr, wobei auch technologische Gründe für eine Vorwärmung sprechen. Beim Heißdrahtbeschichten lassen sich beispielsweise die Vorschübe erheblich steigern /55/. Zumindest theoretisch besteht alternativ oder ergänzend durch Vorwärmen die Möglichkeit, bei konstantem Vorschub in gewissen Bereichen die Laserleistung zu reduzieren. Hier gibt unter anderem die erforderliche Intensität im Brennfleck Grenzen vor. Versuche zu diesen Aspekten sind nicht bekannt.

In diesem Zusammenhang sind auch Fragen der möglichen Brennfleckabmessungen zu untersuchen. Mit höheren Leistungen kann es beispielsweise möglich sein, Spuren größerer Abmessungen zu erzeugen und damit Hauptzeiten zu minimieren /56/. Hierbei ist jedoch zum einen die zulässige Wärmeeinbringung und zum anderen die Verfügbarkeit entsprechender

Anlagenkomponenten zu berücksichtigen. Auf diesen Aspekt wird später noch näher eingegangen. Eine weitere Schwierigkeit besteht darin, daß nicht ohne weiteres eine Extrapolation der Bearbeitungsparameter von niedrigen Leistungen auf große Leistungen erfolgen kann.

Zusammenfassend bleibt festzustellen, daß die exakte Berechnung aller Prozeßgrößen mit großer Wahrscheinlichkeit auch in absehbarer Zeit nicht möglich sein wird /26/. Es ist somit erforderlich, für die Abschätzung der Prozeßparameter auf die Erfahrung von Experten zurückzugreifen und diese Aussagen durch Versuche zu verifizieren.

3.2 Anlagentechnik

Zur Durchführung der erforderlichen Prozesse sind unterschiedlich komplexe sowie verschieden konfigurierte Anlagen erforderlich. In diesbezüglichen Literaturstellen werden der Anlagenbegriff bzw. die Betrachtungsbilanzgrenzen uneinheitlich interpretiert. Bisherige Definitionen der Bestandteile eines Lasersystems beruhen in der Regel auf pragmatischen Ansätzen, die entsprechend der Sichtweise der Autoren differieren. Kernbestandteil der meisten Ausführungen ist, daß eine Laseranlage in eine Laserquelle, ein Strahlführungs- und Strahlformungssystem, eine Steuerung sowie eine Führungsmaschine untergliedert werden kann /4,17,25,41,57/.

Manche Autoren erweitern diese Unterteilung noch um periphere Elemente wie z.B. Sicherheitseinrichtungen /25,41,58/, Kühlung, Gasversorgung und Absaugung sowie Komponenten zur produktionstechnischen Integration /17,41/. In einigen Fällen werden diese Grundbestandteile eines Lasersystems noch feiner untergliedert /17,41,59/. Auffallend bei näherer Betrachtung der in der Literatur verwendeten Terminologien ist, daß die verwendeten Begrifflichkeiten stark differieren und inhaltlich nicht exakt voneinander abgegrenzt sind.

Die ersten, ansatzweise verbindlichen Aussagen zur Definition des Begriffs "Laseranlage" werden in der DIN - Vornorm 18730 (Feb. 1990) "Begriffe der Lasertechnologie - Laser und Laseranlagen" sowie dem DVS - Merkblatt 3203 Teil 1 (Dez. 1988) "Qualitätssicherung von CO_2-Laserstrahl Schweißarbeiten - Verfahren und Laserstrahl Schweißanlagen" getroffen (**Bild 11**).

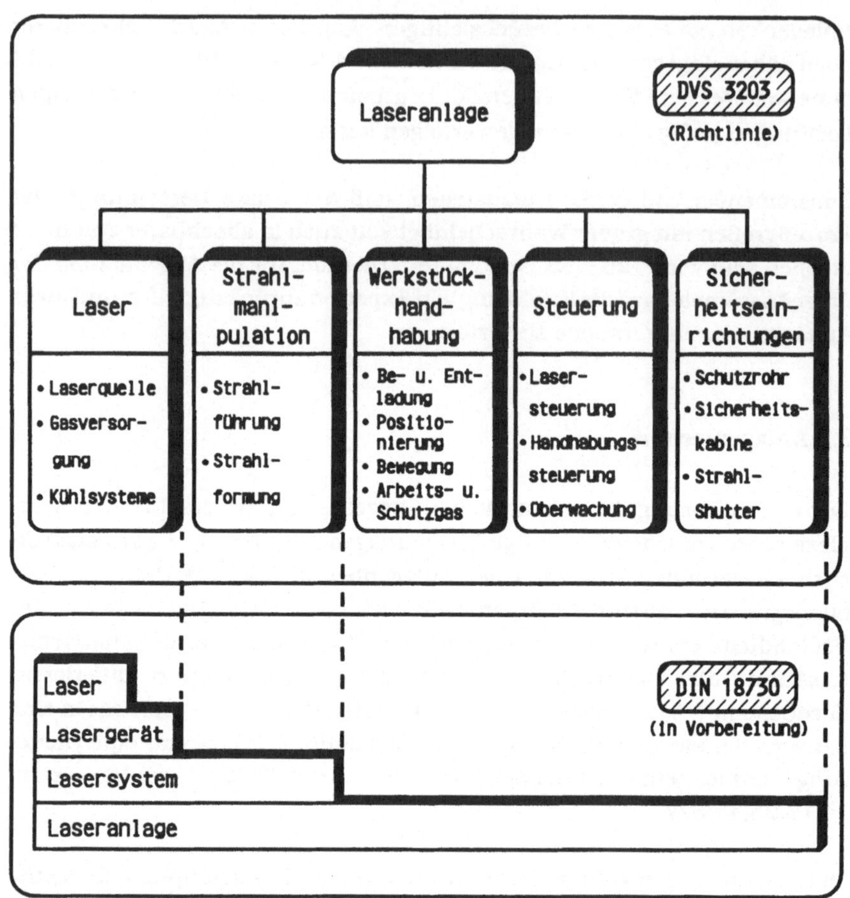

Bild 11: Gliederung und Bestandteile von Laseranlagen

In dem DVS - Merkblatt wird eine Anlage hierarchisch in Subsysteme unterteilt, während die DIN - Vornorm einen systemtechnischen Ansatz beinhaltet. In beiden Definitionen wird eine enge Bilanzgrenze um die eigentliche Lasermaschine gezogen. Begründungen für die gewählten Unterteilungen werden nicht angeführt. Da die DIN Arbeiten noch nicht abgeschlossen sind, bleibt abzuwarten, ob die vorgestellte Definition Bestand hat oder modifiziert und erweitert wird.

Aufgrund der Tatsache, daß beispielsweise Einrichtungen zur Werkstückvorbehandlung oder zur Zusatzwerkstoffversorgung nicht berücksichtigt werden, ist im Sinne einer umfassenden und systematischen Betrachtung eine Modifikation der Definitionen sinnvoll.

Untersucht man entsprechend der aufgezeigten Anlagendefinitionen den derzeitigen Lasermarkt, so ist selbst bei dieser eingeschränkten Sichtweise eine große Vielfalt von Anbietern für Systeme und Einzelkomponenten zu verzeichnen /23,60,61/. Derzeit werden standardisierte Anlagenkonzepte vor allem im Bereich des Schneidens und der Mikrobearbeitung angeboten. Für Schweißapplikationen sind heute nur vereinzelt und für Oberflächenbehandlungsaufgaben noch keine standardisierten Systeme verfügbar. Die Anlagen werden, soweit möglich, aus marktgängigen Komponenten zusammengestellt und an die Bearbeitungsaufgabe angepaßt /62/.

Traten in der Vergangenheit die Laseranbieter häufig auch als Systemlieferanten auf, verschieben sich diese Aufgaben heute immer mehr zu den Werkzeugmaschinen- und Sondermaschinenbauern. Aber auch die Anwender gehen verstärkt dazu über, Anlagen zu konzipieren und zu bauen /23/. Unter diesem Aspekt ist es für die hier anstehenden Untersuchungen sinnvoll, das Spektrum der getrennt erhältlichen Baugruppen von Laseranlagen zu analysieren (**Bild 12**).

Derzeit sind auf dem Markt für Laserkomponenten Baugruppen sehr unterschiedlichen Komplexitätsgrades verfügbar. Die Spanne reicht von kompletten Subsystemen, wie Laserstrahlquellen, bis zu Einzelkomponenten der Strahlführung und -formung. Bei der Betrachtung des derzeitigen Lasermarktes ist zu berücksichtigen, daß der Entwicklungsprozeß bezüglich neuer und optimierter Komponenten noch nicht abgeschlossen ist. Deshalb bestehen Defizite hinsichtlich der Verfügbarkeit und des Reifegrades einzelner Systemkomponenten.

In den Bereichen der Steuerung, der Zusatzwerkstoffversorgung sowie der Prozeßregelung sind beispielsweise sowohl Neu- als auch Weiterentwicklungen erforderlich /21/. Fokussierende Optiken können mittlerweile als komplette Bearbeitungsköpfe oder Baueinheiten erworben werden, während Integratoren, Facettenspiegel, Scanner und andere Sonderoptiken kaum verfügbar sind /58/.

Zur Beurteilung von alternativen Konzepten und Komponenten sowie deren Leistungsfähigkeit sind vergleichende Aussagen und Einsatzhinweise von Bedeutung.

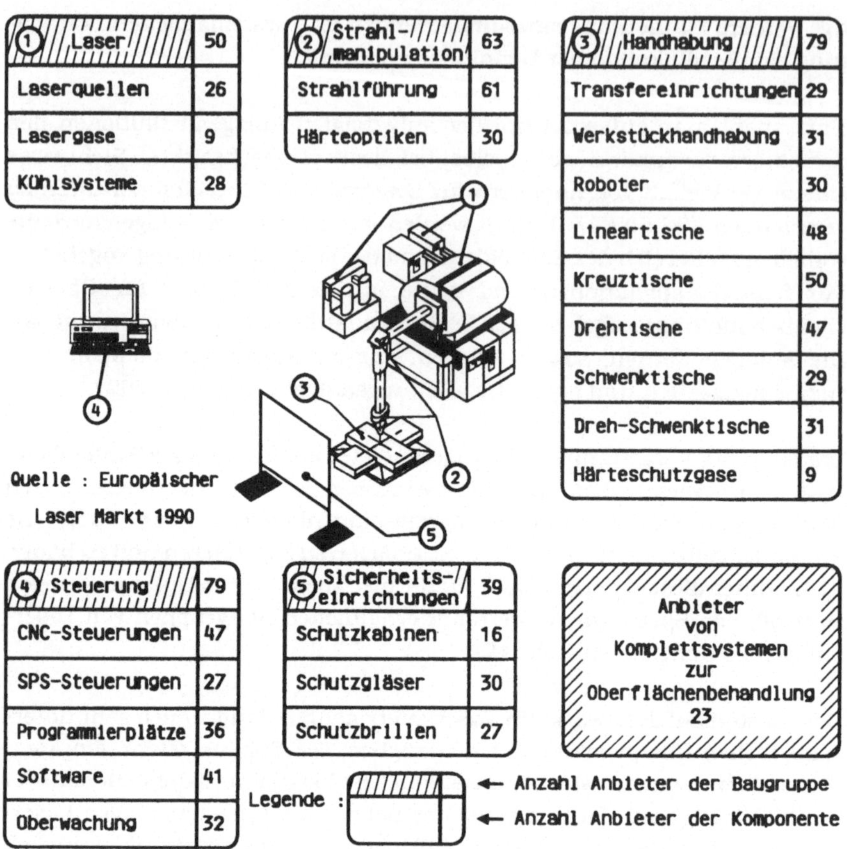

Bild 12: Anbieter von Systemen und Komponenten für CO₂-Laseranlagen

Für komplette Lasersysteme oder auch Einzelkomponenten finden sich eine Reihe von Literaturstellen mit Einsatzhinweisen und vergleichenden Aussagen. Neben den bereits erwähnten Marktübersichten /23,60,61/ werden vor allem die Vor- und Nachteile einzelner Gerätevarianten angeführt. Außer einer Übersichtsdarstellung der wesentlichen Merkmale und Einsatzbedingungen von Lasersystemen /25,30,34,40,42,57, 62-66/ werden hauptsächlich verschiedene Strahlquellen /4,25,30,33,34, 40,62,64,67-73/ und Bewegungssysteme /23,30,40,62,63,74-76/ miteinander verglichen oder charakterisiert. In wesentlich geringerem Umfang finden sich Aussagen bezüglich Steuerungs- und CAM-Systemen /17,62, 77,78/ sowie optischen Komponenten /22,40,56,65,70,75,79-82/ von

Laseranlagen. Im Bereich der Sensorik und der Prozeßdiagnose /52,58,65, 80,81,83-86/ sowie der Anlagensicherheit /87-89/ werden ebenfalls verschiedene Geräte, Maßnahmen und Prinziplösungen gegenübergestellt. Gelegentlich werden auch verschiedene Lösungsvarianten für die Zufuhr von Zusatzwerkstoffen vorgestellt und diskutiert /9,13,28,47,53,90,91/.

Auffallend ist, daß Vergleiche zwischen Komponenten oder Systemen in der Regel auf qualitativer Basis oder auf sehr feinem Detaillierungsgrad erfolgen. Anforderungen an einzelne Komponenten werden meist ohne oder mit nicht übertragbarem Bezug zu spezifischen Bearbeitungsaufgaben oder betrieblichen Randbedingungen definiert. Eine Unterscheidung erfolgt überwiegend nur auf Verfahrensebene und hier vornehmlich bei Schneid- und Schweißapplikationen. Aussagen zu speziell für die Oberflächenbehandlung benötigten Komponenten werden selten getroffen. Planungsrelevante Regeln zur Bewertung und Auswahl verschiedener Komponenten finden sich ebenfalls in nur geringem Umfang.

Neben theoretischen Betrachtungen erfordert die exakte Spezifikation von Anlagenkomponenten häufig Versuche, bei denen getroffene Annahmen überprüft und entsprechende Entwicklungsarbeiten durchgeführt werden sollten /22,34,42/. Im Idealfall erfolgen die Untersuchungen auf Systemen, die der gewählten Prinziplösung ähneln oder entsprechen. Damit ist die Übertragbarkeit der Ergebnisse am ehesten gewährleistet, obwohl prinzipiell nicht davon ausgegangen werden kann, daß die auf einer Anlage ermittelten Parameter auf andere Anlagen unmittelbar übertragen werden können /15,27/.

Der Bedarf an Entwicklungsarbeiten ist kennzeichnend für eine innovative Technologie, für die teilweise standardisierte und erprobte Anlagenkonzepte fehlen. Das Fernziel muß darin bestehen, Versuche durch geeignete Unterlagen, Hilfsmittel und modulare Anlagenkomponenten zu substituieren.

Durch eine Auswertung der angeführten Literatur lassen sich in Anlehnung an die erläuterten prozeßtechnischen Variationsmöglichkeiten einige Potentiale konkretisieren, die Ansatzpunkte für die Planung optimierter Systeme bilden. Diese konzentrieren sich im Gegensatz zu den prozeßtechnischen Möglichkeiten vorwiegend auf die Reduzierung der Nebenzeiten **(Bild 13)**.

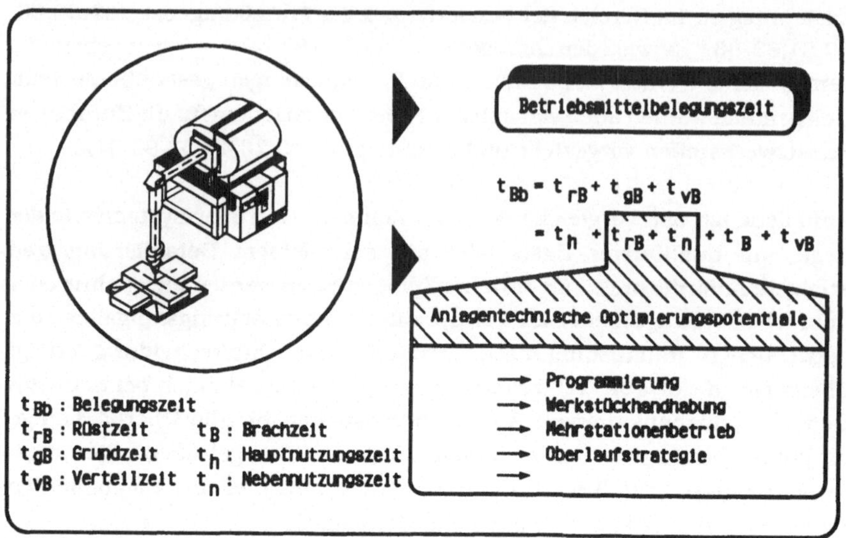

Bild 13: Anlagentechnische Optimierungspotentiale

Hier ist zum Beispiel die Frage der Programmierung anzuführen. In der Praxis werden komplexe Teile häufig im teach - in - Verfahren programmiert, wobei einige Parameter auch off - line eingegeben werden können. Da dies je nach Anlagenkonzept und Produktspektrum zu langen Stillstandzeiten führen kann, sind mögliche Lösungen detailliert zu untersuchen und zu bewerten. Ähnliches gilt für die Ermittlung bzw. Optimierung und Dokumentation der Bearbeitungsparameter.

Weiterhin sind abhängig vom Spektrum der Bearbeitungsaufgaben der Mehrstationen- oder Mehrlaserbetrieb sowie der Automatisierungsgrad der Werkstückbeschickung und -entnahme zu untersuchen. Hier können erhebliche Potentiale zur Reduzierung der Nebenzeiten liegen.

In Zukunft wird bei steigender Verfügbarkeit von Sonderoptiken auch die zu wählende Überlaufstrategie an Bedeutung gewinnen. Fallspezifisch besteht die bereits erwähnte Möglichkeit, durch Einsatz höherer Leistungen breitere Spuren bzw. höhere Vorschübe zu erzielen. Bei zweistufiger Prozeßführung wurde dies zumindest im Laborbetrieb nachgewiesen.

Aus den vorangegangenen Ausführungen wird deutlich, daß die Grundlagenforschung auf dem Gebiet der Anlagentechnologie noch nicht abgeschlossen ist. Auch aus diesem Grund sind für die Planung erforderliche Ergebnisse nur begrenzt verfügbar. Für die weiteren Untersuchungen werden die Komponenten von Laseranlagen als "Black-Box" betrachtet. Der angestrebte Auflösungsgrad ist durch die Marktverfügbarkeit der Komponenten determiniert (vgl. Bild 12). Die Komponenten und technischen Merkmale der Systeme werden dabei nur soweit untersucht, wie es zum Zweck der Anlagenplanung und insbesondere zur Analyse der aufgezeigten Optimierungspotentiale von Bedeutung ist.

3.3 Vorschriften und Normen

Analog zur wachsenden Bedeutung der Lasertechnologie nehmen die Normungsaktivitäten auf diesem Gebiet in letzter Zeit laufend zu /92/. Die in **Bild 14** angeführten nationalen und internationalen Institutionen beschäftigen sich im Rahmen von Arbeitsausschüssen vornehmlich mit sicherheitstechnischen Aspekten sowie der Beurteilung und Beschreibung von Bearbeitungsergebnissen /92/.

Hierbei werden sowohl die Hersteller als auch die Anwender von Lasersystemen angesprochen. Aufgrund der bestehenden Gesetzgebung und des Gefährdungspotentials von Lasersystemen hoher Leistung schreiten diese Arbeiten relativ schnell voran und werden ständig erweitert und aktualisiert.

Im Bereich der Komponenten- und Begriffsnormung besteht dagegen noch großer Handlungsbedarf /21/. Erste Ansätze auf diesem Gebiet stellen die bereits erwähnten Arbeiten des DVS bzw. DIN dar (DVS - Merkblatt 3203, DIN - Vornorm 1837). Weitere Bestrebungen auf europäischer Ebene sollen dahin führen, daß begleitend zur Technologieentwicklung Normungsarbeit geleistet wird. Im Rahmen des Forschungsprogramms EUROLASER sind beispielsweise Zuarbeiten zur Normung vorgesehen /92-94/.

Bestehende laserspezifische Sicherheitsstandards zielen primär auf den Laserkopf, die Primärenergieversorgung, den Laserstrahl sowie den Schutz des Personals durch Abschirmungen oder Abtrennungen ab. Eine potentielle Fehlerquelle stellt in diesem Zusammenhang das Versagen der Arbeitsoptik oder des Laserkopfes aufgrund äußerer Einflüsse dar.

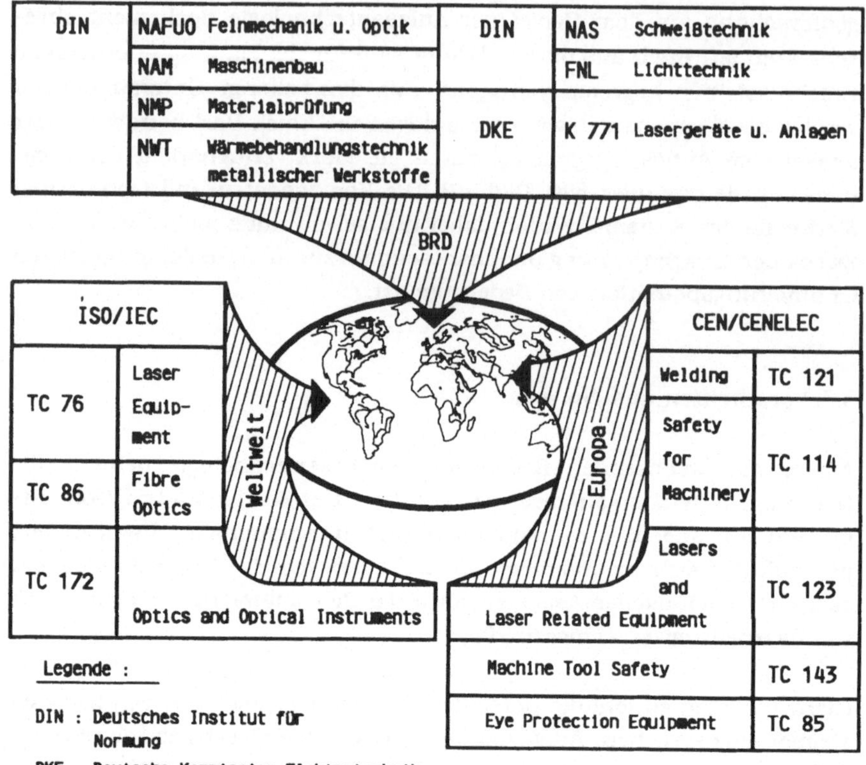

Bild 14: Laserspezifische Normungsaktivitäten und -institutionen

Reflexionen vom Werkstück oder ein Fehlverhalten des Strahl-Sumpfes sind weitere Gefahrenquellen /87/. Neben der Laserstrahlung und der Hochspannung beinhalten die Anlagen jedoch weitere Gefährdungspotentiale, die auf die möglicherweise auftretenden Gase und Aerosole sowie die Mechanik der Systeme zurückzuführen sind. Die für die Planung von Oberflächenbehandlungssystemen relevanten Normen und Richtlinien im Bereich der Sicherheitstechnik lassen sich nach den angeführten Gefährdungspotentialen untergliedern (**Bild 15**).

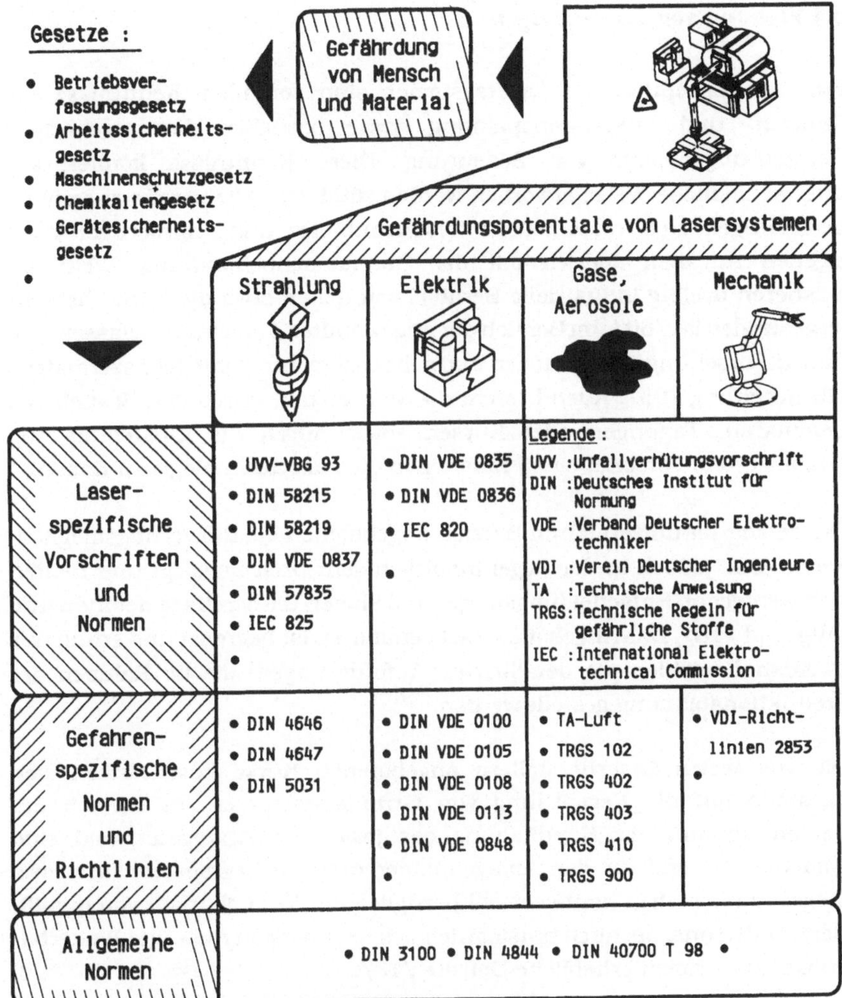

Bild 15: Planungsrelevante Normen und Vorschriften

Die in Bild 15 dargestellten Normen sind bei der Anlagenkonzeption zu
berücksichtigen. Hilfestellungen bei der Durchführung von Planungsaufgaben werden jedoch nur in sicherheitstechnischen Fragen gegeben.

3.4 Planung von Laseranlagen

Für die Konzeption von Lasersystemen sind vor allem Kenntnisse der Anlagen- und Integrationsplanung sowie bezüglich der zugehörigen Betrachtungsobjekte von Bedeutung. Diese Kenntnisse können auf unterschiedliche Weise erworben werden (**Bild 16**). Wie bereits angeführt, beschäftigen sich verschiedene Systemanbieter und Lohnfertiger nach eigenen Angaben speziell mit der Oberflächenbehandlung. Weiterhin existieren dreißig industrielle Berater, von denen etwa die Hälfte herstellergebunden ist /60/. Im Bereich der angewandten Forschung befassen sich fünfzig Forschungsinstitutionen und acht Laserzentren mit der Lasermaterialbearbeitung /95/. Auch besteht die Möglichkeit, durch den Besuch von Seminaren, Tagungen oder Kursen sowie durch die Einstellung von qualifiziertem Personal einen Einstieg in die Lasertechnologie zu finden.

Die derzeit im universitären Bereich angebotenen Qualifizierungsmöglichkeiten sind jedoch in der Regel inhaltlich sehr breit angelegt und richten sich weniger an Entscheidungsträger und Planer, die bereits in der Industrie tätig sind /18/. Das Angebot an Fachseminaren ist begrenzt und erfüllt nur in Ausnahmefällen die detaillierten Anforderungen, die im Rahmen der Produktionsplanung gestellt werden.

Die von vielen Laserherstellern angebotenen Kurse beschränken sich meistens auf die Vermittlung von Grundkenntnissen im Bereich der Bedienung und der Handhabung des jeweiligen Aggregates und sind dementsprechend für den Anlagenplaner nur von begrenztem Interesse. Insgesamt bestehen heute sowohl bezüglich der Verfügbarkeit von qualifiziertem Personal als auch hinsichtlich des Angebots an Aus- und Weiterbildungsmaßnahmen erhebliche Defizite /18/.

Ergänzend oder alternativ zu den angeführten Maßnahmen besteht die Möglichkeit, durch ein Studium der einschlägigen Literatur Anregungen sowie Auslegungs- und Gestaltungsrichtlinien zu sammeln. Eine Recherche in den wesentlichen Literaturdatenbanken zeigt jedoch, daß dort bezüglich der Planung von Oberflächenbehandlungsanlagen keine Fachliteratur existiert. Lediglich für Schneid- und Schweißbearbeitungen mit Laserstrahlen finden sich einige Veröffentlichungen, die sich näher mit Planungsaspekten beschäftigen. Anlagenspezifische Literatur existiert insbesondere für das Laserschneiden in wesentlich größerem Umfang.

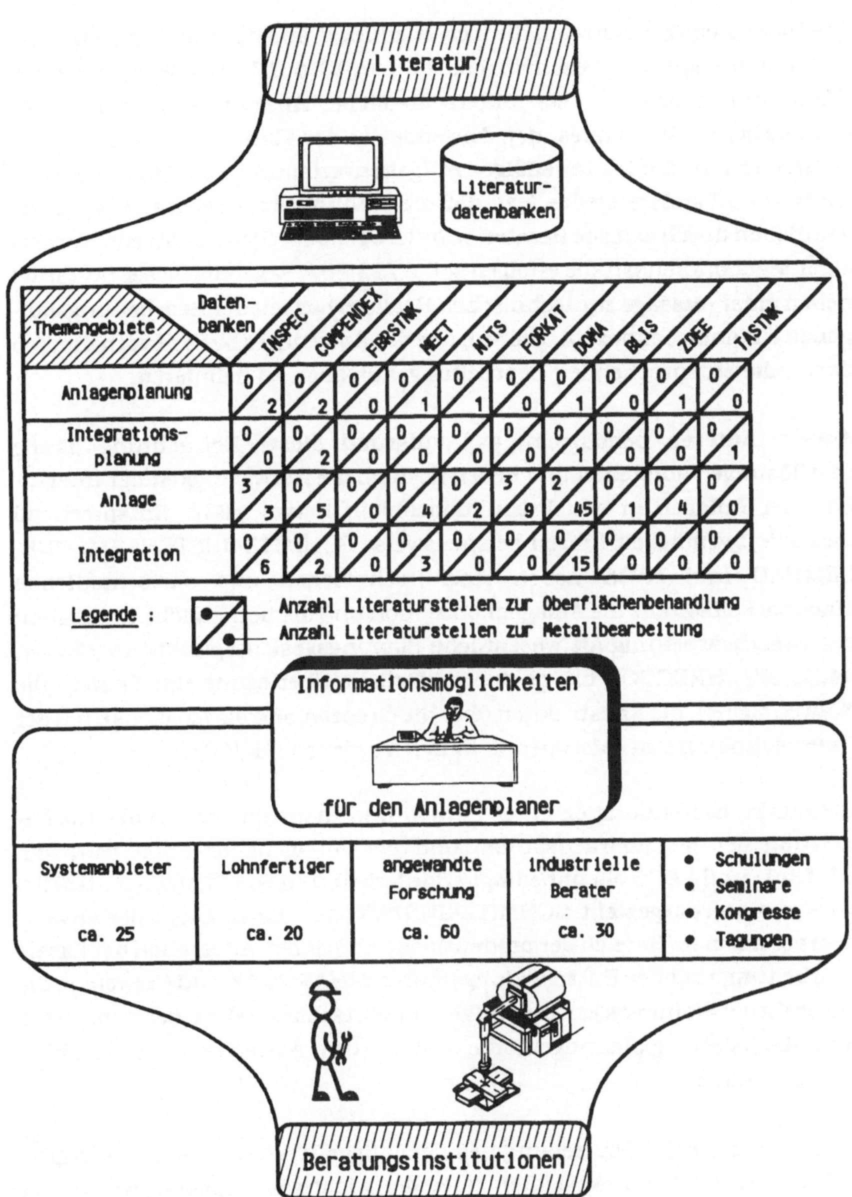

Themengebiete / Datenbanken	INSPEC	COMPENDEX	FBRSTNK	MEET	NITS	FORKAT	DOMA	BLIS	ZDEE	TASTNK
Anlagenplanung	0 / 2	0 / 2	0 / 0	0 / 1	0 / 1	0 / 0	0 / 1	0 / 0	0 / 1	0 / 0
Integrations-planung	0 / 0	0 / 2	0 / 0	0 / 0	0 / 0	0 / 0	0 / 1	0 / 0	0 / 0	0 / 1
Anlage	3 / 3	0 / 5	0 / 0	0 / 4	0 / 2	3 / 9	2 / 45	0 / 1	0 / 4	0 / 0
Integration	0 / 6	0 / 2	0 / 0	0 / 3	0 / 0	0 / 0	0 / 15	0 / 0	0 / 0	0 / 0

Systemanbieter	Lohnfertiger	angewandte Forschung	industrielle Berater	
ca. 25	ca. 20	ca. 60	ca. 30	• Schulungen • Seminare • Kongresse • Tagungen

Bild 16: Informationsangebot bezüglich der Planung von Laseranlagen

Die Namen einiger Autoren, die sich zumindest ansatzweise mit planungsrelevanten Aspekten beschäftigen, sind in **Bild 17** aufgelistet. Je nach Standpunkt vertreten sie unterschiedliche Ansichten bezüglich des erforderlichen Aufwandes, den Anwender in der Planungsphase betreiben sollten und der dafür notwendigen Aufgabenverteilung. BALBACH, GREEN, BRAGG und andere stellen fest, daß die Planung einer Laseranlage im wesentlichen durch externe Berater, Lohnfertiger oder Systemanbieter in Form einer Machbarkeitsstudie erfolgen sollte /22,96/. Ergebnis dieser Studie ist neben einer Aussage zur technischen Realisierbarkeit der Bearbeitungsaufgaben ein Anlagenkonzept. Die Aufgabe des Anwenders besteht vornehmlich darin, die entsprechenden Bearbeitungsaufgaben zu definieren.

Andere Autoren bemängeln, daß aufgrund dieser Betrachtung häufig Insellösungen entstehen und heben deshalb die Notwendigkeit der Integration der Anlagen in den Produktionsablauf hervor /63/. Entsprechend dieser Notwendigkeit führen beispielsweise SCHMITZ-JUSTEN, AMENDE, SEMRAU und LAOS neben einer technischen und wirtschaftlichen Machbarkeitsstudie die Anlagenkonzeption und die betriebliche Integration der Laserbearbeitung als wesentliche Planungsgesichtspunkte an /22,24, 34,36,97/. GREGSON bringt eine zusätzliche Überlegung ein. Er stellt die Notwendigkeit, die Konstruktion über die Grenzen und die Möglichkeiten der Lasertechnologie zu informieren, in den Vordergrund /98/.

Die starke Einbindung externer Firmen und Institutionen bei der Durchführung der Machbarkeitsstudie und der Anlagenkonzeption wird von SEMRAU und LAOS als unbedingt erforderlich und von SCHMITZ-JUSTEN als vorteilhaft dargestellt. SCHMITZ-JUSTEN sieht die Aufgaben des Anwenders vor allem im Bereich der produktionstechnischen Integration der Laserbearbeitung und der Entscheidungsfindung. HARDOCK /30/ erweitert die angeführten Planungsgesichtspunkte um Wirtschaftlichkeitsbetrachtungen und Realisierungsplanungen, die seitens des Anwenders durchgeführt werden sollten.

Eine summarische Beurteilung des derzeitigen Erkenntnisstandes ergibt, daß unterschiedliche Ansichten über die wichtigen Aspekte, die bei der Planung und der Einführung der Lasertechnologie berücksichtigt werden sollten, bestehen. Es werden vereinzelt Planungsgesichtspunkte angesprochen, wobei aber der zeitliche, logische und inhaltliche Ablauf der Planung bisher nur punktuell untersucht wurde.

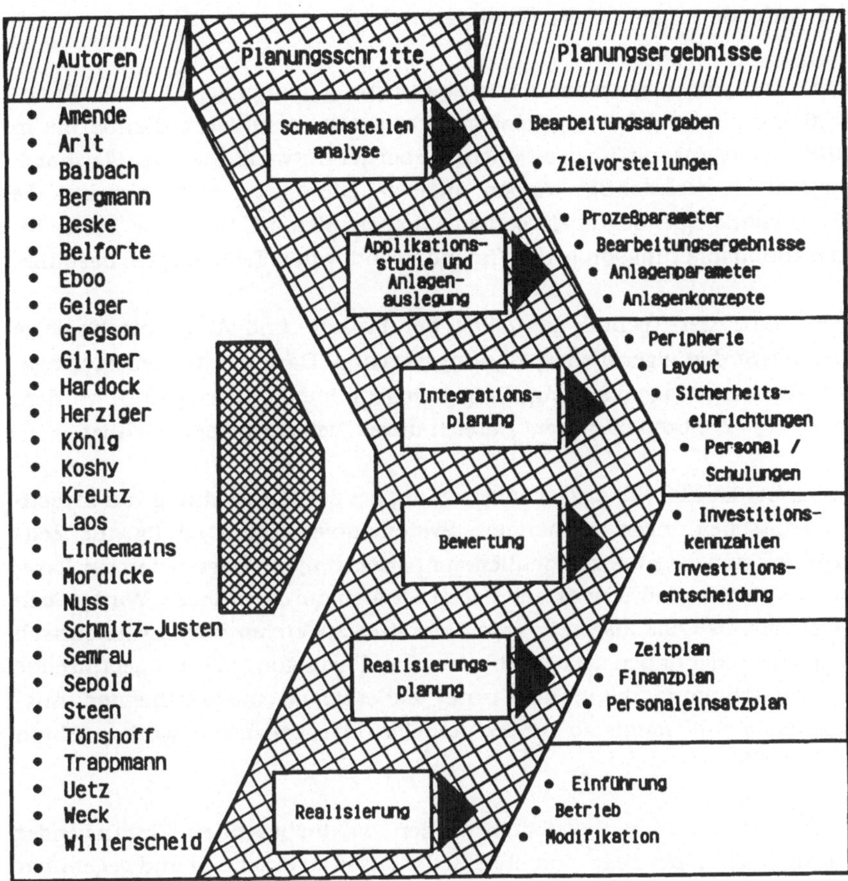

Bild 17: Stand der Erkenntnisse bezüglich der Planung von Laseranlagen

Bezogen auf die Planung von Lasersystemen zur Oberflächenbehandlung sind bis auf die Arbeit von TRAPPMANN keine umfassenden Ergebnisse bekannt. Da diese Arbeit in engem Zusammenhang mit der hier behandelten Problemstellung zu sehen ist, werden die Ergebnisse von TRAPPMANN sowie von anderen Autoren, die sich mit der technischen Investitionsplanung beschäftigen, im weiteren Verlauf näher analysiert und in die Betrachtungen integriert werden.

3.5 Anforderungen an die Planungsmethode

Faßt man die Ergebnisse der Untersuchung planungsrelevanter Rand-
bedingungen und Lösungsansätze zusammen, resultieren daraus die in
Bild 18 angeführten Restriktionen, die bei der Entwicklung einer Planungs-
methode berücksichtigt werden müssen. Diese sind nicht nur auf die
Lasertechnologie begrenzt, sondern haben sich in ähnlicher Form bei
Investitionsplanungsprojekten für andere innovative Technologien bestätigt.

Der Stand der Technik bezüglich der Prozeß- und Anlagentechnologie
beeinflußt den eigentlichen Planungsvorgang. Da außerdem Forschungsarbeiten zur Anlagenplanung nur in geringem Umfang durchgeführt wurden,
ist der Ist-Zustand in diesem Bereich durch Defizite gekennzeichnet.

Zunächst ist hier die Aufgabenverteilung bei der Vorbereitung von Investitionsentscheidungen zu nennen. Systemanbieter sind häufig aus Zeitgründen und wegen ihrer fachlichen Ausrichtung nur begrenzt in der Lage,
umfangreiche produktionstechnische Studien durchzuführen. Wird jedoch
beispielsweise das laserrelevante Werkstückspektrum nicht systematisch
analysiert oder finden die betrieblichen Randbedingungen keine gebührende
Berücksichtigung, kann dies unter anderem zu unzureichenden Aus-
lastungen und damit zu unakzeptablen Investitionskennzahlen führen
/22,57,63/.

Andererseits muß berücksichtigt werden, daß insbesondere Erstanwender
häufig nicht in der Lage sind, ihre Bedürfnisse zu erkennen und gegenüber
den Systemanbietern konkret zu formulieren. Es mangelt an Verständnis für
Funktionsweise, Chancen und Risiken der Technologie sowie an Überblick
bezüglich der erforderlichen Systembestandteile und möglichen Konfigura-
tionen. In der Vergangenheit kamen deshalb verstärkt Standardsysteme
zum Einsatz, die zu wenig auf den speziellen Anwendungsfall zugeschnitten
waren. So wurden beispielsweise Systeme installiert, die die Fähigkeiten der
Anwender bezüglich der Programmierung oder Instandhaltung bei weitem
überfordern oder eine produktionstechnische Insellage einnehmen /63/.

Die angesprochenen Defizite führen nicht selten dazu, daß nach der Inbetriebnahme einer Laseranlage erhebliche Anpassungsarbeiten notwendig
werden. In diesem Fall sind Nachinvestitionen zu tätigen, die den wirtschaftlichen Erfolg des Vorhabens gefährden können.

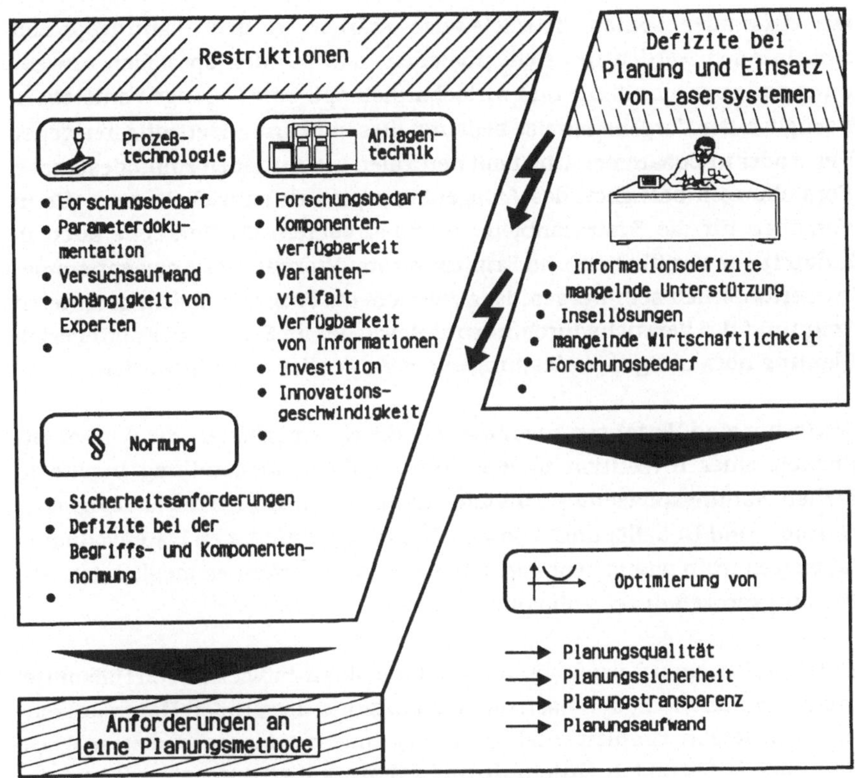

Bild 18: Anforderungen an die Planung von Laseranlagen

Selbst wenn keine Nachinvestitionen erforderlich sind, ist bei der heute üblichen Planungsvorgehensweise eine Investitionsbewertung erst am Ende der Planung, also bei Vorliegen der Alternativen und Versuchsergebnisse, möglich. Geldmittel, die bis zu diesem Zeitpunkt aufgewendet wurden, sind bei negativem Ergebnis der Wirtschaftlichkeitsbetrachtung fehlinvestiert.

Da weitreichende Entwicklungen im Bereich der Prozeßtechnologie, der Anlagenkomponenten und der Normung mit hohem zeitlichen und monetären Aufwand verbunden sind, muß sich eine praxisorientierte Planungsmethodik an den diesbezüglichen Restriktionen orientieren. Sie sollte folglich zur Optimierung von Planungsqualität, -sicherheit, -transparenz und -aufwand beitragen, wobei die praktischen Möglichkeiten aufgrund des derzeitigen Erkenntnisstandes zu berücksichtigen sind.

Die Anwender sollten beispielsweise stärker in den Planungsprozeß eingebunden werden um sicherzustellen, daß auf den speziellen Anwendungsfall zugeschnittene und wirtschaftlich optimale Lösungen entstehen. Bezüglich der Vorgehensweise bedeutet dies, daß anwenderseitig in eigener Regie oder in Zusammenarbeit mit neutralen Institutionen zumindest grobe Vorstellungen bezüglich des Anlagenkonzeptes zu entwickeln sind, die in Vorgaben für die Systemanbieter münden sollten. Da Versuche auch in Zukunft zur Verifikation und Ermittlung von Prozeß- und Anlagenparametern erforderlich sein werden, ist außerdem die Frage nach dem geeigneten Zeitpunkt der Versuchsdurchführung sowie der im Sinne einer optimierten Planung notwendigen Vorleistungen der Anwender zu beantworten.

Weiterhin sind Verfahren zu erarbeiten, die es ermöglichen, die Wirtschaftlichkeit einer Investition in die Laseroberflächenbehandlung bereits in frühen Planungsphasen zu ermitteln. Aufgrund der großen Anzahl möglicher Gesamt- und Detaillösungen sowie der damit verbundenen Datenvolumina ist es weiterhin wünschenswert aufzuzeigen, inwiefern es möglich ist, den Planungsprozeß durch Hilfsmittel zu unterstützen.

Unter praktischen Gesichtspunkten sollten die zu entwickelnden Hilfsmittel auf erprobten Methoden basieren, die aufgrund des großen Datenaufkommens die Rechnerimplementation der Ergebnisse zulassen. Auf diese Weise kann der Aufwand zur Durchführung daten- und zeitintensiver Planungsfunktionen reduziert werden. Die Erfahrung aus verschiedenen Investitionsplanungsprojekten hat gezeigt, daß hier Schwerpunkte vor allem im Bereich der Darstellung und Auswahl möglicher Anlagenvarianten sowie der Datenbeschaffung, Verarbeitung und Dokumentation im Rahmen der wirtschaftlichen Bewertung zu sehen sind.

3.6 Fazit

In diesem Kapitel wurden zunächst prozeß- und anlagentechnische Restriktionen ermittelt, die bei der Planung von Laseranlagen für die Oberflächenbehandlung bestehen. Bezüglich der Prozeßtechnologie wurde nachgewiesen, daß vor allem die komplexen Wechselwirkungen zwischen den Prozeßeingangs- und Prozeßausgangsgrößen sowie die eingeschränkte Möglichkeit zur theoretischen Vorherbestimmung der Prozeßparameter die Anlagenkonzeption beeinflussen.

Im Bereich der Anlagentechnik wurde gezeigt, daß die Vielfalt von Anbietern und Komponenten sowie der Mangel an planungsrelevanten Informationen als Randbedingung bei der Anlagenkonzeption zu berücksichtigen sind. Auch das teilweise Fehlen von industriereifen und standardisierten Komponenten speziell für Oberflächenbehandlungsaufgaben erschwert die Planung von Laseranlagen. Aus den ermittelten Restriktionen resultieren der Bedarf an weiteren Grundlagenarbeiten sowie die Notwendigkeit der Versuchsdurchführung im Rahmen der Anlagenkonzeption.

Die Untersuchung planungsrelevanter Normen und Vorschriften ergab, daß der Schwerpunkt der bisherigen Normungsaktivitäten im Bereich der Sicherheitstechnik anzusiedeln ist. Die entsprechenden Vorgaben sind bei der Anlagenkonzeption einzuhalten. Hilfestellungen bei der Planung, beispielsweise durch eine Begriffs- und Komponentenstandardisierung, sind momentan kaum gegeben.

Die Situation im Bereich der Planung von Laseranlagen ist dadurch gekennzeichnet, daß die Informationsbeschaffung ein Problem darstellt. Die wenigen Ansätze, die bezüglich der Anlagenplanung zu finden sind, behandeln die Thematik nur punktuell. Die übliche Auffassung besteht darin, daß die Planung von Laseranlagen Spezialisten überlassen werden sollte. Wie gezeigt wurde, resultieren hieraus jedoch teilweise suboptimale Systemlösungen. Eine Planung von Laseranlagen durch die Anwender wird durch die Komplexität der Technologie sowie die bestehenden Informationsdefizite und die Notwendigkeit der Versuchsdurchführung erschwert.

Aus der Analyse der derzeitigen Situation folgt, daß eine Methode zur Konzeption von Laseroberflächenbehandlungsanlagen benötigt wird, die sich an den aufgezeigten technologiespezifischen Restriktionen orientiert, den Anwender verstärkt in den Planungsprozeß einbindet und durch praxistaugliche Planungshilfsmittel unterstützt wird.

Kapitel 4

Entwicklung der Planungsmethode

Die Entwicklung einer Methode zur Planung von Laseranlagen entsprechend der aufgestellten Forderungen stellt eine Aufgabe dar, die theoretische Grundlagenuntersuchungen sowie die Einbeziehung der Erkenntnisse aus anderen Planungsproblemen erfordert. Aus diesem Grund werden derzeit übliche Methoden der technischen Investitionsplanung sowie Ansätze des Systems Engineering hinsichtlich ihrer Eignung für die Planung von Laseranlagen untersucht.

Unter Berücksichtigung der Ergebnisse verschiedener Investitionsplanungsprojekte, des Erkenntnisstandes im Bereich der technischen Investitionsplanung und der systemtechnischen Grundgedanken wird anschließend eine Methode zur Konzeption von Laseranlagen entwickelt. Weiterhin werden Möglichkeiten untersucht, wie der Planungsprozeß durch den Einsatz vorhandener Methoden und Hilfsmittel unterstützt werden kann.

Bei der Entwicklung und anschließenden Detaillierung der Planungsmethode wird prinzipiell induktiv vorgegangen, wobei die in Forschungs- und Industrieprojekten abgeleiteten Einzellösungen deduktiv in einen systemwissenschaftlichen Zusammenhang gestellt werden.

4.1 Lösungsansätze der technischen Investitionsplanung

In der Vergangenheit beschäftigten sich verschiedene Autoren mit der Anlagenplanung im Rahmen der technischen Investitionsplanung /99-104/. Die Ausführungen behandeln zum einen unterschiedliche thematische Schwerpunkte und kommen zum anderen zu verschiedenen Ergebnissen bezüglich der erforderlichen Planungstätigkeiten.

Während die frühen Untersuchungen ergaben, daß nach einer Analyse des Teilespektrums sofort die Maschinenauswahl folgen sollte, kommen WEST-

KÄMPER und VETTIN zu dem Ergebnis, daß bei komplexeren Fertigungssystemen zusätzlich ein Kompatibilitätsabgleich der Einzelmaschinen durchzuführen ist /102,103/. HERRMANN erweitert diesen Ansatz und fordert vor der Detailplanung einen eigenen Planungsschritt zur Festlegung der Systemstruktur /104/. ERKES weist ebenfalls auf die Bedeutung der Strukturfindung hin und führt die informationstechnische und organisatorische Integration als wesentliche Planungsaufgabe an /105/. STEINFATT baut auf diesen Überlegungen auf und gliedert den Kern des Planungsprozesses in fünf Entscheidungsebenen (**Bild 19**). Abweichend von früheren Arbeiten beschäftigt er sich mit der Planung innovativer Technologien und hebt die Notwendigkeit einer planungsbegleitenden Bewertung zur Reduzierung des Planungsaufwandes hervor /106/.

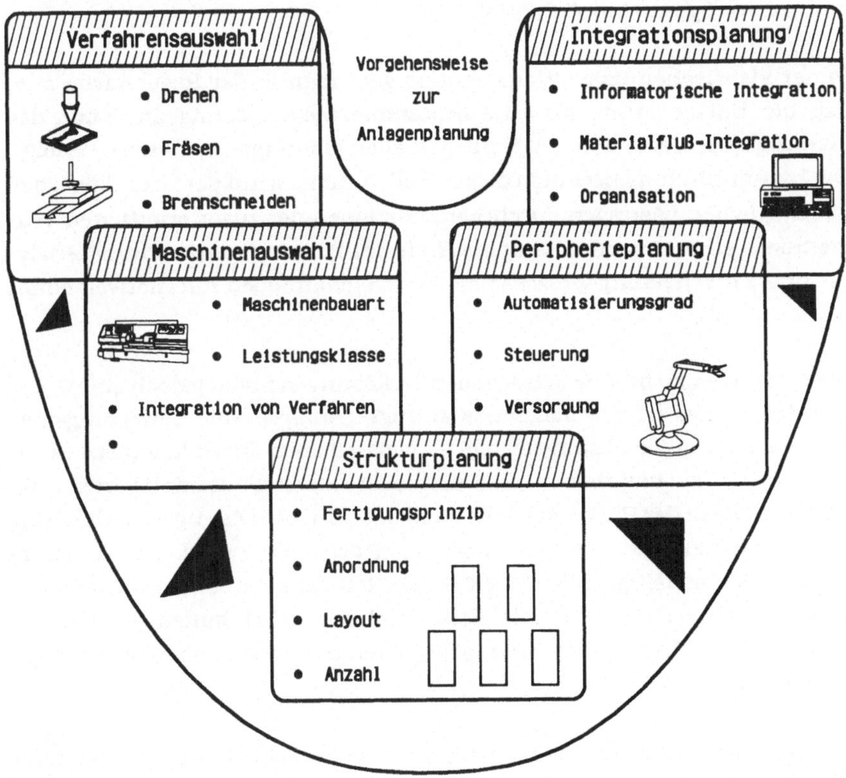

Bild 19: Gegenstandsorientierte Vorgehensweise zur Planung von Anlagen

Dem besonderen Charakter innovativer Technologien wird STEINFATT gerecht, indem er die Informationsdefizite durch Berücksichtigung der Unsicherheit in der Bewertungsphase gewichtet. Die aufgezeigten Lösungsmöglichkeiten setzen die Existenz anlagentechnischer Lösungen voraus.

Im wesentlichen stellt die in Bild 19 dargestellte Gliederung eine gegenstandsbezogene Betrachtungsweise dar. Laserspezifisch ergeben sich Anforderungen, die zusätzlich eine Berücksichtigung von Planungsphasen erfordern. Die Komplexität der Technologie rechtfertigt zunächst eine Unterteilung des Planungsprozesses in die Bereiche Anlagen- und Verfahrensplanung (vgl. Bild 6). Weiterhin muß bei der Planung ein Schritt zur Entwicklung der Verfahrens- und Anlagentechnologie integriert werden, da nicht immer vorausgesetzt werden kann, daß funktionsfähige Standardlösungen verfügbar sind /22,34,42/.

In der klassischen Investitionsplanung geht man in der Regel davon aus, daß die Entscheidung für eine bestimmte Systemlösung am Ende des Planungsprozesses, also bei Vorliegen aller Planungsalternativen, erfolgt. Die Lösungsfindung beruht in diesen Fällen zumeist auf der Grundidee, daß alle möglichen Lösungen durch Kombinationen der zuvor ermittelten Teilmodule bestimmt werden. Erst am Ende der Planung werden durch Analyse- und Entscheidungsprozesse die unwirtschaftlichen Alternativen eliminiert.

Die Anzahl der zu berücksichtigenden Teillösungen findet jedoch eine Grenze aufgrund des erforderlichen Gestaltungs-, Analyse- und Bewertungsaufwandes. Eine große Lösungsmenge ist meistens nur durch komplexe Rechnerlösungen zu handhaben. Bei manueller oder teilautomatisierter Auswertung, die in der Praxis noch die Regel ist, wird die Lösungsvielfalt häufig durch pragmatische Entscheidungen eingeschränkt /107/. Da die Lasertechnologie vielfältige Lösungsmöglichkeiten anbietet und pragmatische Einschränkungen die Gefahr der Fehlentscheidung beinhalten, ist in Anlehnung an STEINFATT eine planungsbegleitende und systematische Bewertung zu fordern.

Zur abschließenden Bewertung werden oft die verschiedenen Verfahren der Investitionsrechnung herangezogen /108,109/. Bei ingenieurwissenschaftlichen Betrachtungen kommen häufig projektbezogene Ansätze zum Tragen, denen ein eindimensionales, monetäres Zielsystem zugrunde liegt. Dies ist plausibel, da auch Ziele, die zunächst nicht monetär bewertbar scheinen, zumindest in Geldwerten abgeschätzt werden können /106/.

Gemäß dem zahlungsorientierten Investitionsbegriff sind Investitionen mit Ein- und Auszahlungen verbunden. Neben dem Betrag sind die Zahlungen durch den Zeitpunkt des Auftretens gekennzeichnet. Die dynamischen Verfahren der Investitionsrechnung berücksichtigen dies und sind deshalb gegenüber den statischen zu bevorzugen. Die kumulierte Betrachtung der Zahlungsströme über einen begrenzten Zeitraum resultiert in der Aufstellung einer Zahlungsreihe, die das Investitionsvorhaben vollständig charakterisiert /110/.

Die Zahlungsreihe beinhaltet alle zur ökonomischen Bewertung notwendigen Daten und dient als Ausgangsbasis für die Berechnung verschiedener ökonomischer Kennwerte. Eine Investition wird dann als vorteilhaft betrachtet, wenn die Summe der Einzahlungen die Summe der Auszahlungen im Betrachtungszeitraum übersteigt, wobei der Überschuß die Amortisation des eingesetzten Kapitals ermöglicht. Für die Bewertung von Lasersystemen sind folglich Zahlungsreihen zu ermitteln, die die Berechnung dynamischer Kennwerte erlauben.

Die bisherigen Ausführungen zur Investitionsbewertung basieren auf der idealisierten Annahme, daß die Zahlungsströme sicher vorherbestimmt werden können. In der Realität handelt es sich jedoch um Investitionsentscheidungen bei unsicherer Erwartung, da in der Regel mehrere Ausprägungen hinsichtlich der Eingangsgrößen der Investitionsrechnung möglich sind. Weil dies insbesondere auf die Laseroberflächenbehandlung zutrifft, bietet sich zur Abschätzung des Risikos die Durchführung von Sensitivitätsanalysen an /108/.

Wegen der dargestellten Problembereiche sind die klassischen Verfahren zur Investitionsplanung und -bewertung nur begrenzt bei der Planung von Laseranlagen zu verwenden. Vielmehr sind erweiterte Ansätze erforderlich, die die Charakteristika der Lasertechnologie berücksichtigen. Die Disziplin, die sich damit beschäftigt, spezifisch gewonnene Erkenntnisse aus Einzelproblemlösungen zu analysieren, zu abstrahieren und damit allgemeingültige Denkansätze zur Gestaltung von Systemen abzuleiten, ist die Systemwissenschaft. Wie im folgenden gezeigt werden wird, bildet sie einen geeigneten Rahmen für die Entwicklung einer neuen Planungsmethode.

4.2 Problemlösungsstrategien des Systems Engineering

Der Systemansatz (Systems Philosophy) ist gekennzeichnet durch inhaltliche Allgemeingültigkeit und formale Abstraktheit, strukturierende und umfassende Betrachtungsweise sowie Zweckorientiertheit /107/. Er bietet die Möglichkeit, komplexe und dynamische Systeme zu untersuchen. Insbesondere läßt sich der Systemansatz auf Systeme anwenden, die stochastisches Verhalten aufweisen und erst in der Zukunft existieren sollen /111/. Die Anwendungsobjekte der Systemtechnik sind vorwiegend technischer Natur, also Maschinen, Anlagen oder ganze Werke, wobei dem Menschen als Planer und als Nutzer besondere Bedeutung zukommt /112/.

Die Systemtechnik hat in der Vergangenheit bei der Planung komplexer Systeme an Bedeutung gewonnen /111/. Dies ist nicht zuletzt auf das gestiegene Bewußtsein zurückzuführen, daß beim Erfassen von Gesamtzusammenhängen und zur Lösung komplexer Aufgaben der Einsatz methodischer Vorgehensschritte und geeigneter Hilfsmittel von größter Bedeutung ist /105,113/.

Diese "Ganzheitsidee" bei der Suche nach Lösungsansätzen entspricht der Forderung nach gesamthafter Betrachtung bei der Planung von Laserstrahlanlagen. Die Vorstellung, Probleme jeder Art nicht isoliert, sondern in ihrer Interdependenz mit dem Umfeld zu betrachten, ist eng mit dem Konzept der Systemwissenschaft verknüpft /112/. Der Systemtechniker versteht unter "Systemwissenschaft" ein übergeordnetes Wissensgebäude und definiert sie als "Wissenschaft vom zweckorientierten Handeln" (**Bild 20**) /107,112,114/.

Bei der Betrachtung komplexer Problemstellungen der Anlagenplanung basiert die Systemtechnik vorrangig auf dem in den USA entwickelten "Systems Engineering" /112/. Die Begriffe Systemtechnik, Systemplanung und Systems Engineering werden häufig synonym verwendet /107,114, 115/.

Die Systemtechnik stellt Verfahren, Methoden und Hilfsmittel zur Analyse, Bewertung und Gestaltung komplexer Systeme bereit /113/. Sie ist auf die praktische Anwendbarkeit ausgerichtet und befaßt sich mit sämtlichen Lebensphasen eines Systems /105,107,114/. Dabei stellt sie kein Patentrezept zur Lösung komplexer Problemstellungen dar, sondern bietet einen Denkansatz, der darauf abzielt, eine Brücke zwischen Theorie und Praxis zu schlagen. Durch Zugrundelegen mehrdimensionaler Zielsysteme, die einer erfahrungsfundierten und präferenzbezogenen Bewertung unterzogen werden, begreift man in der Systemtechnik den Menschen immer als tragenden Bestandteil aller Tätigkeiten /114/.

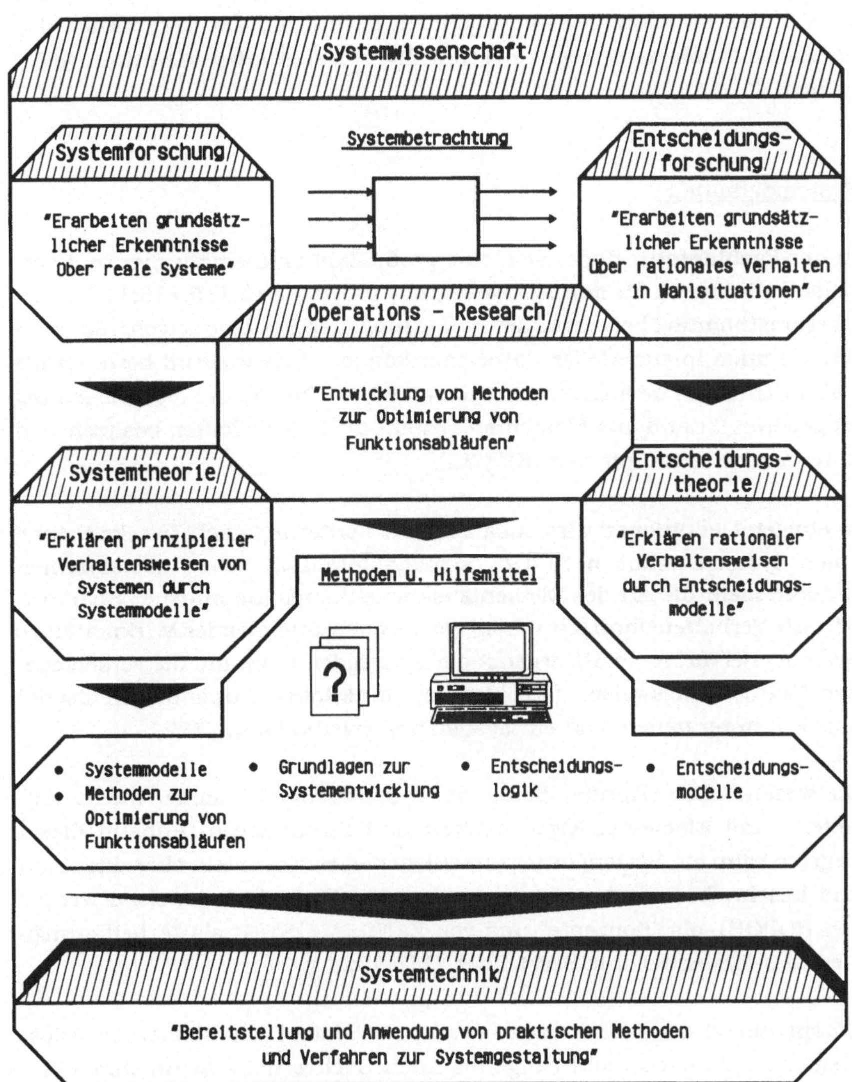

Bild 20: Systemtechnik als Bestandteil der Systemwissenschaft

Wegen der fächerübergreifenden Ausrichtung begünstigt der Systemansatz die Übernahme von Erkenntnissen aus verschiedenen Fachgebieten. Er kann durch das ihm eigene Ziel, allgemeingültige Aussagen über Prozesse und Strukturen von Systemen zu entwickeln, Erklärungshilfen geben und die Formulierung von Gestaltungs- und Entscheidungsmodellen erleichtern /116/. Das systemtechnische Vorgehen beruht auf der Erkenntnis, daß komplexe Problemstellungen zweckmäßig in festen Arbeitsschritten gelöst werden /117/.

Systemdefinition

In der Fachliteratur findet sich eine große Zahl mathematischer und verbaler Definitionen für den Systembegriff /105,107,112,115,116,118-122/. Übereinstimmung besteht in der Auffassung, daß Systeme sowohl materieller, als auch immaterieller Natur sein können. Überwiegend beruhen die Definitionen auf dem Grundgedanken, daß ein System in einer Umgebung eingebettet ist und aus Elementen besteht die Eigenschaften besitzen und miteinander verknüpft sind (**Bild 21**).

In einigen Definitionen wird zusätzlich die Forderung nach Zweckrichtung eines Systems erhoben /120/. Je nach Intention heben die einzelnen Autoren mehr die Art des Elementzusammenhangs (Baumuster, Struktur) oder die Verhaltensform (Funktion) als wesensbestimmendes Merkmal eines Systems hervor. ROPOHL ergänzt die Systemdefinition um die verschiedenen Betrachtungsweisen (struktularer, funktionaler und hierarchischer Aspekt), unter denen man ein System analysieren kann /122/.

Die wesentlichen Begriffe, die bei der Systemdefinition immer wieder auftreten, sind Elemente, Eigenschaften und Beziehungen. Anhand dieser Begriffe kann ein System unter verschiedenen Blickwinkeln charakterisiert und beschrieben werden. Die verschiedenen Betrachtungsweisen werden von ROPOHL als "Konzepte" und von ZANGEMEISTER als "Arbeitsprinzipien" der Systemtechnik bezeichnet /114,122/.

Entsprechend der Definitionen besteht ein System aus Elementen. Diese Elemente können sowohl Dinge als auch Sachverhalte beinhalten /113, 121/. Als Element wird ein Systembestandteil verstanden, der zweckmäßigerweise nicht mehr weiter untergliedert wird.

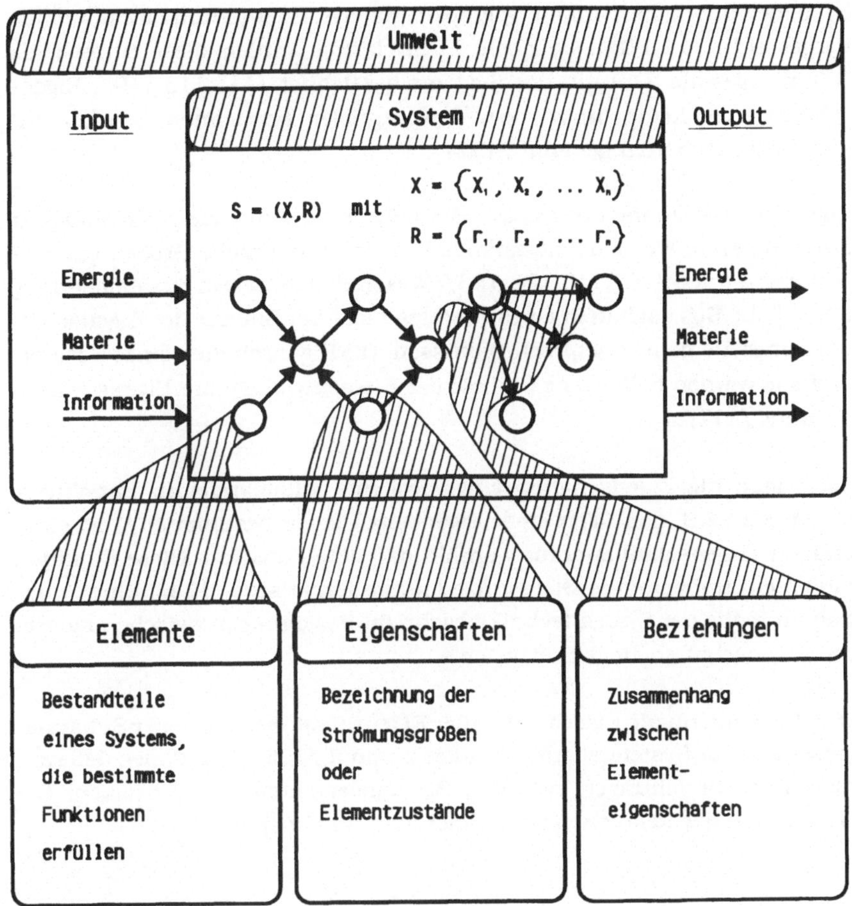

Bild 21: Systemdefinition

Was als (Sub-) System und was als Element verstanden wird, hängt vom Standpunkt der Betrachtung, der spezifischen Zielsetzung und dem betrachteten Objekt ab /118/. Der Sachverhalt, der den Umstand beschreibt, daß jedes System aus Bestandteilen besteht und wiederum selbst ein Bestandteil eines übergeordneten Systems darstellt, wird Hierarchie genannt.

Jedes System zeigt gegenüber seiner Umgebung gewisse Merkmale oder Eigenschaften. Die Verbindungen zur Umwelt werden bei technischen

Systemen durch die "Strömungsgrößen" Materie, Energie und Informationen hergestellt /117,118/. Je nach Wirkrichtung werden diese Ströme als "Input" oder als "Output" des Systems bezeichnet /111,113,119/. Eigenschaften, die keine Input- oder Outputgrößen bezeichnen, werden Zustandseigenschaften genannt /122/.

Eigenschaften können bestimmte Ausprägungen annehmen, die entweder durch diskrete Werte oder Zustände bzw. kontinuierliche Größen gekennzeichnet werden /107,118,121, 123/. Wesentlich in diesem Zusammenhang ist, daß die Eigenschaften eines Systems nicht der Summe der Eigenschaften seiner Elemente entsprechen müssen. Die Eigenschaften eines Gesamtsystems werden holistische und die der Elemente singuläre Eigenschaften genannt /111/.

Setzt man die Eigenschaften eines Systems miteinander in Beziehung, indem man z.B. dem Wert einer Eigenschaft einen bestimmten Wert einer anderen Eigenschaft zuordnet, erhält man eine Funktion. Diese Funktion muß nicht unbedingt in Gleichungen formulierbar sein /122/. Eine Funktion im Sinne der Systemtechnik beschreibt Beziehungen zwischen mehreren Eigenschaften eines Subsystems.

Der Zusammenhang zwischen je einer Eigenschaft verschiedener Subsysteme wird in der Systemtechnik Relation genannt /123/. Relationen determinieren die Beziehungen zwischen Systemelementen und Systemen. Die Gesamtheit der Relationen bezeichnet man als Struktur.

<u>Systemtechnische Lösungsansätze</u>

Die Systemtechnik bietet zur Gestaltung technischer Sachsysteme grundsätzliche Problemlösungsstrategien an (**Bild 22**). Die Planung wird in der Systemtechnik als informationsverarbeitender Prozeß betrachtet. Dabei kommt das kybernetische Modell der Handlung zum Tragen, das den Lernprozeß in Form einer Rückkopplungsstruktur abbildet. Der Denkprozeß wird dabei in Synthese-, Analyse- und Entscheidungsstufen unterteilt, die iterativ durchlaufen werden /113-115,117,124/.

Die Synthese bildet den innovativen Schritt. In ihm werden im Hinblick auf die Zielvorstellung neue Sachverhalte entwickelt. Planungsgegenstände sind entsprechend der vorgestellten Systemdefinition die Systemfunktion, die Systemelemente, die Beziehungen zwischen den Elementen bzw. Funktionen sowie die Beziehungen des Systems zur Umwelt. Die vom System zu erfüllende Hauptfunktion wird dazu in überschaubare Teilfunktionen untergliedert /114,115,119/. Durch Variation der Funktionsschaltung lassen sich Lösungsalternativen entwickeln /117,125/.

In einer weiteren Detaillierungsstufe werden die Funktionen soweit aufgeteilt, bis es möglich ist, ihnen Funktionsträger zuzuordnen. Zur Erfüllung dieser Teilfunktionen müssen Bauelemente gefunden werden. Lösungsalternativen ergeben sich durch unterschiedliche Verknüpfung der Teilsysteme oder durch Variation der Elemente /117,125/.

Die Systemanalyse beschäftigt sich mit der rein deskriptiven Darstellung der Funktionsweisen und Inhalte von Systemen /116/. Unter dem Begriff Systemanalyse werden demnach Verfahren, Techniken und Methoden zusammengefaßt, mit denen Vorgänge, Prozesse und Funktionen mit dem Ziel analysiert werden, Kenntnisse bezüglich deren Optimierung und Bewertung zu erlangen. Die Gestaltung und die Analyse sind somit in engem Zusammenhang zu sehen.

In der Analysephase wird der durch den Zuwachs an Neuem erreichte Zustand geprüft. Dabei werden zur Beurteilung exakte Algorithmen, Techniken und Untersuchungsverfahren benutzt, wodurch dieser Schritt einen technischen Charakter erlangt /115,117/. Nur diejenigen Lösungen, die die gestellten Anforderungen erfüllen, werden an die nächste Stufe überwiesen.

Beschreibungsmodelle bilden das wichtigste Hilfsmittel zur Durchführung von Analyseaufgaben. Sie stellen die Realität in vereinfachter Form dar, indem sie die wesentlichen Eigenschaften des Systems abstrahiert widerspiegeln /111,118/. Der quasiexperimentelle Umgang mit diesen Modellen ermöglicht die logisch deduktive Ableitung möglicher Gestaltungsrichtlinien für das zu planende System /118/.

In Abhängigkeit des Analysestadiums unterscheidet man Perzeptions- und Antizipationsmodelle. Perzeptionsmodelle bilden real existierende Systeme ab. Sie sollen Erkenntnisse systematisieren und Bausteine für die Darstellung von geplanten Systemen in Form von Antizipationsmodellen liefern /111/.

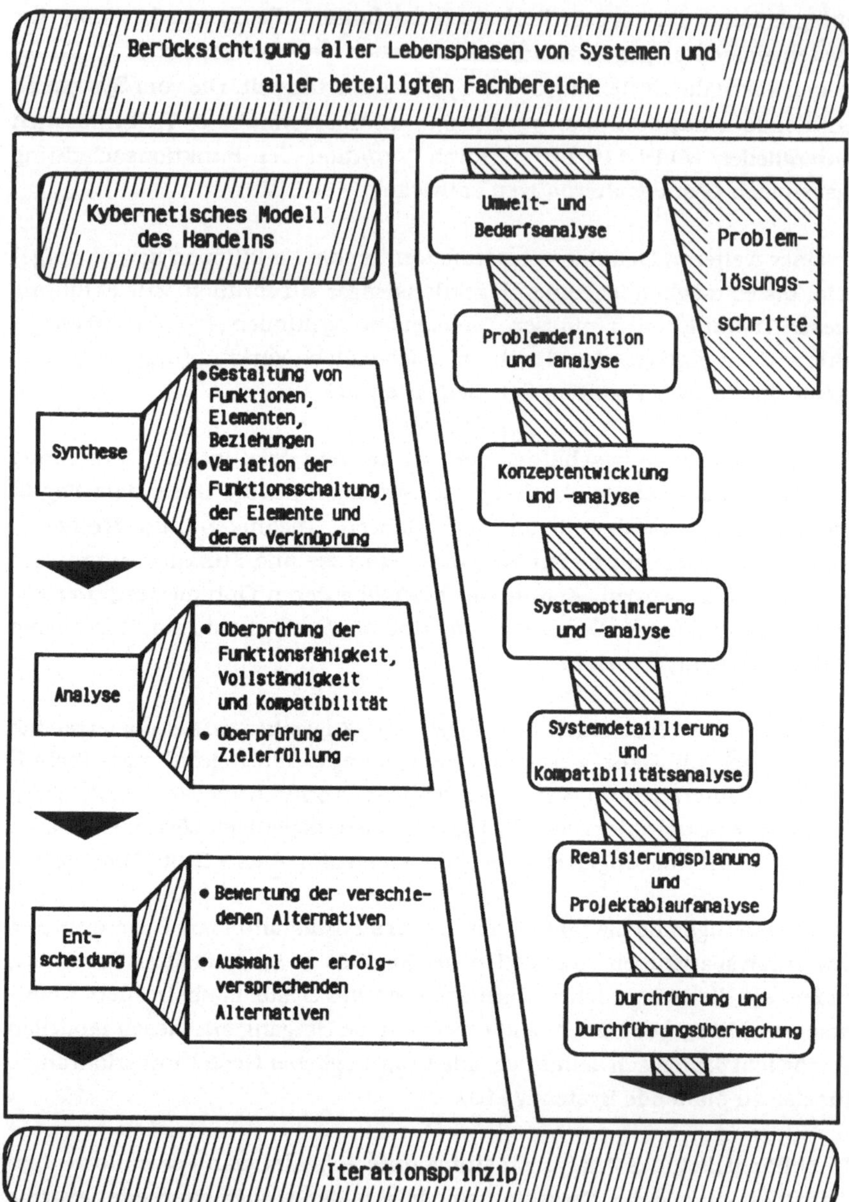

Bild 22: Problemlösungsstrategien des Systems Engineering

In der Selektionsphase wird die Akzeptanz des erreichten Zustandes bewertet. Eine der Schwierigkeiten der Systementwicklung besteht in der Eingrenzung der Lösungsvielfalt. Zum einen soll die Lösungsvielfalt so groß wie möglich sein, damit keine suboptimale Auswahl getroffen wird. Zum anderen steigen Aufwand und Komplexität der Planung mit einer wachsenden Lösungsvielfalt überproportional an. Aus diesem Grund ist ein Kompromiß anzustreben, indem durch geeignete Bewertungskriterien im Verlauf aller Detaillierungsstufen des Planungsprozesses die Lösungsvielfalt gezielt eingeschränkt wird /113/.

Neben dem kybernetischen Modell des Handelns sind bei der Verwendung systemtechnischer Lösungsstrategien feste Arbeitsschritte oder Problemlösungsstufen einzuhalten. Die in Bild 22 dargestellte Vorgehensweise führt stufenweise vom Abstrakten zum Konkreten. Jeder dieser Schritte setzt sich aus einer Synthese-, Analyse- und Entscheidungsphase zusammen. Es entspricht dabei der systemtechnischen Denkweise, sowohl die einzelnen Lebensphasen des Systems als auch die unterschiedlichen fachlichen Aspekte laufend in die Überlegungen mit einzubeziehen.

Wesentlich bei der dargestellten Vorgehensweise ist, daß während der Konzeptanalyse und -entscheidung die Lösungsvielfalt möglichst auf eine Variante eingeschränkt wird. Hier wird eine Systemalternative ausgewählt, die im folgenden weiter zu detaillieren ist /107,113-115,117,124/. In der Praxis treten häufig aus Praktikabilitätsgründen Varianten des dargestellten idealtypischen Verlaufs auf. Diese Varianten beruhen aber in der Regel auf den dargestellten Strukturierungsmerkmalen /114/.

Im folgenden besteht die Aufgabe darin, eine Methode zur Planung von Laseranlagen in Anlehnung an die aufgezeigten Problemlösungsstrategien sowie unter Berücksichtigung der Erkenntnisse im Bereich der Investitionsplanung aufzubauen. Entsprechend dem kybernetischen Prinzip des Handelns werden dazu Teilmodule zur Gestaltung und Analyse sowie zur Bewertung von Laseranlagen entwickelt.

4.3 Gestaltung und Analyse von Laseranlagen

Die derzeit gängigen Verfahren der technischen Investitionsplanung werden den spezifischen Anforderungen der Laseroberflächenbehandlung aus den

genannten Gründen nicht gerecht. Dies ist unter anderem darauf zurückzuführen, daß die Planungsphasen und insbesondere die Technologieentwicklung nicht ausreichend berücksichtigt werden.

TRAPPMANN hat diese Probleme erkannt und eine phasenorientierte Vorgehensweise für die Verfahrensplanung von Lasersystemen entwickelt. Er
führt einen Schritt zur Lösungsfindung ein, der einer Applikationsstudie
vorgelagert ist und durch den Anwender durchgeführt werden sollte. Die
Planungsphasen werden ausführlich beschrieben. Bei dieser Untersuchung
wird eine vornehmlich makroskopische Sichtweise verfolgt, wobei Fragen
der Prozeßentwicklung und Verfahrensplanung im Vordergrund stehen. Die
objektbezogene Betrachtungsweise findet keine Berücksichtigung.

Die Erfahrungen aus verschiedenen Projekten zur Planung von Anlagen für
innovative Technologien haben jedoch gezeigt, daß eine Kombination aus
gegenstands- und phasenorientierter Sichtweise zweckmäßig ist. In Übereinstimmung mit der Systemtechnik hat sich eine Gliederung des Planungsprozesses nach Funktions-, Objekt-, Struktur- und Integrationsplanung
bewährt. Die Phasen von der Konzeption bis zur Entwicklung sind dabei auf
die Gegenstände der Planung zu projizieren. In **Bild 23** ist diese kombinier-
te Vorgehensweise dargestellt.

Berücksichtigt man weiterhin den aufgezeigten Stand der Technik im
Bereich der Laseroberflächenbehandlung, besteht selbst unter idealen
Voraussetzungen für viele Anwender nur die Möglichkeit, Konzepte zu
entwickeln. Die technische Feinspezifikation erfordert sicherlich auch in
absehbarer Zeit die Konsultation von Spezialisten. Auch unter dem Aspekt
der Kostenbeeinflussung kommt der Konzeptionsphase besondere Bedeutung zu /39/.

Entsprechend den gestellten Anforderungen sollte die Konzeption nicht nur
der Bestimmung der Prozeßdaten und eines anlagentechnischen "Rumpf-
konzeptes" dienen. In Erweiterung der Überlegungen von TRAPPMANN ist
zusätzlich die Ermittlung und Bewertung der erforderlichen Systemfunktionen, Maschinenkomponenten, Strukturen und Schnittstellen anzustreben. Damit wird unter anderem gewährleistet, daß Entwicklungsarbeiten
zielgerichtet erfolgen und nur dann initiiert werden, wenn der Einsatz der
Lasertechnologie wirtschaftlichen Erfolg verspricht.

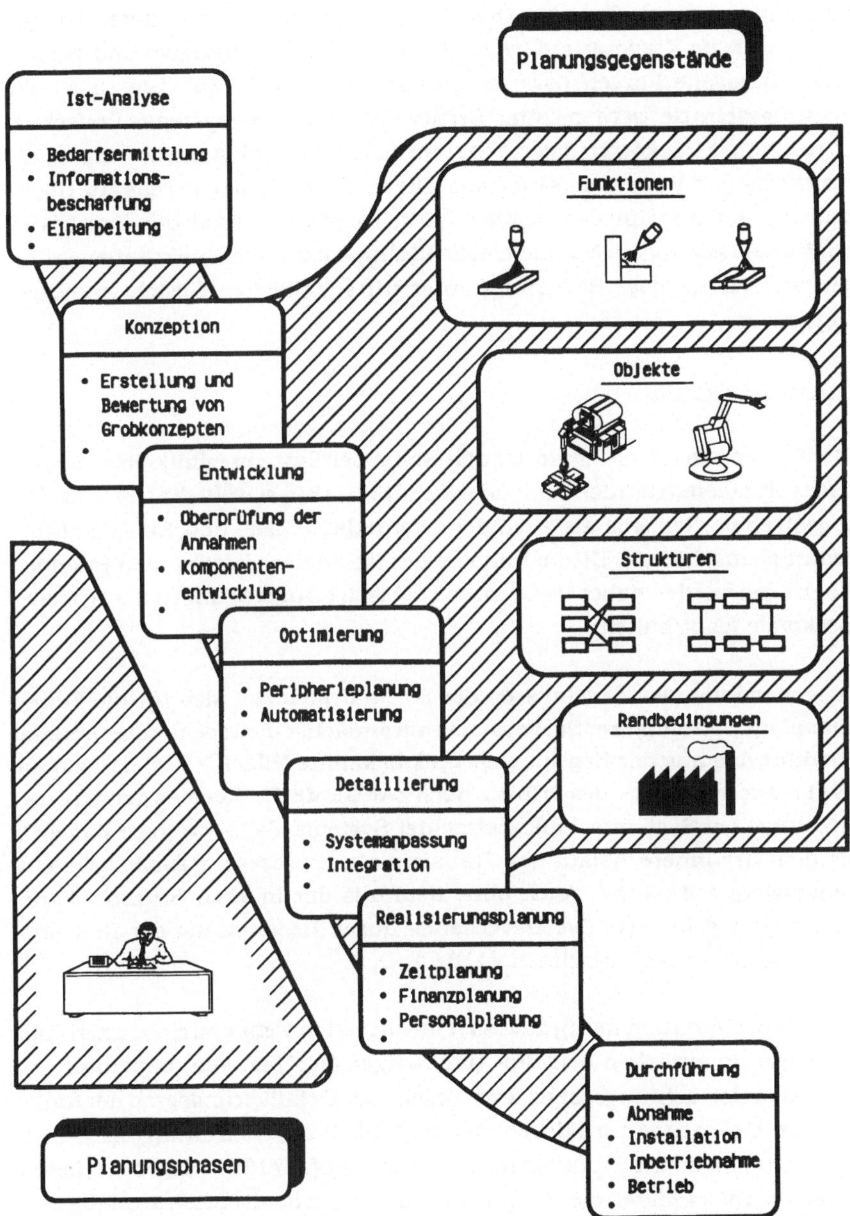

Bild 23: Gesamtkonzept der entwickelten Methode zur Planung von Laseranlagen

Aus den genannten Gründen steht die Konzeption bei den weiteren Untersuchungen im Vordergrund, wofür im folgenden eine iterative und gegenstandsbezogene Vorgehensweise erarbeitet wird (**Bild 24**). Die einzelnen Planungsschritte werden unter Berücksichtigung der systemtechnischen Lösungsansätze konkretisiert. Sie enthalten sowohl Analyse- als auch Synthese- und Bewertungsaufgaben. Die Analysen dienen jeweils zur Überprüfung der prinzipiellen Realisierbarkeit der im Verlauf der Synthesen ermittelten Lösungen. Nur diejenigen Lösungen, die alle Mußkriterien erfüllen, werden zu einer Bewertung unter wirtschaftlichen Gesichtspunkten zugelassen /111/.

Funktionsplanung

Die Konzeptionsphase entspricht im Sinne der Systemtechnik einer erweiterten "Problemdefinition und -analyse". Dabei sind sowohl die Leistung des angestrebten Systems als auch der erforderliche Zeit- und Einsatzmittelbedarf abzuschätzen. Die im Rahmen der Ist-Analyse bestimmten Randbedingungen werden dabei als Grenzen zulässiger Ausprägungen der Systemmerkmale festgehalten.

Ausgehend von den Ergebnissen der Ist-Analyse bietet sich für die Funktionsplanung komplexer Sachsysteme mit zunächst nicht bekannter innerer Struktur das aus der Regelungstechnik bekannte "Black - Box" Prinzip an /111/. Dieses Black - Box Prinzip, nach ZANGEMEISTER eines der Arbeitsprinzipien der Systemtechnik, betrachtet Systeme als "schwarzen Kasten", bei dem der innere Ablauf des Transformationsprozesses zunächst nicht interessiert /114-116/. Auch ohne Kenntnis der inneren Struktur kann man so das geforderte Systemverhalten durch Bestimmung der Ein- und Ausgangsgrößen kennzeichnen /113/.

Diese Hauptfunktion des Systems ist im folgenden weiter aufzusplitten. Die Beziehungen zwischen den Ein- und Ausgangsgrößen sind dabei auf der untersten Betrachtungsebene festzulegen. Der Detaillierungsgrad der funktionalen Gliederung wird durch die Möglichkeit der Zuordnung der Funktionen zu möglichen Funktionsträgern vorgegeben /125/. Ergebnis dieses Arbeitsschrittes bilden die Minimalanforderungen an die Leistungsfähigkeit der Lasersystems. Durch eine Variation der Funktionsschaltung ergeben sich bereits in diesem Stadium Alternativen.

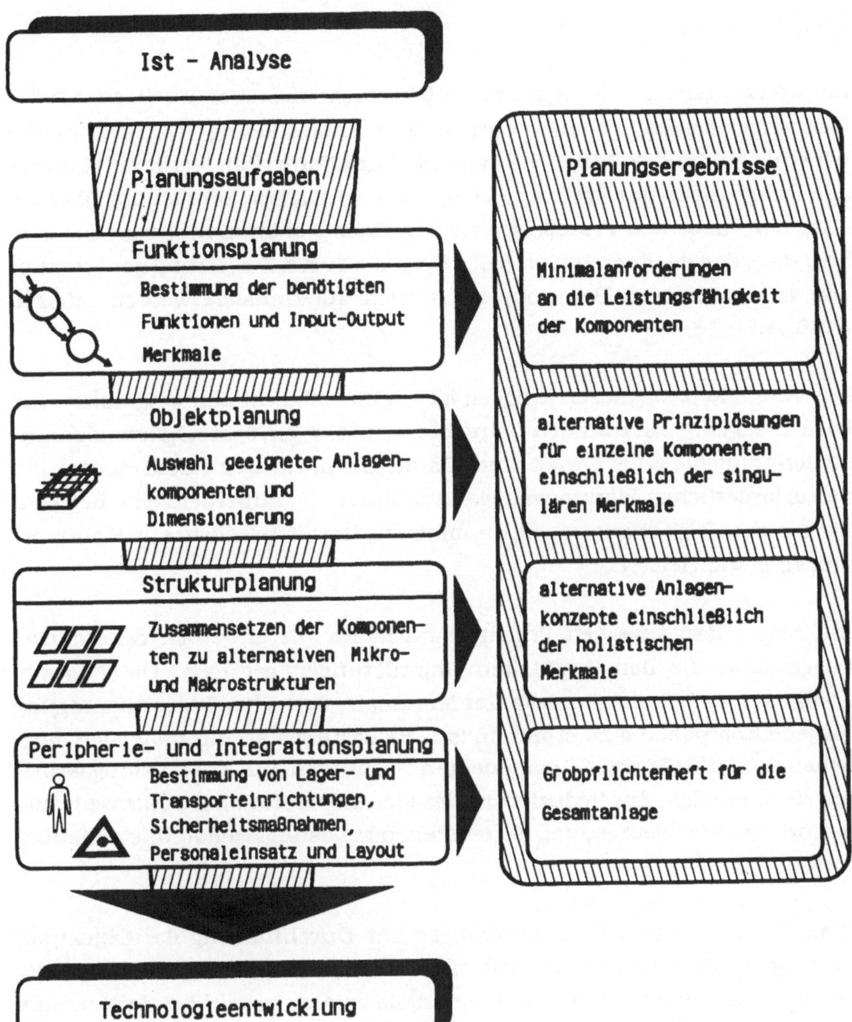

Bild 24: Grobkonzept der entwickelten Methode zur Konzeption von Laseranlagen (Teilmodul Gestaltung und Analyse)

Objektplanung

Zur Konkretisierung des Systems muß in einem nächsten Arbeitsschritt der "schwarze Kasten" geöffnet werden. Die Fragestellung "wie kommt die Wirkung zustande?" bzw. "wie kann die Funktion erfüllt werden?" führt zu den Baugruppen des Systems /113/. Die Baugruppen können nur über die Funktion, bzw. den Prozeß, der sie begründet, determiniert werden. Dies bedeutet, daß die Komponenten des Systems durch Zuweisung der Funktionen zu bestimmten Baugruppenvarianten konkretisiert werden müssen /105,125,126/.

Zur Vereinfachung dieser Tätigkeit ist es sinnvoll, bestimmte Komplexe von Laseranlagen gesamthaft zu betrachten, so daß geringstmögliche Schnittstellenprobleme zu erwarten sind. Da die Schnittstellen Rückschlüsse auf den erforderlichen Planungsaufwand zulassen, ist außerdem eine Betrachtungsreihenfolge anzustreben, die minimale Iterationsschritte im Planungsprozeß gewährleistet.

Auf dieser Basis werden Prinziplösungen für die einzelnen Subsysteme ausgewählt, die den ermittelten Anforderungen genügen. Die Auswahl erfolgt anhand planungsrelevanter Merkmale, deren benötigte Ausprägung für jede Komponente zu ermitteln ist. Die Lösungsfindung sollte sich möglichst an marktgängigen Komponenten orientieren, um Entwicklungsarbeiten zu vermeiden. Zur Reduzierung des Planungsaufwandes sollte weiterhin darauf geachtet werden, daß die entstehende Lösungsvielfalt überschaubar bleibt.

Eine der wichtigsten Voraussetzungen zur Durchführung der Objektplanung stellt die Kenntnis der planungsrelevanten Merkmale von Laseranlagen und -komponenten dar. Die Merkmale spielen sowohl bei der Auswahl als auch bei der Bewertung von Systemkomponenten eine Rolle. In Anlehnung an PATZAK und die Ergebnisse des KCIM Arbeitskreises 2.1 "Betriebsmittelmodell" sind in **Bild 25** planungsrelevante Merkmalskategorien dargestellt /107,127/.

Diese Eigenschaften besitzen für technische Systeme im allgemeinen und somit auch für Laseranlagen Gültigkeit /111/. Sie sind durch die Bauform, Struktur und Funktion der Anlagen begründet und können dementsprechend untergliedert werden /121/.

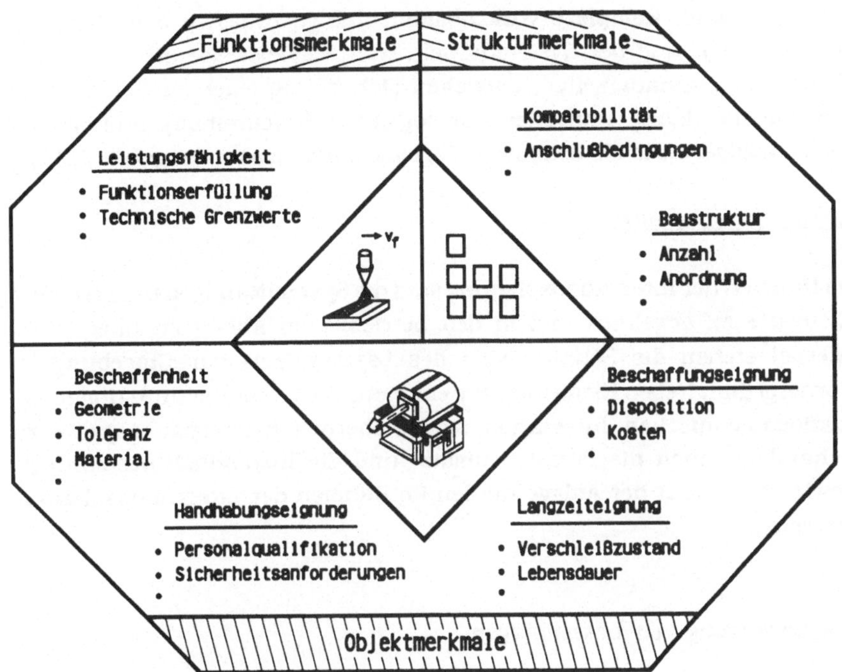

Bild 25: Merkmalskategorien von Laseranlagen

Strukturplanung

In einem weiteren Schritt werden die ausgewählten Baugruppen zu alternativen Anlagenkonzepten synthetisiert. Hierbei steht die Kompatibilität der jeweiligen Komponenten im Vordergrund. Die Untersuchung der Relationen bzw. Schnittstellen zwischen den einzelnen Elementen oder Subsystemen determiniert die Anzahl technisch sinnvoller Lösungen. Auf diese Weise werden mögliche "Mikrostrukturvarianten" in Form von Baugruppenkombinationen gebildet. Unter Kapazitätsgesichtspunkten sind weiterhin "Makrostrukturvarianten" zu erzeugen, indem beispielsweise die Anzahl der Laser und Bearbeitungsstationen variiert wird.

In diesem Zusammenhang ist der Begriff der "holistischen Eigenschaften" von Bedeutung. PATZAK vertritt neben anderen die Auffassung, daß Systeme ganzheitliche oder holistische Eigenschaften besitzen, die bei keinem der im System enthaltenen Komponenten in Form singulärer Merkmale zu erkennen sind. Komplexe Wirkzusammenhänge zwischen den einzelnen Komponenten und der Systemumwelt, wie beispielsweise die erzielbaren Bearbeitungsgenauigkeiten, entziehen sich häufig einer im Rahmen der Systementwicklung sinnvollen und logischen Beschreibung und werden zweckmäßigerweise als holistische Eigenschaften zusammengefaßt /111/.

Integrationsplanung

Im Rahmen der Integrationsplanung sind die Systemlösungen um periphere Elemente zu erweitern und in den betrieblichen Ablauf zu integrieren. Hierbei stehen die Schnittstellen des Lasersystems zur Umgebung im Vordergrund. Neben Elementen zur energetischen, materialfluß- und informationstechnischen Integration sind sicherheitstechnische Aspekte zu behandeln. Auch die Personaleinsatz- und die Instandhaltungsstrategie sowie das Layout der Anlage werden im Rahmen der Integrationsplanung festgelegt.

4.4 Bewertung von Laseranlagen

In der klassischen Investitionsplanung werden alternative Anlagenkonzepte erst am Ende der Planung, also bei Vorliegen aller Varianten einschließlich der entsprechenden Beschreibungsdaten, bewertet. In Übereinstimmung mit den Prinzipien der Systemtechnik ist es jedoch sinnvoll, die Zahl der zu ermittelnden Lösungsvarianten schon in der Phase ihrer Entstehung einzuschränken.

TRAPPMANN kommt zu einem ähnlichen Schluß und fordert eine planungsbegleitende Bewertung zur Einschränkung der Lösungsvielfalt /26/. Zur Auswahl von Einzelkomponenten schlägt er die Durchführung von Sensitivitätsanalysen auf Basis einer modifizierten Vollkostenbetrachtung vor. Diese Vorgehensweise setzt eine genaue Kenntnis der Auswirkungen von Veränderungen innerhalb der Laseranlage voraus. Da weiterhin eine Vollkostenrechnung als Grundlage für Investitionsentscheidungen in der betriebswirtschaftlichen Literatur kritisch beurteilt wird /128/, ist dieser Ansatz zur Lösung der vorliegenden Problemstellung zu modifizieren.

Bei der Durchführung einer Anlagenkonzeption gemäß der bisher entwikkelten Teilmodule der Methode zur Konzeption von Laseranlagen entstehen verschiedenartige Lösungsvarianten. Sie korrespondieren mit dem Planungsablauf und zeigen die Stellen auf, an denen Bewertungsschritte in die Planungsvorgehensweise zu integrieren sind (**Bild 26**).

Die ermittelten Funktionsvarianten basieren auf technischen Notwendigkeiten und sind deshalb vornehmlich unter technischen Aspekten zu bewerten. Objektvarianten entziehen sich vordergründig ebenfalls einer wirtschaftlichen Bewertung, da die Investitionsrechnungsverfahren als Eingangsgrößen Daten über das Gesamtsystem benötigen.

In der Konstruktionsmethodik wird zur Bewertung konstruktiver Lösungen unter anderem die Wertanalyse, bzw. das Value Engineering herangezogen /129/. Der Begriff der Wertanalyse wird in der Literatur unterschiedlich definiert. Einerseits wird darunter eine Methode zur Wertsteigerung verstanden und andererseits eine allgemeine Systematik zur Lösung komplexer Problemstellungen /130,131/. Bezugsobjekte für Wertanalysen können sowohl Produkte als auch betriebliche Leistungen, Abläufe und Finanzierungsfragen sein /129/. Gemeinsam ist allen Definitionen eine funktionsorientierte Sichtweise, wobei anhand vorgegebener Arbeitsschritte eine monetäre Bewertung der betrachteten Funktionen, bzw. Funktionsträger durchgeführt werden kann. Eine genaue Beschreibung der Vorgehensweise sowie der formalen Randbedingungen befindet sich in DIN 69910 /131/.

Übertragen auf die Konzeption von Laseranlagen bedeutet dies, daß Funktionskomplexe zu isolieren sind, die getrennt betrachtet werden können. Diese Funktionskomplexe müssen einen definierten "Output" liefern und durch unterschiedliche Objektvarianten realisierbar sein. Dabei ist sicherzustellen, daß die Entscheidung für eine bestimmte Objektvariante keine Auswirkung auf die restlichen Komponenten des Systems besitzt.

Für die alternativen Baugruppen sind unter Berücksichtigung des geplanten Produktionsprogramms anschließend charakteristische Investitions- und Betriebskosten zu ermitteln und in Form von Zahlungsreihen zu dokumentieren. Durch periodenbezogene Differenzbildung dieser "Funktionskosten" wird die Auswirkung der Entscheidung für eine bestimmte Variante auf den Projektstand des gesamten Investitionsvorhabens deutlich. Nach der Verknüpfung der Funktionsträger zu alternativen Strukturen sind zusätzliche Daten gegeben, die einen weitergehenden Funktionskostenvergleich ermöglichen.

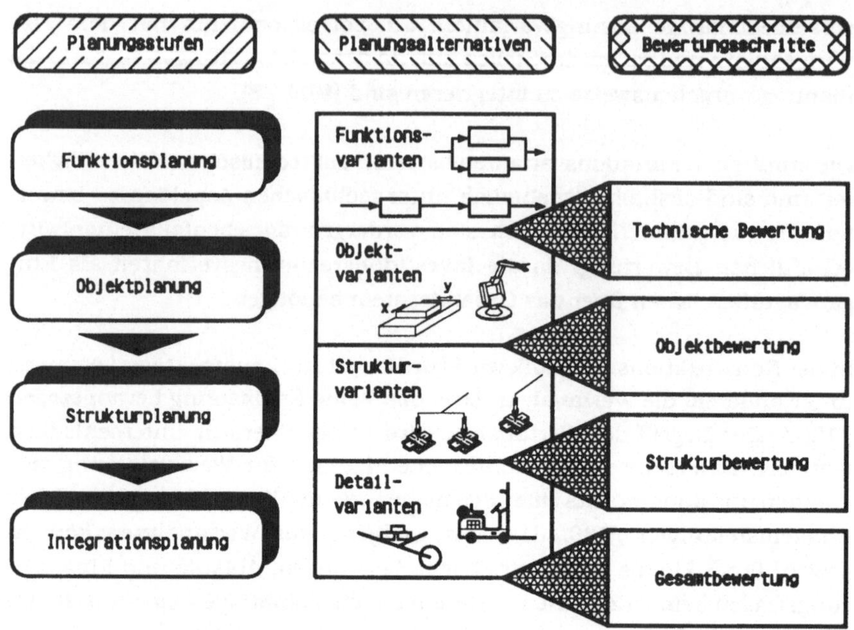

Bild 26: Integration der Bewertungsschritte in die entwickelte Methode

Die für die Gesamtbewertung einsetzbaren Verfahren der dynamischen
Investitionsrechnung benötigen als Eingangsinformationen neben Daten
über die Gesamtanlage und die Produkte weitere unternehmensspezifische
Daten (**Bild 27**). Anhand der Daten werden periodenbezogen Einnahmen
und Ausgaben ermittelt und in Form einer Zahlungsreihe verdichtet.

Erlöse ergeben sich durch Verrechnung der hergestellten Produkte. Weiterhin sind jedoch auch "indirekte" Erlöse vorstellbar, die beispielsweise durch
Verkauf von Schrotteilen entstehen. Wird eine Anlage für alle Fertigungsschritte geplant, die zur Herstellung eines Produktes erforderlich sind, läßt
sich der Produkterlös über den erzielbaren Verkaufspreis ermitteln.

Bei der Planung einer innerhalb des Herstellprozesses isoliert betrachteten
Anlage ist diese Vorgehensweise jedoch problematisch, da der Wertzuwachs
durch die entsprechenden Bearbeitungsvorgänge nicht exakt zu bestimmen
ist.

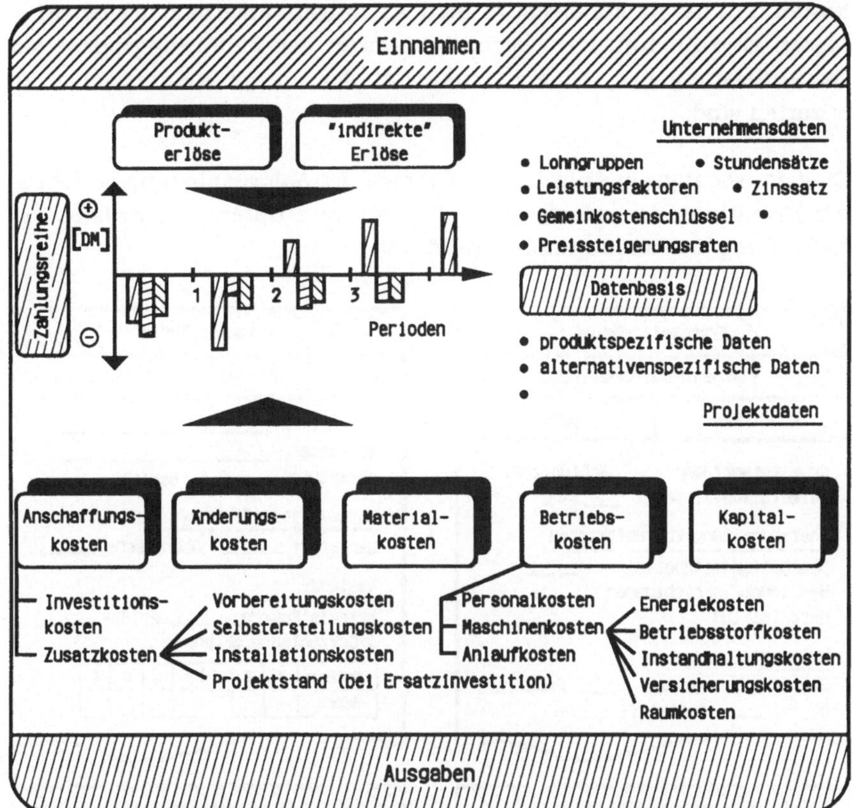

Bild 27: Struktur der Zahlungsreihe

Sollen dennoch Einnahmen bei dem Vergleich von Planungsalternativen berücksichtigt werden, ist dies nur durch Schätzung des Wertzuwachses oder Ermittlung von Einsparungspotentialen bei Rationalisierungsinvestitionen möglich. Wird von einer Approximation der Erlöse Abstand genommen, können die Planungsalternativen nur durch Kostenvergleich bewertet werden.

Die Kosten zur Herstellung der Betriebsbereitschaft des Lasersystems (Anschaffungskosten) stellen in der Regel die größte Ausgabe dar. Weiterhin sind Änderungskosten, wie beispielsweise Ausgaben für Umbauarbeiten bei Umstellung des Produktspektrums sowie die Materialkosten, die Betriebskosten und der Kapitaldienst zu berücksichtigen. Innerhalb der Betriebskosten sind Anlaufkosten vorzusehen, da in der Einführungsphase zur Gewährleistung der vollen Produktivität der Anlage Mehrausgaben zu erwarten sind.

Eine der wichtigsten Aufgaben im Rahmen der Anlagenplanung besteht in der Ermittlung der erforderlichen Projekt- und Unternehmensdaten zur Aufstellung der Zahlungsreihen (**Bild 28**).

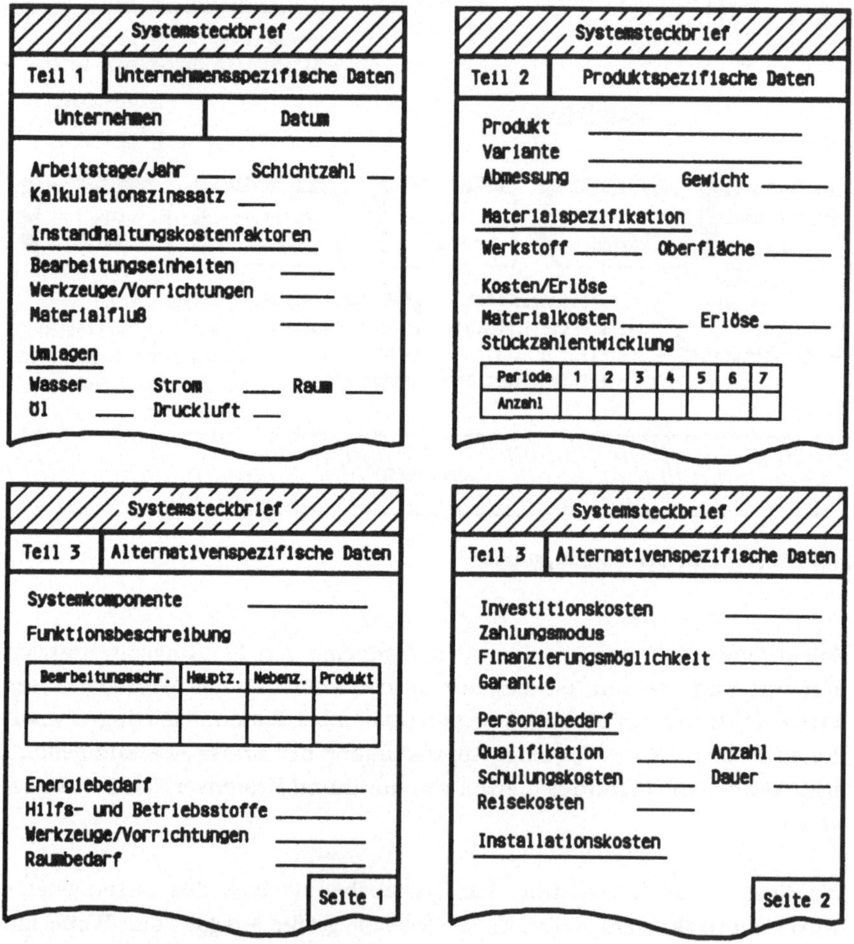

Bild 28: Steckbriefe zur Erfassung der Projekt- und Unternehmensdaten

Diese Eingangsdaten stellen ein wichtiges Planungsergebnis dar und müssen neben den Bewertungsergebnissen zur Gewährleistung der Reproduzierbarkeit dokumentiert sein. Im Rahmen verschiedener Investitionsplanungs- und Forschungsprojekte wurde deshalb iterativ ein "Steckbriefsystem" entwickelt und getestet, das die wichtigsten Eingangsdaten enthält. Diese Daten sind im Verlauf der Planung zu ermitteln. Der unternehmensspezifische Steckbrief ist als quasi-statisch anzusehen, da die entsprechenden Informationen einmal für das Unternehmen erfaßt werden und langen Änderungszyklen unterliegen.

Die projektspezifischen Informationen sind hingegen dynamischer Natur und werden mit einem Steckbrief zur Spezifikation der Produktionsaufgaben und einem Steckbrief zur Erfassung von Betriebsmitteldaten dokumentiert. Sie sind auf den jeweiligen Anwendungsfall anzupassen, wobei der alternativenspezifische Steckbrief sowohl zur Beschreibung von Anlagen als auch zur Charakterisierung einzelner Komponenten geeignet ist.

Unter den gegebenen Randbedingungen liegt es in der Natur der Konzeptionsphase, daß bezüglich einiger Technologie- und Kostendaten Annahmen getroffen werden müssen bzw. Abschätzungen erforderlich sind. Diese Unsicherheit erfordert die Untersuchung der Bewertungsergebnisse hinsichtlich möglicher Veränderungen der Eingangsgrößen. Sensitivitätsanalysen können dieser Aufgabe gerecht werden und kommen deshalb bei der Interpretation der Ergebnisse zur Anwendung.

4.5 Auswahl bekannter Methoden

Bei der praktischen Durchführung der dargestellten Planungsaufgaben können bereits entwickelte Methoden und Hilfsmittel wertvolle Unterstützung bieten. Sie müssen jedoch in die Denkweise der Systemtechnik eingeordnet und auf die Belange der Planung von Laseranlagen angepaßt werden.

Die Suche nach Problemlösungen kann auf unterschiedlichen Abstraktionsebenen unterstützt werden (**Bild 29**). Zunächst sind hier die verwendeten systemtechnischen Denkansätze zu nennen, die den Problemlösungsprozeß an sich strukturieren.

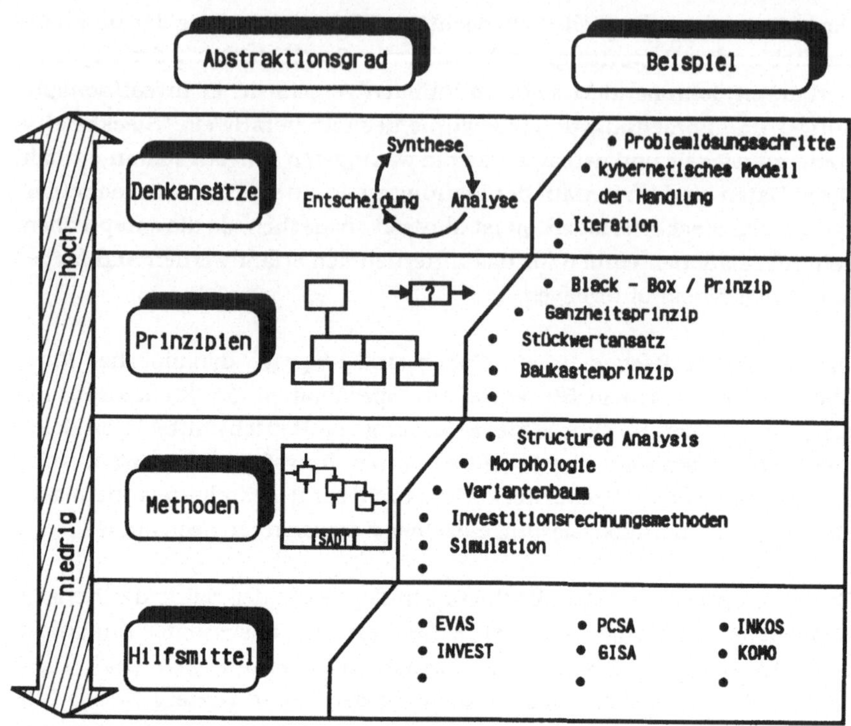

Bild 29: Unterstützung der Lösungssuche durch Hilfsmittel

Die erläuterten Arbeitsprinzipien der Systemtechnik stellen dagegen bereits konkretere Konzepte dar, die bei der Analyse und Gestaltung von technischen Systemen verwendet werden können /114,122/. Daneben existieren jedoch weitere Ansätze, die auf die vorliegende Problemstellung angewendet werden können.

Bei dem Ganzheitsprinzip werden ausgehend von der Umgebung über die Gesamtfunktion die Subsysteme, bzw. strukturellen Verknüpfungen fortschreitend nach unten erarbeitet. Es ist für funktionale Betrachtungen geeignet. Der Stückwertansatz fordert die Synthetisierung neuer Systeme durch Zusammenfassen von Elementen und Teilsystemen.

Das Baukastenprinzip kombiniert beide Ansätze. Die Spezifikationen der Subsysteme und ihrer Teilfunktionen werden ausgehend von den übergeordneten Systemen definiert, was bei der Systemsynthese die Integrationsprobleme erheblich verringert. Durch Kombinationen aus einem Repertoire von Subsystemen und Elementen lassen sich so durch kombinatorische Verknüpfung gezielt Lösungsvarianten erstellen. Dabei sind die Integrationsprobleme gering /119/. Aus diesem Grund wird im folgenden für objektorientierte Betrachtungen das Baukastenprinzip eingesetzt.

Methoden, die einzelne Aufgaben im Rahmen der Problemlösung unterstützen, sind dagegen auf einer höheren Konkretisierungsstufe einzuordnen. In letzter Zeit werden Methoden vermehrt in rechnerunterstützte Hilfsmittel umgesetzt, die den Planer gezielt durch die einzelnen Lösungsschritte führen sollen. Diese Hilfsmittel wurden jedoch in der Regel für eingegrenzte Aufgabenstellungen entwickelt und sind somit nicht uneingeschränkt auf neue Probleme übertragbar /132/. Die Suche nach Planungshilfen muß deshalb häufig auf Methodenebene oder sogar Arbeitsprinzipebene ansetzen.

Entsprechend ihrer primären Ausrichtung lassen sich in Frage kommende Methoden und Hilfsmittel in eine Synthese-, Analyse- und Entscheidungskategorie untergliedern. Die der letzten Gruppe zuzuordnenden Methoden dienen der Entscheidungsvorbereitung /113-115,133/.

Zur Unterstützung der vorgestellten Planungsaufgaben sind Methoden auszuwählen, die bestimmten Anforderungen genügen. Generelle Auswahlkriterien bestehen in der möglichen Unterstützung durch Hilfsmittel, der Handhabbarkeit sowie der Anwendungsbreite und der Flexibilität. Da in dieser Arbeit die Konzeptionsphase im Vordergrund steht, ist außerdem zu fordern, daß eine weitere Detaillierung der Ergebnisse durch eventuell nachfolgende Untersuchungen unter Verwendung der ausgewählten Methoden möglich sein sollte.

Aus diesen Anforderungen folgt, daß praxiserprobte Methoden und Hilfsmittel benötigt werden, die möglichst rechnerunterstützt sind und geringen Anpassungsaufwand bezüglich der vorliegenden Problemstellung erfordern. Die in **Bild 30** dargestellte Methodenauswahl erfüllt diese Vorgaben. Die Einsatzbereiche der wichtigsten Methoden werden im folgenden kurz erläutert. Für weitergehende Infomationen bezüglich der Funktionsweise sowie spezifischer Vor- und Nachteile der Methoden wird auf die angeführte Literatur verwiesen.

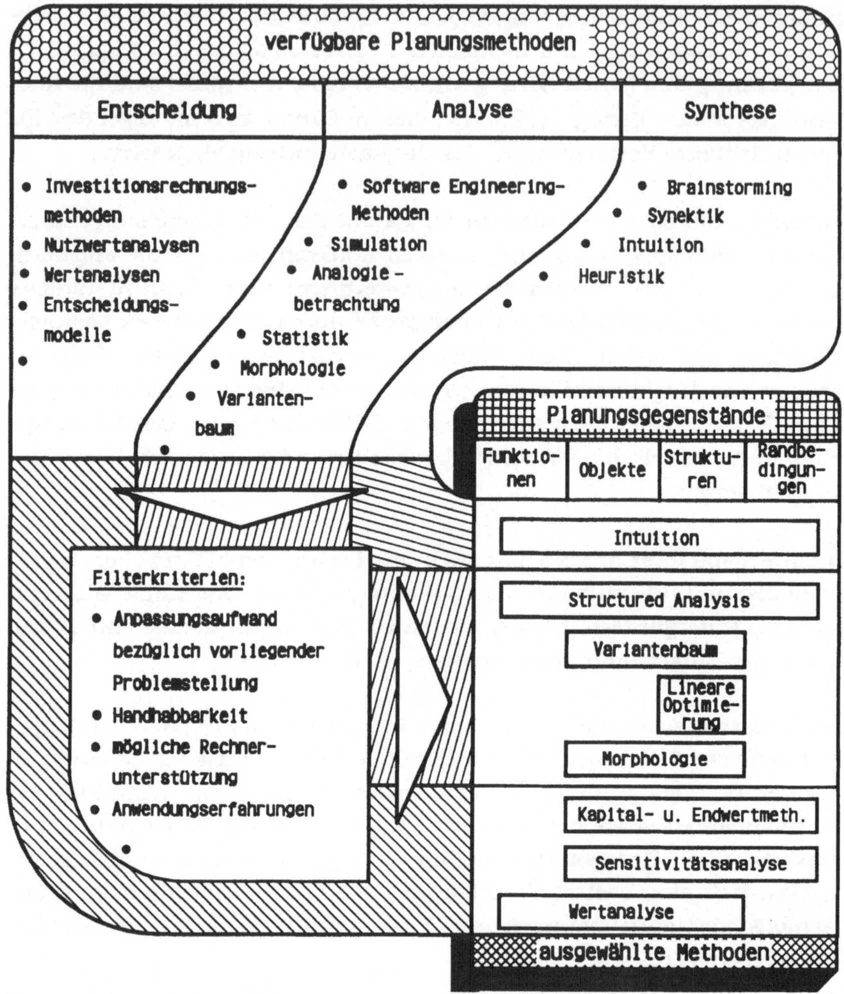

Bild 30: Methodenauswahl

Da Syntheseaufgaben einen kreativen Charakter besitzen, sind für diese Arbeitsschritte Methoden mit hohem Freiheitsgrad, wie z.B. heuristische oder intuitive Methoden, geeignet /114,115,117,119,125/. Durch Aufbereitung und Strukturierung der Ergebnisse der Analysephasen kann die Effizienz der Synthesetätigkeiten gesteigert werden.

Die Kenntnis der wesentlichen Funktionen von Laseranlagen bildet eine

Grundvoraussetzung für die Anlagenkonzeption. Im Bereich des Software Engineerings werden zur Unterstützung konzeptioneller Tätigkeiten häufig Planungshilfsmittel eingesetzt. Diese Hilfsmittel können insbesondere die Analyse von Funktionen, aber auch indirekt von Objekten und Strukturen wesentlich vereinfachen /132,134-139/. Aufgrund seiner Flexibilität, der geringen formalen Zwänge und der möglichen Rechnerunterstützung hat sich die Methode der Structured Analysis in der Praxis bewährt /140/.

Wie noch gezeigt werden wird, läßt sich diese Methode bei Berücksichtigung der Arbeitsprinzipien der Systemtechnik in modifizierter Form auch zur Analyse von material- und energieverarbeitenden Prozessen einsetzen. Aus diesem Grund kann mit Hilfe der Structured Analysis ein Referenznormal zur Dokumentation der Wirkzusammenhänge von Laseranlagen entwickelt werden.

Wie bereits dargestellt, sind bei der Planung von Laseranlagen sehr viele Systemkonfigurationen denkbar. Die Überprüfung der Realisierbarkeit ermittelter Lösungen sowie die sinnvolle Kombination von Einzelkomponenten zu Gesamtsystemen stellt somit eine komplexe Aufgabenstellung dar.

Zur Beherrschung der Variantenvielfalt wurde für Montageprobleme die Variantenbaummmethode entwickelt. Die Variantenbaummmethode dient unter anderem dazu, die vorhandenen Varianten und Strukturen eines Produktes überschaubar darzustellen /141/. Da die Planung von Laseranlagen nach dem Baukastenprinzip erfolgen soll, korreliert sie in wesentlichen Grundzügen mit der Denkweise der Montage. Zur Unterstützung der Planung sind deshalb neben den wesentlichen Baugruppenvarianten deren Kombinationsmöglichkeiten zu ermitteln und übersichtlich darzustellen. Hierbei wird der Variantenbaum als Hilfsmittel verwendet.

Der Einsatz des Variantenbaumes erfordert neben einer Erzeugnisgliederung eine Rangfolge in der die Komponenten "zusammengesetzt" werden sollen. Um Iterationen und Schnittstellenprobleme bei der Planung zu minimieren, können unter Verwendung der Ergebnisse der Structured Analysis Dependenzanalysen durchgeführt werden, die durch Einsatz der Methode der linearen Optimierung /142/ unter anderem eine optimierte Planungsrangfolge für Funktionen und Komponenten zum Ziel haben.

Bei der Betrachtung des Laser- und Komponentenmarktes wurde bereits deutlich, daß für einige Komponenten und insbesondere Bewegungssysteme das Baukastenprinzip nicht uneingeschränkt anzuwenden ist. Die entsprechenden Einrichtungen müssen für den jeweiligen Anwendungsfall auf Bauteilebene angepaßt werden. In der Konstruktionsmethodik wird zur Unterstützung derartiger Aufgaben die Morphologie eingesetzt /117/. Aus diesem Grund ist diese Methode für die Darstellung von Detaillösungen geeignet.

Entscheidungen für bestimmte Alternativen, die die geforderten Funktionen erfüllen, sollen primär unter Berücksichtigung quantifizierbarer Kriterien, also in der Regel monetärer Größen, getroffen werden. Die Kapital- und die Endwertmethode stellen diesbezüglich bewährte Verfahren zur Beurteilung von Gesamtlösungen dar /106/. Mit Ausnahme der Zinssatzmethoden, die einen engeren Anwendungsbereich aufweisen /109/, könnten jedoch auch andere dynamische Verfahren eingesetzt werden /106/. Der Unsicherheit im Verlauf der Datenbeschaffung wird durch Sensitivitätsanalysen Rechnung getragen /108/. Wie bereits erläutert, sind die Investitionsrechnungsmethoden zur Bewertung einzelner Komponentenkomplexe nicht geeignet. Deshalb werden wertanalytische Ansätze /129-131/ auf diese Problemstellung übertragen.

4.6 Fazit

Am Anfang dieses Kapitels erfolgte eine Gegenüberstellung der ermittelten Anforderungen mit den bekannten Methoden der technischen Investitionsplanung. Es wurde nachgewiesen, daß diese Methoden für die Konzeption von Lasersystemen zur Oberflächenbehandlung nur eingeschränkt nutzbar sind, weil die Notwendigkeiten der Versuchsdurchführung und der planungsbegleitenden Bewertung nur unzureichend berücksichtigt werden. Da das Systems Engineering Denkansätze für die Lösung komplexer Problemstellungen liefern kann, wurde diese Thematik eingehend behandelt.

Mit Hilfe systemtechnischer Lösungsstrategien und der Erkenntnisse aus der technischen Investitionsplanung wurde anschließend das Grobkonzept einer neuen Planungsmethode entwickelt, die den besonderen Anforderungen der Laseroberflächenbehandlung gerecht wird. Der Kernbestandteil der neuen Methode ist, daß die Konzeption von Laseranlagen in folgenden Schritten durchgeführt werden sollte:

- *Funktionsplanung:*
Spezifikation von Anforderungen an die technische Leistungsfähigkeit des zu planenden Systems

- *technische Bewertung:*
Elimination unbrauchbarer Lösungen auf der Basis technischer Anforderungen

- *Objektplanung:*
Ermittlung alternativer Maschinenkomponenten, die die geforderte technische Leistungsfähigkeit besitzen

- *Objektbewertung:*
Auswahl von Anlagenkomponenten unter ökonomischen Gesichtspunkten durch "differenzierte Funktionskostenanalysen"

- *Strukturplanung:*
Zusammensetzen der ausgewählten Maschinenkomponenten zu alternativen Systemen

- *Strukturbewertung:*
Auswahl der unter wirtschaftlichen Aspekten optimalen Systemalternative durch "differenzierte Funktionskostenanalysen"

- *Integrationsplanung:*
Detaillierung des Systemkonzepts und Ergänzung um Elemente zur informationstechnischen, materialflußtechnischen und organisatorischen Integration

- *Gesamtbewertung:*
Durchführung einer "klassischen" Investitionsbewertung

Kapitel 5

Detaillierung der Planungsmethode

Im weiteren Verlauf der Untersuchungen erfolgt eine Detaillierung der vorgestellten Methode zur Konzeption von Laseranlagen. Hierzu werden die Planungsaufgaben sowie die einzelnen Planungsfunktionen in chronologischer Reihenfolge konkretisiert. Lediglich die Bewertungschritte bilden eine Ausnahme, da sie zum Zweck der besseren Übersicht gesamthaft behandelt werden. Den einzelnen Planungsfunktionen werden weiterhin Hilfsmittel zugeordnet, die unter Verwendung ausgewählter Planungsmethoden (vgl. Bild 30) und der systemtechnischen Grundprinzipien entwickelt werden.

5.1 Planungsvorbereitung

Die Planungsvorbereitung beinhaltet die Definition der Betrachtungsbilanzgrenzen sowie die Bestimmung der für die Anlagenkonzeption erforderlichen Eingangsdaten.

In der Fachliteratur werden Anlagen zumeist über die in ihnen enthaltenen Komponenten definiert. Diese Definitionen beruhen in der Regel entweder auf einer rein technischen oder aber einer rein betriebswirtschaftlichen Betrachtungsweise /112,143,144/. Ein wesentlicher Aspekt, der sich in allen Definitionen wiederfindet, ist, daß ausschließlich Sachmittel als Bestandteile von Anlagen betrachtet werden. Erst in neuerer Zeit finden sich Definitionen, die bei der Beschreibung des "Planungsobjekts" Anlage die systemtechnisch umfassende Betrachtungsweise ansatzweise berücksichtigen /105,126/.

Versteht man unter einer Anlage im Sinne der Systemtechnik die Gesamtheit der zu planenden Objekte und Sachverhalte, ist der von REFA geprägte Begriff des Arbeitssystems hilfreich /145/. Ein Arbeitssystem nach REFA umfaßt die Arbeitsaufgabe, die den Zweck des Systems kennzeichnet. Als weiterer Systembestandteil wird der Arbeitsablauf verstanden, der das

Geschehen bei der Erfüllung der Arbeitsaufgabe beinhaltet. Korrespondierend zur Sichtweise der Systemtechnik verwandelt ein Arbeitssystem einen Input in einen Output. Neben Personen können auch Betriebs- und Arbeitsmittel sowie periphere Einrichtungen Bestandteile eines Arbeitssystems sein. Weiterhin ist ein Arbeitssystem in einem Umfeld eingebettet, das das System beeinflußt.

In Anlehnung an diese Definition ist unter einem Laserbearbeitungssystem mehr zu verstehen, als nur die Ansammlung rein maschinenbaulicher Komponenten, die beispielsweise in der DVS Richtlinie 3203 als Laseranlage bezeichnet wird. Alle wesentlichen Sachverhalte, die bei der Einführung der Lasertechnologie geplant werden müssen, sind Bestandteil eines Laserbearbeitungssystems oder müssen als Einflußgrößen erfaßt werden.

Zum Zweck der Anlagenkonzeption ist eine Konkretisierung dieser Definition erforderlich. Im Rahmen dieser Arbeit werden Laserbearbeitungssysteme als technische Sachsysteme betrachtet. Ihre Aufgabe besteht darin, eintretende Energie-, Materie- und Informationsflüsse in definierte Ausgangsgrößen zu transformieren. Nach dem "Black-Box" Prinzip ist das System durch Beschreibung der bilanzgrenzenüberschreitenden Strömungsgrößen bestimmt. Aus diesem Grund wird die Laseranlage als Planungsobjekt, wie es hier verstanden werden soll, durch Benennung der Ein- und Ausgangsgrößen definiert.

In **Bild 31** sind die wichtigsten Input- und Outputgrößen eines Lasersystems zur Oberflächenbehandlung aufgeführt. Der eigentliche Bearbeitungsprozeß wird bei dieser Definition als Randbedingung betrachtet, der die Laseranlage genügen muß. Die Prozeßeingangsgrößen werden von der Laseranlage bereitgestellt und stellen aus Sicht des "Systems Laseranlage" einen Output dar. Die Prozeßausgangsgrößen werden in der Laseranlage weiterverarbeitet und sind bei den hier gewählten Bilanzgrenzen als Input für die Anlage zu betrachten.

Die vorgegebenen Bearbeitungsaufgaben bilden einschließlich der zu realisierenden Prozesse die wichtigsten technischen Vorgaben für die Konzeption von Laseranlagen. Deshalb müssen die wesentlichen Beschreibungsparameter ermittelt werden.

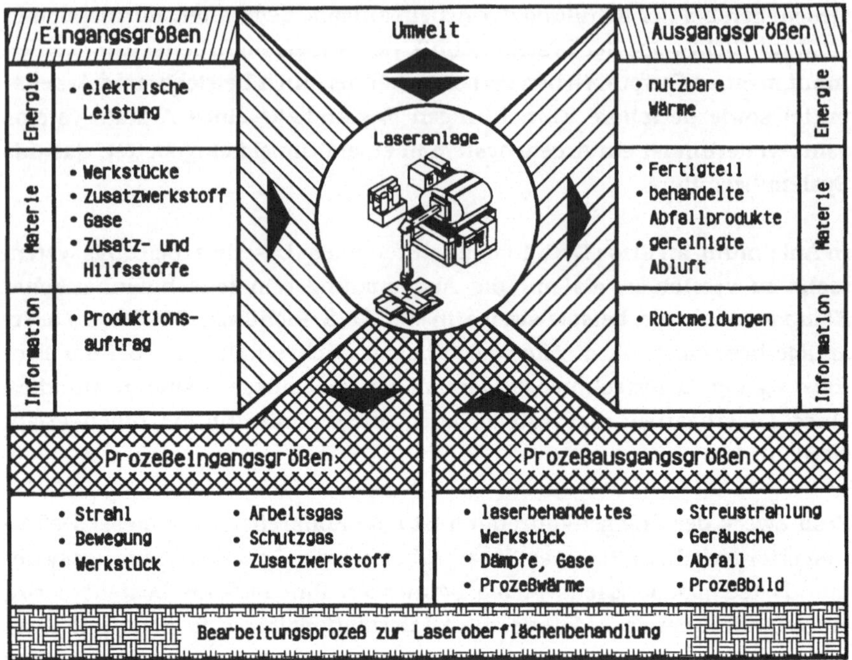

Bild 31: Abgrenzung des Systems "Laseroberflächenbehandlung"

Für die Beschreibung von Bearbeitungsaufgaben werden vielfach geometrische, technologische und organisatorische Kenngrößen herangezogen /146,147/. Zur Erfassung der entsprechenden Merkmalsausprägungen sind zahlreiche Systematiken entwickelt worden.

Den Kern dieser Erfassungs- und Beschreibungssysteme bilden Verfahren zur Geometriebeschreibung, da geometrische Merkmale von großer Bedeutung für die meisten Planungsaufgaben sind und gegenüber anderen Merkmalskategorien in der Regel eine größere Variationsbreite aufweisen /147/. Die Verfahren zur Geometriebeschreibung können in die Kategorien der Variantenverfahren und der Generierungsverfahren unterteilt werden. Erstere definieren verschiedene Grundkörper, deren Abmessungen variabel sind. Bei Verwendung der Generierungsverfahren werden die zu beschreibenden Werkstücke aus definierten Flächen, Linien oder Elementen zusammengesetzt /148,149/.

Aufgrund der charakteristischen Eigenschaften einzelner Fertigungsverfahren wurden, unter Verwendung der angeführten Verfahren, in der Vergangenheit verschiedene technologiespezifische Beschreibungssysteme entwickelt /149-151/. Bezüglich der Laseroberflächenbehandlung ergeben sich ebenfalls Spezifika, die eine angepaßte Beschreibungssystematik sinnvoll erscheinen lassen. Die Laseroberflächenbehandlung stellt eine flächenförmige Bearbeitung dar. Im Extremfall sind Freiformflächen zu bearbeiten, die einen begrenzten Ausschnitt der gesamten Werkstückoberfläche darstellen sollten. Wird die Produktflexibilität der Lasertechnologie ausgenutzt, sind weiterhin vielfältige Geometrien denkbar, die durch eine Beschreibungssystematik darzustellen sind.

Entsprechend dieser Anforderungen bietet sich für die Geometriebeschreibung von Laseroberflächenbehandlungsaufgaben die in **Bild 32** dargestellte Kombination aus Flächen- und Elementverfahren an, die einen geringen Beschreibungsaufwand erfordert und ein breites Werkstückspektrum beschreiben kann /148,149/.

Hierbei wird zwischen dem Werkstückgrundkörper und dem Bearbeitungselement unterschieden. Die Geometrieelemente können durch systematische Variation der Merkmale Symmetriegrad, Symmetrieart, Krümmung und mathematische Beschreibbarkeit hergeleitet werden. Aus den Merkmalsausprägungen resultieren direkt Minimalanforderungen hinsichtlich der benötigten Bearbeitungsfreiheitsgrade. Eine Aufstellung weiterer Elementtypen befindet sich in **Anhang A**.

Bei der Bestimmung der erforderlichen Anzahl und Aufteilung der Bearbeitungsfreiheitsgrade für die aufgeführten Geometrieelemente wird davon ausgegangen, daß es in der Regel empfehlenswert ist, einen Freiheitsgrad zur Einstellung der Fokuslage im Laserstrahl vorzusehen. Weiterhin wird berücksichtigt, daß der Laserstrahl, sofern nicht mit dem Brewstereffekt gearbeitet wird, annähernd senkrecht auf die Oberfläche treffen sollte.

Die Bearbeitung von Kreisflächen, deren Radius den des Strahls übersteigt, stellt zusätzliche Anforderungen an die Bearbeitungsfreiheitsgrade. Da bei kleiner werdenden Radien der Bearbeitungsbahn theoretisch unendlich hohe Drehgeschwindigkeiten erforderlich werden, muß der Rotation eine translatorische Bewegung überlagert werden.

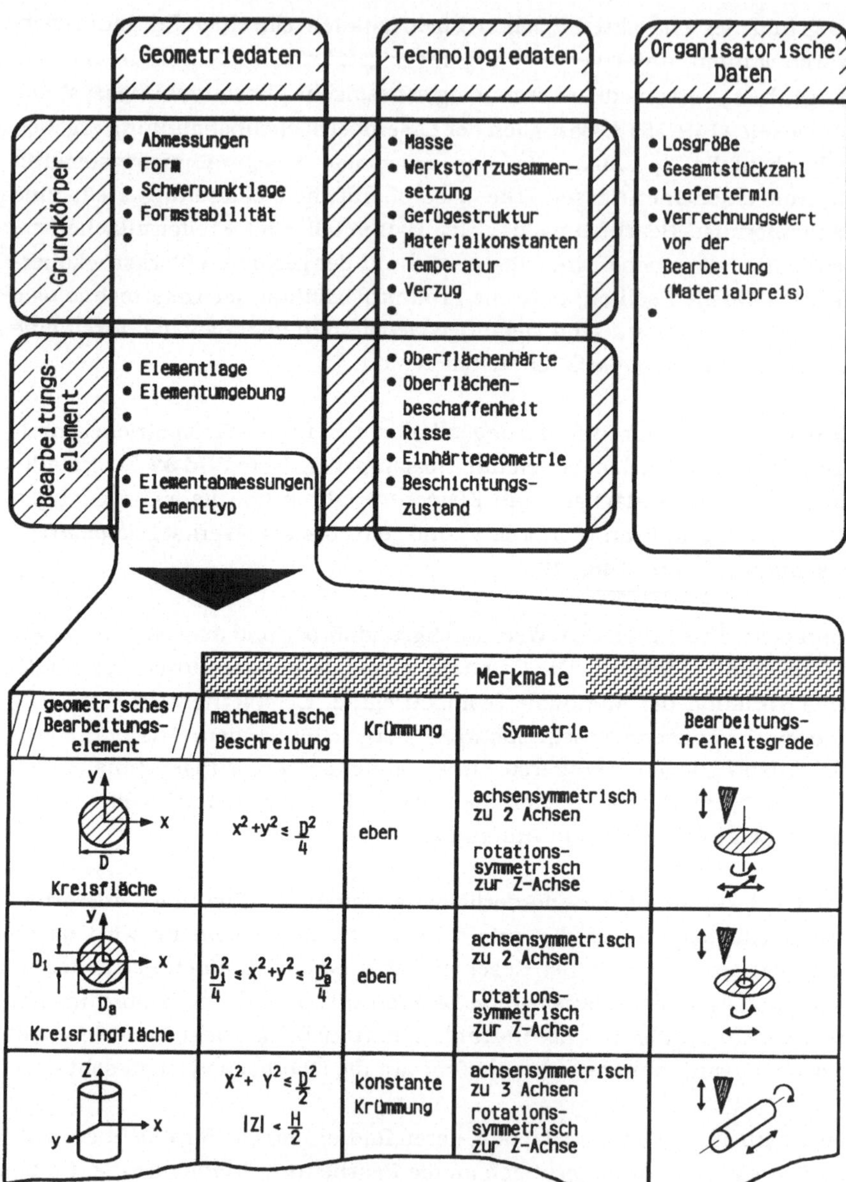

Bild 32: Beschreibungssystematik für Bearbeitungsaufgaben

Die Elementlage besitzt ebenfalls einen Einfluß auf die Anzahl benötigter Bearbeitungsfreiheitsgrade. Ist beispielsweise ein Bearbeitungselement gegenüber der Aufspannebene des Werkstücks geneigt, wird abhängig vom Neigungswinkel und Laserverfahren ein weiterer Freiheitsgrad erforderlich, um ein Verlaufen des Schmelzbades zu vermeiden. Die Elementumgebung beeinflußt die Anlagenplanung in zweierlei Hinsicht. Zum einen gibt die Zugänglichkeit des Bearbeitungselements Restriktionen vor. Zum anderen können durch begrenzte Grundkörpervolumina an exponierten Stellen, wie Ecken oder Verzahnungsspitzen, Wärmestaus entstehen, die beispielsweise eine ortsabhängige Leistungssteuerung des Lasers oder eine Anpassung der Überlaufstrategie erfordern, um Anschmelzungen zu vermeiden.

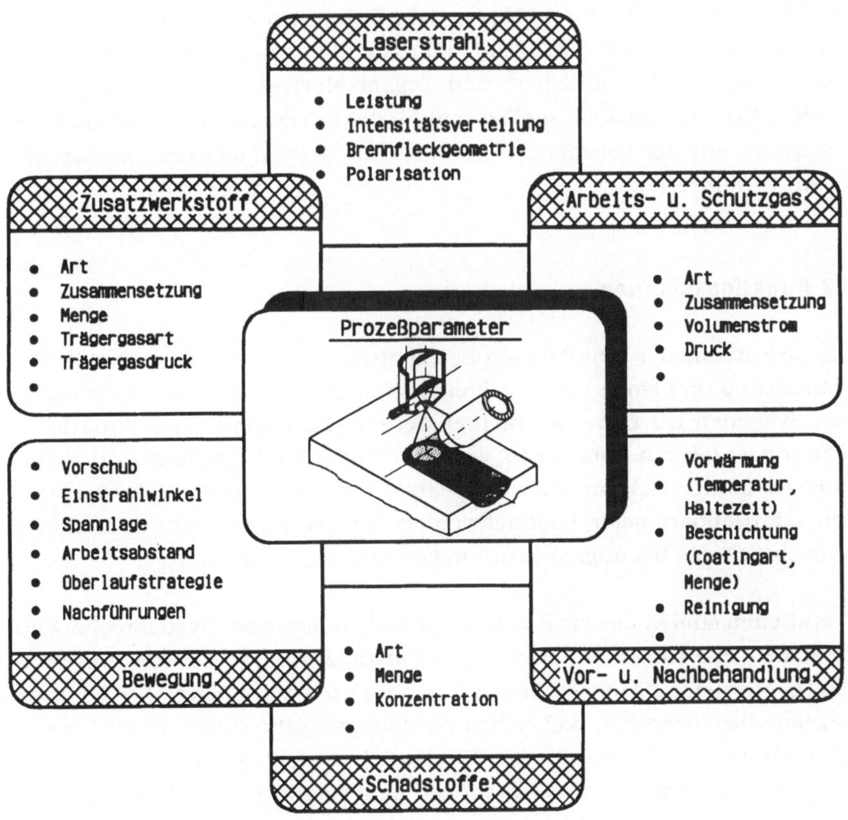

Bild 33: Vorgegebene Prozeßparameter

Die erforderlichen Prozeßparameter zur Lösung einer Bearbeitungsaufgabe resultieren aus den genannten Geometriemerkmalen sowie den technologischen Kenngrößen des Werkstücks einschließlich des geforderten Bearbeitungsergebnisses (**Bild 33**).

Entsprechend der in dieser Arbeit vorgegebenen Randbedingungen werden die Prozeßparameter als bekannt vorausgesetzt. Neben diesen technischen Vorgaben spielen auch betriebliche Randbedingungen und Zielvorstellungen, die mit dem Investitionsvorhaben verbunden sind und im Rahmen der der Konzeptionsphase vorgelagerten Ist-Analyse erfaßt werden sollten, eine Rolle.

TRAPPMANN hat zur Durchführung und Dokumentation von Ist-Analysen eine Systematik entwickelt. In einem "Projektpflichtenheft" werden dabei die technischen, wirtschaftlichen und organisatorischen Ziele kategorisch erfaßt /26/. Die Angaben sind sowohl für die Integrationsplanung als auch zur Bewertung der Konzepte erforderlich und werden hier ebenfalls als bekannt vorausgesetzt.

5.2 Funktionsplanung

Die Zielsetzung der funktionalen Betrachtung besteht in der gedanklichen Abgrenzung und Isolierung von Problemkomplexen, die für die Gestaltung von Systemen als relevant erachtet werden. Im Rahmen der Funktionsplanung ist folglich festzulegen, welche technischen Funktionen zur Erfüllung der Bearbeitungsaufgabe, respektive zur Gewährleistung der vorgegebenen Prozeßparameter, benötigt werden. Weiterhin sind wichtige Eckwerte hinsichtlich des benötigten Erfüllungsgrades zu bestimmen.

Funktionen sind in diesem Zusammenhang im Sinne der Systemtechnik zu verstehen. Sie stellen die Transformationsprozesse dar, die zur Umwandlung der Systemeingangsgrößen in die geforderten Ausgangsgrößen benötigt werden. Dies bedeutet, daß neben Fertigungsschritten wie beispielsweise "Werkstück vorbehandeln" oder "Werkstück prüfen" auch anlageninterne Vorgänge wie "Laserstrahl formen" mit dem Begriff Funktion belegt sind. Diese detaillierte Betrachtung ist speziell bei laserspezifischen Vorgängen erforderlich, da wegen der derzeitigen Marktlage einzelne Baugruppen zu einer Laseranlage synthetisiert werden müssen.

Je nach Bearbeitungsaufgabe sind entsprechend des hier gewählten Anlagenbegriffes unterschiedliche Fertigungsschritte und damit verschiedene Anlagenfunktionen erforderlich. Diese beziehen sich sowohl auf den Material- als auch auf den Energie- und den Informationsfluß. Bei der Bestimmung der benötigten Funktionen wird zweckmäßigerweise nach dem Ganzheitsprinzip in einem "Top-Down" Ansatz verfahren. Dabei ist es erforderlich, die Systemhauptfunktion in Unterfunktionen zu untergliedern und diese Aufteilung zu dokumentieren.

Weiterhin ist der maximale Detaillierungsgrad der festzulegenden Funktionen von Bedeutung. Die funktionale Untergliederung ist bis zu dem Punkt durchzuführen, an dem eine Zuordnung zu sinnvoll getrennt zu betrachtenden Systemkomponenten möglich wird. Im Hinblick auf die Praxis ist es weiterhin erforderlich, daß nur die für die Systemgestaltung wichtigen Funktionen betrachtet werden. Eine gewisse Idealisierung bestimmter Systemverhaltensweisen ist somit unvermeidbar. Ist der angestrebte Detaillierungsgrad erreicht, müssen die erforderlichen Erfüllungsgrade der Funktionen bestimmt werden. Da hierzu auch Berechnungen durchzuführen sind, erfordert dieser Arbeitsschritt unter anderem prozeß- und anlagentechnische Kenntnisse.

Zur Unterstützung der Funktionsplanung wird in Anlehnung an die Methode der Structured Analysis ein Referenznormal entwickelt, das die möglichen Funktionen sowie die Strömungsgrößen und Beschreibungsparameter enthält (**Bild 34**). Dieses Normal ist im Sinne der Systemtechnik als Antizipationsmodell zu verstehen, das auf den jeweiligen Anwendungsfall angepaßt werden kann. Entsprechend der Structured Analysis wird ein System aus "Diagrammen", "Mini-Specifikationen" und "Wörterbüchern" aufgebaut. Die Diagramme enthalten die Funktionshierarchie und die Funktionsstruktur, während die Mini-Specifikationen die Funktionen und die Wörterbücher die Strömungsgrößen präzisieren. Die Beschreibungen sind weitgehend lösungsneutral, das heißt unabhängig von dem später auszuwählenden Realisierungsprinzip.

Nach dem Ganzheitsprinzip ist zunächst die Hauptfunktion "Laser-Oberflächen-Behandeln" schrittweise zu zerlegen. Entsprechend dem Ablauf eines Produktionsprozesses können dabei allgemeine Funktions- oder Aufgabenschwerpunkte, die produzierende technische Sachsysteme in der Regel erfüllen, definiert werden.

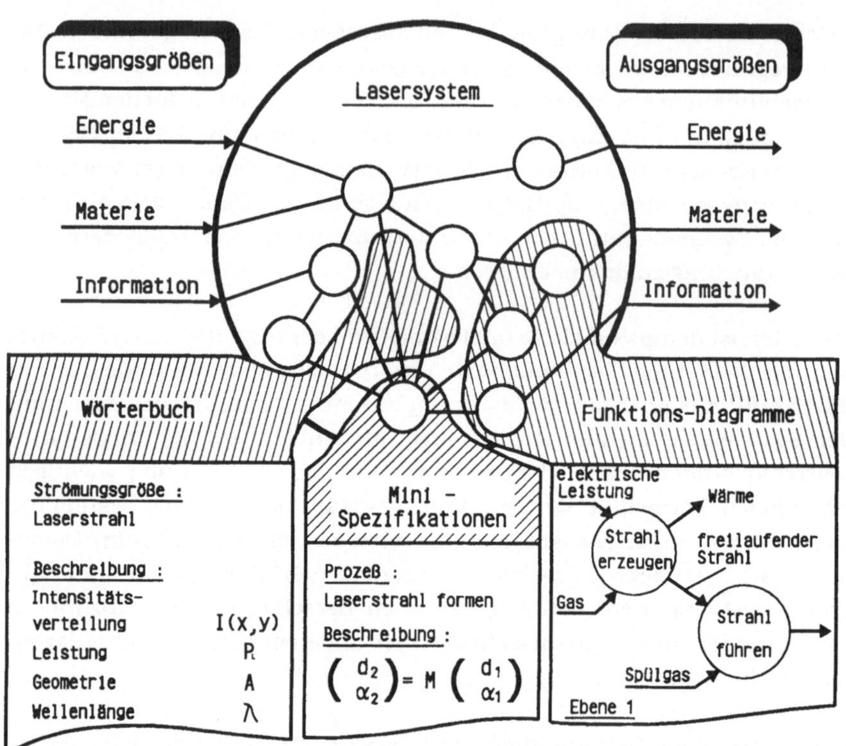

$$\begin{pmatrix} d_2 \\ \alpha_2 \end{pmatrix} = M \begin{pmatrix} d_1 \\ \alpha_1 \end{pmatrix}$$

Bild 34: Bestandteile des Referenznormals zur Funktionsplanung

Es handelt sich hierbei um die Funktionen "Versorgen", "Entsorgen", "Bearbeiten" und "Leiten" /152/. Diese Funktionen sind durch Strömungsgrößen, die benannt werden müssen, verbunden. Durch sukzessive Detaillierung dieser Funktionen wird ein System aus Diagrammen erstellt, das hierarchisch aufgebaut ist (**Bild 35**). Zur Gewährleistung der Lösungsneutralität und Eindeutigkeit darf der Funktionsbegriff dabei nicht im Mittel - Ziel - Verhältnis benutzt werden /123/. Dies bedeutet, daß rein deskriptive Funktionsbegriffe gewählt werden, die die Funktionen nicht mit bestimmten Umgebungseigenschaften oder implizierten Zielpegeln verbinden.

Weiterhin ist bei der Bildung von Subfunktionen oder Funktionsgruppen mit gewissen Einschränkungen das Ähnlichkeitsprinzip anwendbar /152/. Deshalb wird als generelles Kriterium zur Abgrenzung von Funktionskomplexen deren Ähnlichkeit vorausgesetzt.

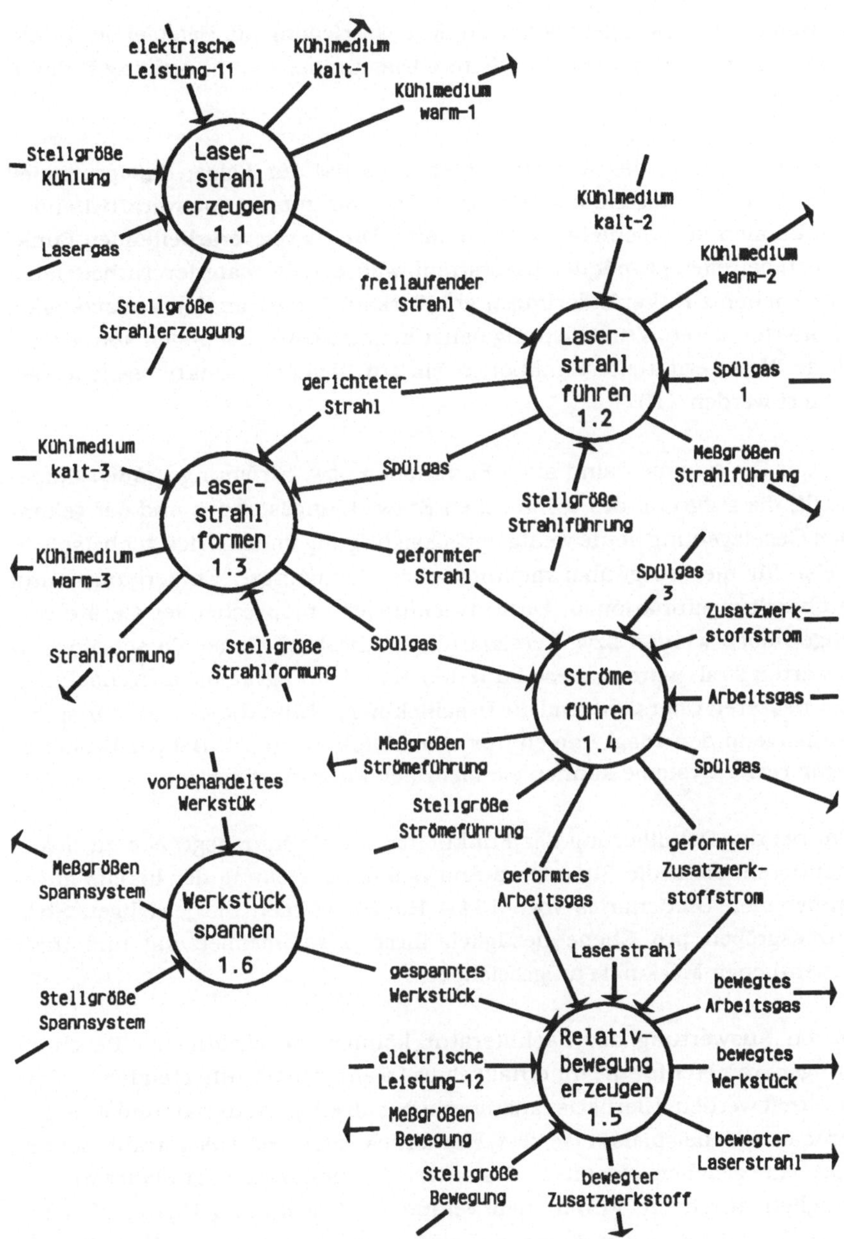

Bild 35: Prinzipieller Aufbau der Funktions-Diagramme am Beispiel "Bearbeiten"

In Bild 35 ist das Ergebnis der Funktionszerlegung am Beispiel der Funktion "Bearbeiten" dargestellt. Weitere Diagramme sind in **Anhang B** dokumentiert.

Die Verwendung des Ähnlichkeitsprinzips hat zur Folge, daß prinzipiell zwischen überwiegend energie-, materie- und informationsverarbeitenden Funktionen unterschieden werden kann. Die energieverarbeitenden Funktionen betreffen primär den Laserstrahl, während die materieverarbeitenden Funktionen z.B. Veränderungen am Werkstück oder an den Zusatzstoffen charakterisieren. Zur Ableitung neuer konstruktiver Lösungen können auf diese Weise ermittelte Funktionen bis auf Elementarfunktionsebene verfeinert werden /107/.

In den Diagrammen sind auch Funktionen bzw. Strömungsgrößen dargestellt, die aufgrund des technischen Entwicklungsstandes und der geltenden Gesetzgebung heute wenig Berücksichtigung finden. Dies gilt beispielsweise für die Prozeßüberwachung sowie Reinigungs-, Entsorgungs- und Aufbereitungsfunktionen. Da Entwicklungen entsprechender Geräte vorangetrieben werden bzw. Verschärfungen diesbezüglicher Vorschriften zu erwarten sind, wurden diese Funktionen in die Diagramme aufgenommen. Zur besseren Übersicht sind die Beschickungs-, Entnahme- und Transportvorgänge in den Diagrammen nur einmal dokumentiert. Bei der Beschreibung realer Systeme können sie mehrfach aufgeführt werden.

Um bei der Detaillierung der Funktionen die Strömungsgrößen zu dokumentieren, sieht die Structured Analysis die Erstellung der bereits angesprochenen Dictionaries vor /134/. Hierbei werden die jeweiligen Strömungsgrößen pro Ebene bezüglich ihrer Zusammensetzung und ihrer wesentlichen Merkmale aufgezeichnet.

Durch Auswertung der Fachliteratur können die wichtigsten Beschreibungsparameter für die innerhalb eines Lasersystems auftretenden Ströme ermittelt werden. Hierbei ist anzumerken, daß einige Material- und Energieströme, wie beispielsweise das Werkstück oder der Laserstrahl, immer durch die gleichen Parameter charakterisiert sind. Diese Parameter werden lediglich durch die Funktionen verändert. Aus diesem Grund sind die betroffenen Ströme nur einmal zu beschreiben. In **Bild 36** wird am Beispiel des Laserstrahls der prinzipielle Aufbau einer solchen Beschreibung gezeigt.

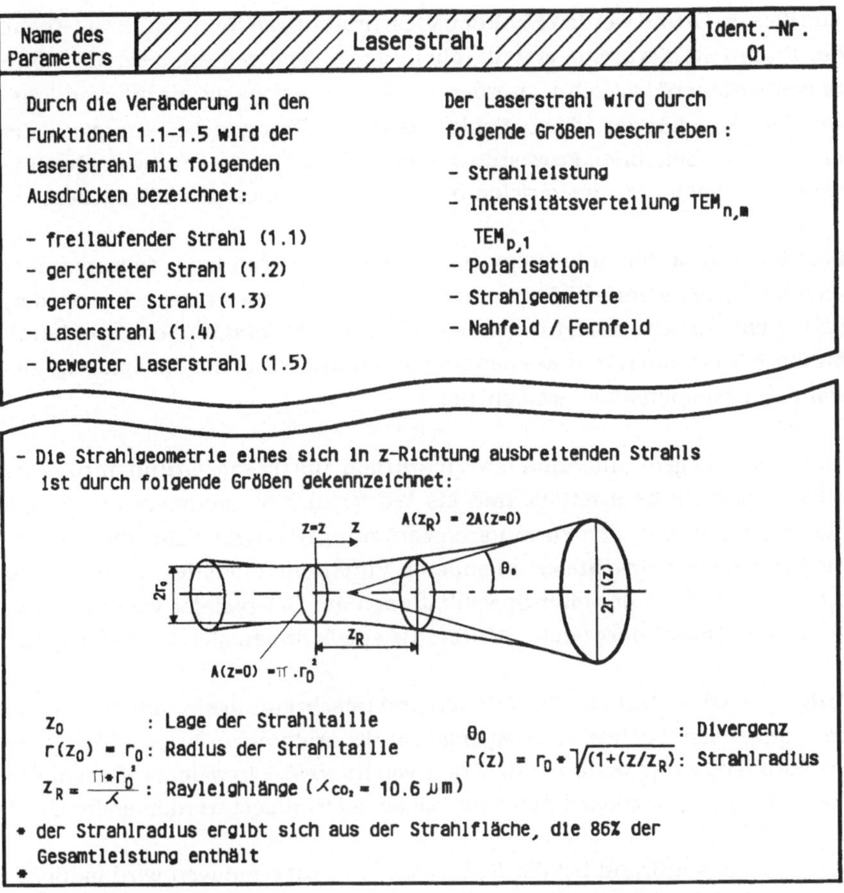

Bild 36: Prinzipieller Aufbau der Wörterbücher am Beispiel "Laserstrahl"

Weitere Beschreibungen einiger für die Anlagenkonzeption wesentlicher Strömungsgrößen sind im **Anhang C** angeführt. Im Rahmen der Funktionsplanung sind die dokumentierten Parameter zumindest überschlägig zu bestimmen.

Die bisher dargestellten Analyseergebnisse stellen eine systematische Gliederung sowie eine Schnittstellenspezifikation des "Betrachtungsobjekts" Laseroberflächenbehandlung dar. Die eigentlichen Vorgänge innerhalb des Systems sind damit noch nicht beschrieben.

Aus diesem Grund werden Funktionsbeschreibungen für die unterste Ebene der Funktionshierarchie erstellt, die in der Structured Analysis als "Mini-Specifikationen" bezeichnet werden /134/. Im Gegensatz zur Informationsverarbeitung können diese Funktionsbeschreibungen bei energie- oder materieverarbeitenden Prozessen zumindest teilweise in Form von physikalischen Formeln, Parameterfeldern oder ähnlichem dargestellt werden.

Für den Zweck der Anlagenkonzeption ist eine detaillierte Kenntnis aller technischen Zusammenhänge innerhalb eines Lasersystems nicht erforderlich. Vielmehr sind auch für den neuen Anwender verständliche und handhabbare Richtlinien und Eckparameter von Interesse, die die spätere Auswahl von Komponenten ermöglichen.

Verfügbare Regeln und Anhaltswerte wurden aus diesem Grund durch eine Literaturrecherche ermittelt und als Wörterbücher dokumentiert. Neben den Regeln sind in den Formularen Strömungsgrößen erfaßt, die die Verbindungen der betrachteten zu anderen Funktionen manifestieren. In **Bild 37** ist der Aufbau der Mini-Specifikationen am Beispiel der Funktion "Laserstrahl führen" dargestellt. Weitere Beispiele finden sich im **Anhang D**.

Aufgrund der Vielzahl an Funktionen und Beschreibungsparametern sowie der komplexen Wechselwirkungen ist für die praktische Durchführung der Funktionsplanung weiterhin die Frage von Interesse, in welcher Reihenfolge die einzelnen Funktionen sinnvollerweise determiniert werden sollten.

Der Planungsaufwand bei der Konzeption von Laseranlagen wird maßgeblich durch die Interdependenzen zwischen den Funktionen beeinflußt. Die Bestimmung der benötigten Ausprägungen der Strömungsgrößen erfordert zum einen mehr oder minder aufwendige Berechnungen und zum anderen Iterationsschritte zur Berücksichtigung von Wechselwirkungen. Der Informationsbedarf und der Planungsaufwand werden durch die Systemstruktur, die Wörterbücher und die Mini-Specifikationen repräsentiert, die bei der Funktionsplanung nachvollzogen werden sollten.

Der Aufwand bei der Anlagenkonzeption kann unter anderem dadurch minimiert werden, daß bei der Abarbeitung der Systemfunktionen eine gerichtete Planungsfolge berücksichtigt wird, die eine minimale Anzahl Iterationsschritte beinhaltet.

Name der Funktion	Laserstrahl führen		Ident.-Nr. 1.2

Parameter	Ident.-Nr.	Input-parameter von	Output-parameter für
Kühlmedium-kalt 2	M 5	3.1	
Kühlmedium-warm 2	M 5		3.1
freilaufender Strahl	E 1	1.1	
gerichteter Strahl	E 1		1.3
Stellgröße-Strahlführung	I 6	4.9	
Meßgröße-Strahlführung	I 8		4.7
Spülgas	M 2	2.6	1.3

Funktionswirkung:

- Führen des freilaufenden Strahls zur Funktion Laserstrahl formen (1.3)
  entsprechend der Stellgröße-Strahlführung

Die Führung des freilaufenden Strahls kann folgende Unterfunktionen beinhalten:
  - Laserstrahl umlenken (1.2.1)
  - Laserstrahl teilen (1.2.2)
  - Laserstrahl unterbrechen (1.2.3)

- Die absorbierte Laserleistung P_{AB} folgt aus:

$$P_{Ab} = P_L \cdot \prod_{i=1}^{n} (1-A_i/100)$$

A_i = Absorptionsgrad einer Unterfunktion

n = Anzahl der Absorptionen

- Berechnung der Kühlmassenströme analog zu Funktion 1.1
-

Bild 37: Aufbau der Mini-Specifikationen am Beispiel "Laserstrahl führen"

Die Ermittlung gerichteter Strukturen ist eine Aufgabe, die häufig im Bereich der Materialflußoptimierung zu lösen ist. Durch das Vertauschen von Bearbeitungseinheiten wird eine Reihenfolge ermittelt, die minimale Materialrückflüsse gewährleistet. Dabei kommt häufig die Methode der linearen Optimierung zum Einsatz /142/. Die bestimmende Größe bei der Optimierung bildet neben der Verknüpfungslogik die Menge der zwischen den Einheiten zu transportierenden Werkstücke. Dieser Ansatz kann, leicht modifiziert, auf die hier vorliegende Problemstellung übertragen werden.

Während die Beziehungen zwischen Bearbeitungseinheiten bei der Materialflußoptimierung durch quantifizierbare Werkstückflüsse gebildet werden, stellt sich die Situation bei der Ermittlung einer optimierten Funktions-rangfolge anders dar. Hier werden die Beziehungen zwischen Funktionen durch gerichtete energetische, informatorische und materielle Ströme festgelegt, die durch Beschreibungsparameter gekennzeichnet sind. Eine Gewichtung dieser Parameter würde dem Prinzip widersprechen, daß zur Erzielung der geforderten Bearbeitungsergebnisse die Gewährleistung aller Prozeßparameter erforderlich ist. Deshalb werden die Ströme einheitlich durch einen Faktor "eins" repräsentiert und in Anlehnung an die Material-flußoptimierung in Interdependenzmatrizen für Energie-, Materie- und Informationsflüsse dokumentiert (**Bild 38**).

Die Optimierung der Funktionsfolge wird rechnerunterstützt durchgeführt. Hierzu sind zunächst die Zeilen- und Spaltensummen zu berechnen. Der größte Quotient aus Zeilen- und Spaltensumme zeigt die Funktion an, die als erste in der optimierten Rangfolge anzusiedeln ist. Anschließend werden die entsprechende Zeile und Spalte gestrichen und die im Rang reduzierte Matrix erneut, wie oben beschrieben, berechnet. Das Verfahren wird fort-gesetzt bis die Matrix auf den Rang eins reduziert ist. Die beschriebene Vorgehensweise wird zur Optimierung aller Teilmatrizen angewendet.

Das Ergebnis bilden optimierte Funktionsfolgen, die miteinander verknüpft und in einen Vorranggraphen eingetragen, die im unteren Teil von Bild 38 dargestellte Vorgehensweise für die Funktionsplanung des Gesamtsystems ergeben. Ausgehend von den als bekannt vorausgesetzten Größen stellt der dort vorgestellte Vorranggraph eine sinnvolle Reihenfolge dar, die bei der Funktionsplanung von Laseranlagen eingehalten werden kann.

Das Informationssystem ist zum Zweck der besseren Übersicht getrennt aufgeführt, was mit den Erfahrungen der Praxis übereinstimmt. Die Pla-nung von Informationssystemen erfordert einen gesamthaften Ansatz und erfolgt im Regelfall nach der Spezifikation der technischen Funktionen. Die Funktionsbezeichnungen können den Diagrammen im Anhang B entnom-men werden. Die Funktionen sind dort weitgehend nach der ermittelten Rangfolge dokumentiert.

Ebenso wie die anderen Ergebnisse dienen die Vorranggraphen dem bes-seren Verständnis der Lasertechnologie sowie der überschlägigen Ermitt-lung der erforderlichen Leistungsfähigkeit des Systems.

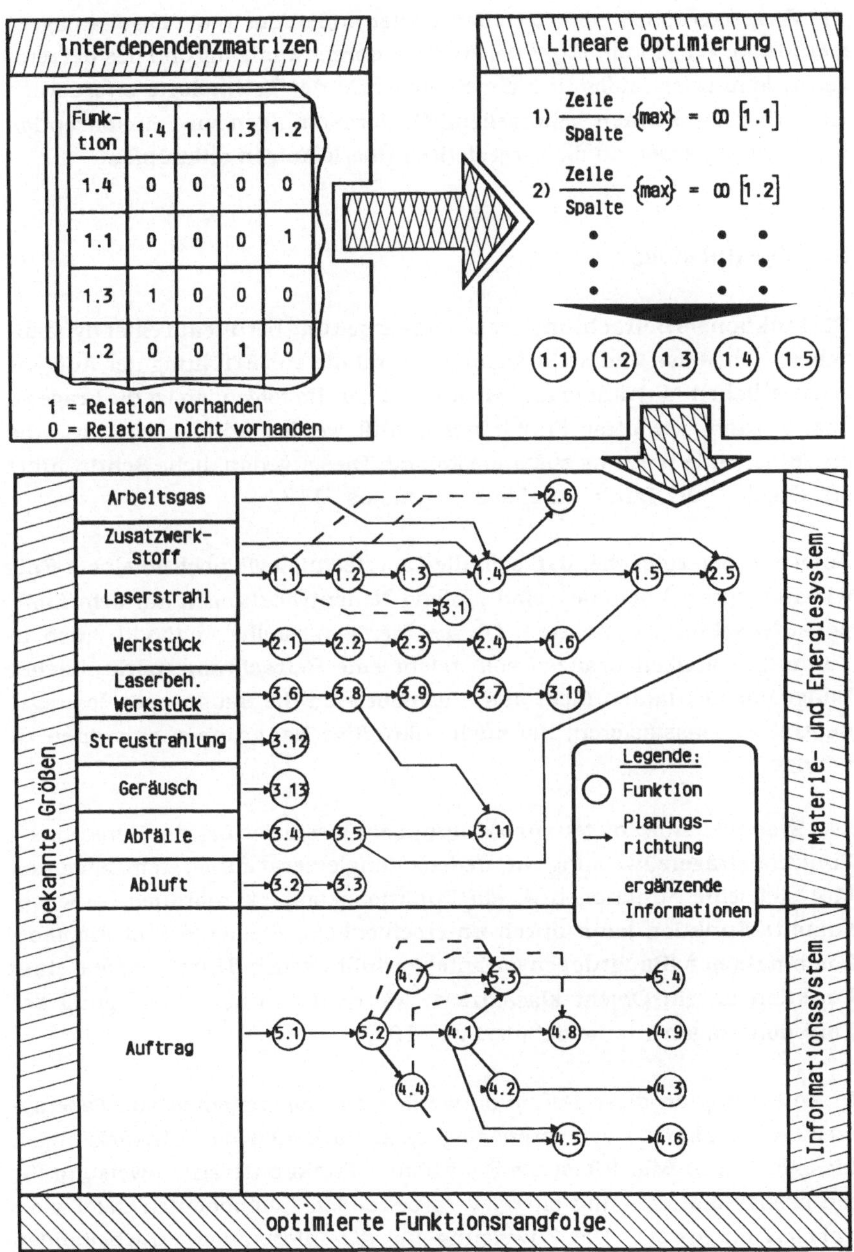

$$1) \ \frac{\text{Zeile}}{\text{Spalte}} \ \{\text{max}\} \ = \ \infty \ [1.1]$$

$$2) \ \frac{\text{Zeile}}{\text{Spalte}} \ \{\text{max}\} \ = \ \infty \ [1.2]$$

Bild 38: Ableiten einer optimierten Funktionsfolge

Die Vorranggraphen versetzen den Planer außerdem in die Lage, anlagentechnische Fragen mit Experten zu diskutieren, was aufgrund des derzeitigen Erkenntnisstandes und der Komplexität der Technologie erforderlich ist. Außerdem können weitergehende Untersuchungen zur Feinkonzeption von Lasersystemen an die vorgestellten Überlegungen anknüpfen.

5.3 Objektplanung

Die funktionale Betrachtung der Laserbearbeitung beruht auf einer dynamischen Sichtweise und stellt lösungsneutral die zur Erfüllung der Aufgabe erforderlichen Aktivitäten und Wirkungen dar. Im folgenden ist die Frage zu beantworten, wie diese Funktionen erfüllt werden können bzw. wie die entsprechende Wirkung zustande kommt. Dieser gedankliche Schritt führt zur Objekt- oder Bauhierarchie des Systems /113/.

Aufgrund der Tatsache, daß sich die Lasertechnologie noch in einem Entwicklungsprozeß befindet, sind laufend Neuentwicklungen auf dem Komponentensektor zu erwarten. Da die hier vorgestellte Methodik auch in Zukunft Gültigkeit besitzen soll, reicht eine Betrachtung marktüblicher Baugruppenvarianten nicht aus. Vielmehr sind die Baugruppen lösungsneutral zu klassifizieren, um auch zukünftige Baugruppen einordnen zu können.

Die Systemtechnik bietet zur Baugruppenklassifizierung die Funktions - Funktionsträgerzuweisung an. Jedem Konglomerat an Systemelementen läßt sich eine Funktion bzw. ein Funktionskomplex zuordnen. Eine bestimmte Funktion kann durch unterschiedliche Elemente und Elementkombinationen (Baugruppenvarianten) erfüllt werden. Durch Angabe einer Funktion ist ein Objekt klassifiziert, während es durch Festlegung der Funktionsträgervariante definiert ist /107/.

In Anlehnung an diese Definition werden die Komponenten von Lasersystemen unabhängig von ihren möglichen Varianten oder Ausprägungen klassifiziert. In **Bild 39** ist die Funktions - Funktionsträgerzuweisung für die primär materie- und energieverarbeitenden Komponenten der Laseranlagen dargestellt. Die Zuweisung für die informationsverarbeitenden Komponenten befindet sich im **Anhang E**.

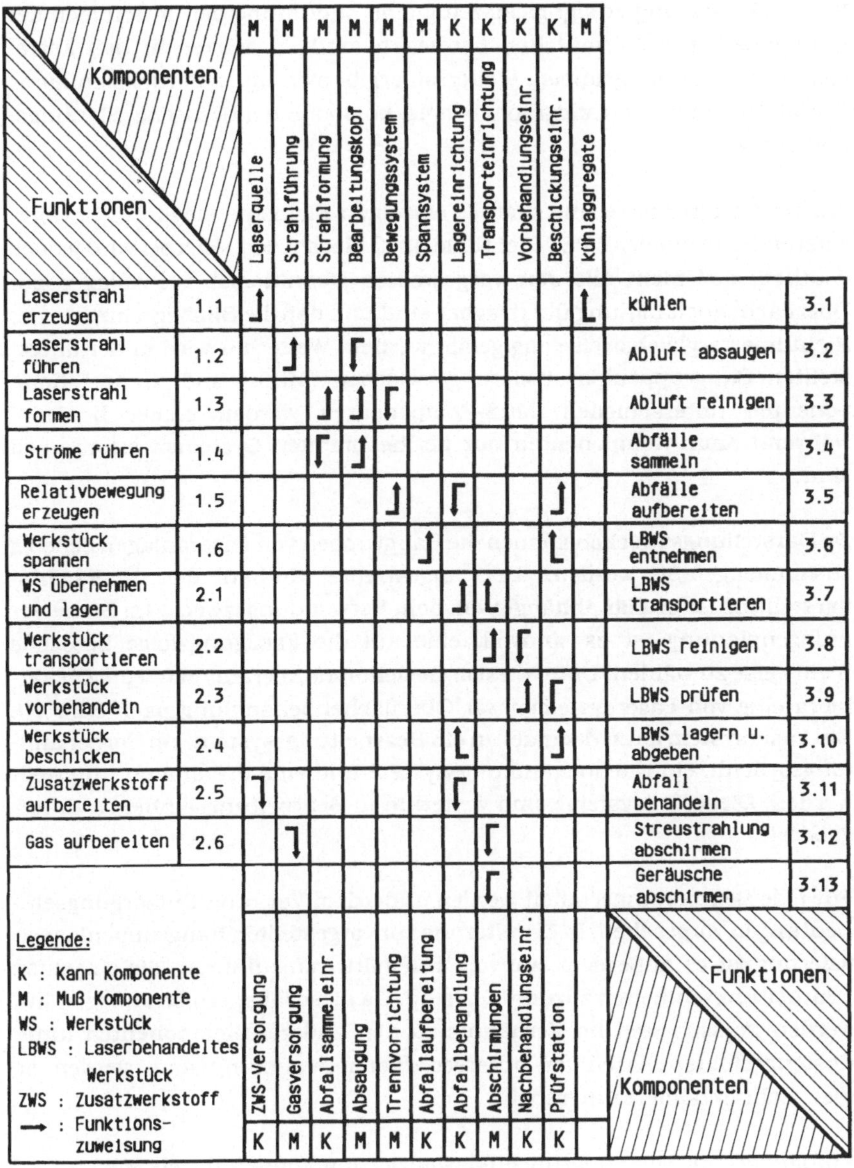

Komponenten / Funktionen

Komponenten (Spalten, oben): M M M M M M K K K K M
- Laserquelle
- Strahlführung
- Strahlformung
- Bearbeitungskopf
- Bewegungssystem
- Spannsystem
- Lagereinrichtung
- Transporteinrichtung
- Vorbehandlungseinr.
- Beschickungseinr.
- Kühlaggregate

Funktionen (Zeilen, links):

Funktion	Nr.
Laserstrahl erzeugen	1.1
Laserstrahl führen	1.2
Laserstrahl formen	1.3
Ströme führen	1.4
Relativbewegung erzeugen	1.5
Werkstück spannen	1.6
WS übernehmen und lagern	2.1
Werkstück transportieren	2.2
Werkstück vorbehandeln	2.3
Werkstück beschicken	2.4
Zusatzwerkstoff aufbereiten	2.5
Gas aufbereiten	2.6

Funktionen (Zeilen, rechts):

Funktion	Nr.
kühlen	3.1
Abluft absaugen	3.2
Abluft reinigen	3.3
Abfälle sammeln	3.4
Abfälle aufbereiten	3.5
LBWS entnehmen	3.6
LBWS transportieren	3.7
LBWS reinigen	3.8
LBWS prüfen	3.9
LBWS lagern u. abgeben	3.10
Abfall behandeln	3.11
Streustrahlung abschirmen	3.12
Geräusche abschirmen	3.13

Komponenten (Spalten, unten): K M K M M K K M K K
- ZWS-Versorgung
- Gasversorgung
- Abfallsammeleinr.
- Absaugung
- Trennvorrichtung
- Abfallaufbereitung
- Abfallbehandlung
- Abschirmungen
- Nachbehandlungseinr.
- Prüfstation

Legende:

K : Kann Komponente
M : Muß Komponente
WS : Werkstück
LBWS : Laserbehandeltes Werkstück
ZWS : Zusatzwerkstoff
→ : Funktionszuweisung

Bild 39: Zuweisung der Funktionen zu Funktionsträgern

Mit der Zuweisung erfolgt gleichzeitig eine Zuordnung der im Rahmen der Funktionsplanung ermittelten Kennwerte und Parameter zu den korrespondierenden Baugruppen. Weiterhin ergibt sich unter Berücksichtigung der abgeleiteten Vorranggraphen eine komponentenbezogene Planungsreihenfolge.

Auf der Baugruppenebene sind die einzelnen Elemente möglichst in Übereinstimmung mit der DVS - Richtlinie 3203 klassifiziert. Hierbei wird jedoch deutlich, daß nicht alle dort vorgestellten Definitionen auf Anlagen zur Oberflächenbehandlung übertragbar sind und daß die Bilanzgrenzen in der Richtlinie vergleichsweise eng gefaßt werden. Weiterhin wird in der dargestellten Baugruppenklassifizierung zwischen "Muß-" und "Kann-" Komponenten unterschieden. Muß-Komponenten werden immer benötigt, während Kann-Komponenten nur bei bestimmten Systemen erforderlich sind.

Zu Darstellungszwecken können die Baugruppen von Laseranlagen beliebig zusammengefaßt werden. Der angestrebte Aufbau der Übersichtsdarstellung ist primär abhängig von dem Verwendungszweck. Im Sinne der Anlagenplanung ist es sinnvoll, eine auf die Fertigungsfolge bezogene Sichtweise zu wählen. Unter diesem Gesichtspunkt erhält man eine Objekthierarchie von Lasersystemen zur Oberflächenbehandlung nach **Bild 40**. Ein Lasersystem kann demnach in ein Bearbeitungssystem, ein Vorbehandlungssystem, ein Nachbehandlungssystem und eine Prüfstation unterteilt werden. Diese Teilsysteme sind weiterhin in Bearbeitungseinheiten untergliedert.

Für jede Bearbeitungseinheit werden außerdem Ver- und Entsorgungseinrichtungen vorgesehen. In Erweiterung zur vorgestellten Baugruppenklassifizierung ist es außerdem sinnvoll, Hilfsmittel einzuführen, die einzelnen Bearbeitungseinheiten zuzuordnen sind. Da diese fallspezifisch ausgewählt werden müssen und im Verhältnis zu den anderen Komponenten unter Kostengesichtspunkten von untergeordneter Bedeutung sind, werden sie hier nicht detailliert untersucht.

Aufbauend auf der Baugruppenklassifizierung können durch Markt- und Literaturrecherchen derzeit verfügbare, herstellerunabhängige Prinzipvarianten für jede Baugruppe ermittelt werden. Unter Prinzipvarianten werden alternative Funktionsträger verstanden, die die ihnen zugewiesenen Funktionen durch verschiedene Wirkprinzipien erfüllen.

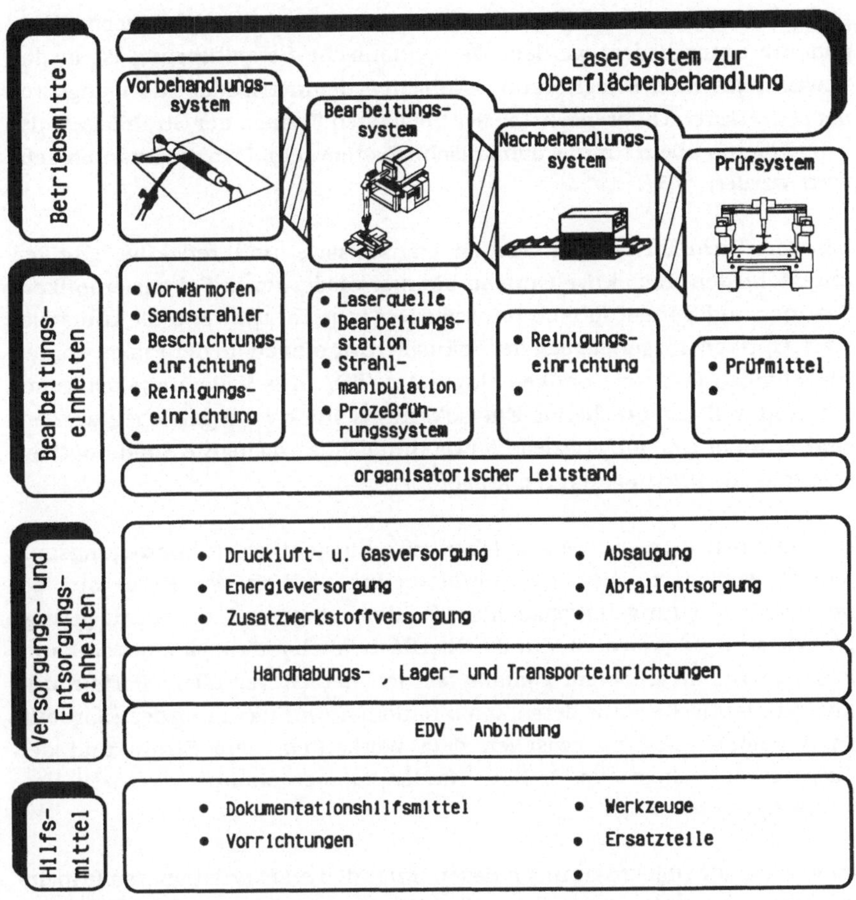

Bild 40: Objekthierarchie von Laseranlagen zur Oberflächenbehandlung

In **Bild 41** sind einige Beispiele für Prinzipvarianten der Komponenten des Bearbeitungssystems dargestellt. Anhand dieses Auszuges ist bereits zu erkennen, daß eine Vielzahl von Varianten für die einzelnen Baugruppen von Laseranlagen existiert. Diese Auflistung unterliegt im Zuge der Anlagentechnologieentwicklung laufend Veränderungen und kann keinen Anspruch auf Vollständigkeit erheben.

Im Bereich der Laserquellen ergeben sich grundsätzliche Varianten aufgrund der verschiedenen Faltungsarten, Anregungs- und Strömungsprinzipien. Strahlführungen können in eine statische und eine dynamische Komponente untergliedert werden. Die dynamische Strahlführung ist in das Bewegungssystem integriert und kann entweder intern oder extern angeordnet sein. Durch Differenzierung der möglichen Formen der Strahllageänderung können allein für das dynamische System zehn Prinzipvarianten definiert werden /75/.

Bei den Strahlformungen werden transmissive und reflektive Optiken unterschieden. Reflektive Optiken können wiederum in Fokussieroptiken, Scanner und Sonderoptiken untergliedert werden, während die transmissiven Optiken ausschließlich der Fokussierung dienen. In der Praxis werden vornehmlich Fokussieroptiken eingesetzt /58/. Aus Vollständigkeitsgründen und weil entsprechende Entwicklungen stark vorangetrieben werden, sind Scanner und auf spezielle Anwendungsfälle angepaßte Sonderoptiken ebenfalls als Prinzipvarianten aufgeführt.

Bewegungssysteme werden üblicherweise hinsichtlich der Bewegungsaufteilung gegliedert. Die Resonatorbewegung wird in der Regel nur bei Schneidbearbeitungen großflächiger Bauteile eingesetzt, die relativ geringe Laserleistungen erfordern. Für die Oberflächenbehandlung kommt sie kaum in Betracht. In größerem Umfang werden derzeit vor allem Portale und Koordinatentische sowie deren Kombinationen zur Erzeugung der erforderlichen Relativbewegung zwischen dem Werkstück, dem Strahl und den Zusatzstoffen eingesetzt. Roboter finden momentan nur vereinzelt Verwendung.

Im Verlauf der Objektplanung müssen unter den marktverfügbaren Prinzipvarianten diejenigen ermittelt werden, die die geforderte Leistungsfähigkeit besitzen. Zur Durchführung dieses Arbeitsschrittes sind durch Marktrecherchen, Auswertungen der Fachliteratur sowie Expertengespräche übliche Ausprägungen für die wichtigsten Anlagenkomponenten zu ermitteln. In **Bild 42** ist das Ergebnis einer solchen Untersuchung exemplarisch am Beispiel der Laserquellen aufgezeigt. Die dort dargestellten Ausprägungen stellen keine Absolutgrößen dar, sondern sind als Anhaltswerte zu verstehen.

Ausgangspunkt der Recherche bildeten die ermittelten Prinzipvarianten der einzelnen Baugruppen. Da per definitionem alle Varianten die gleiche Grundfunktion erfüllen, unterscheiden sie sich primär hinsichtlich der Schnelligkeit, der Genauigkeit und dem Umfang der Funktionserfüllung.

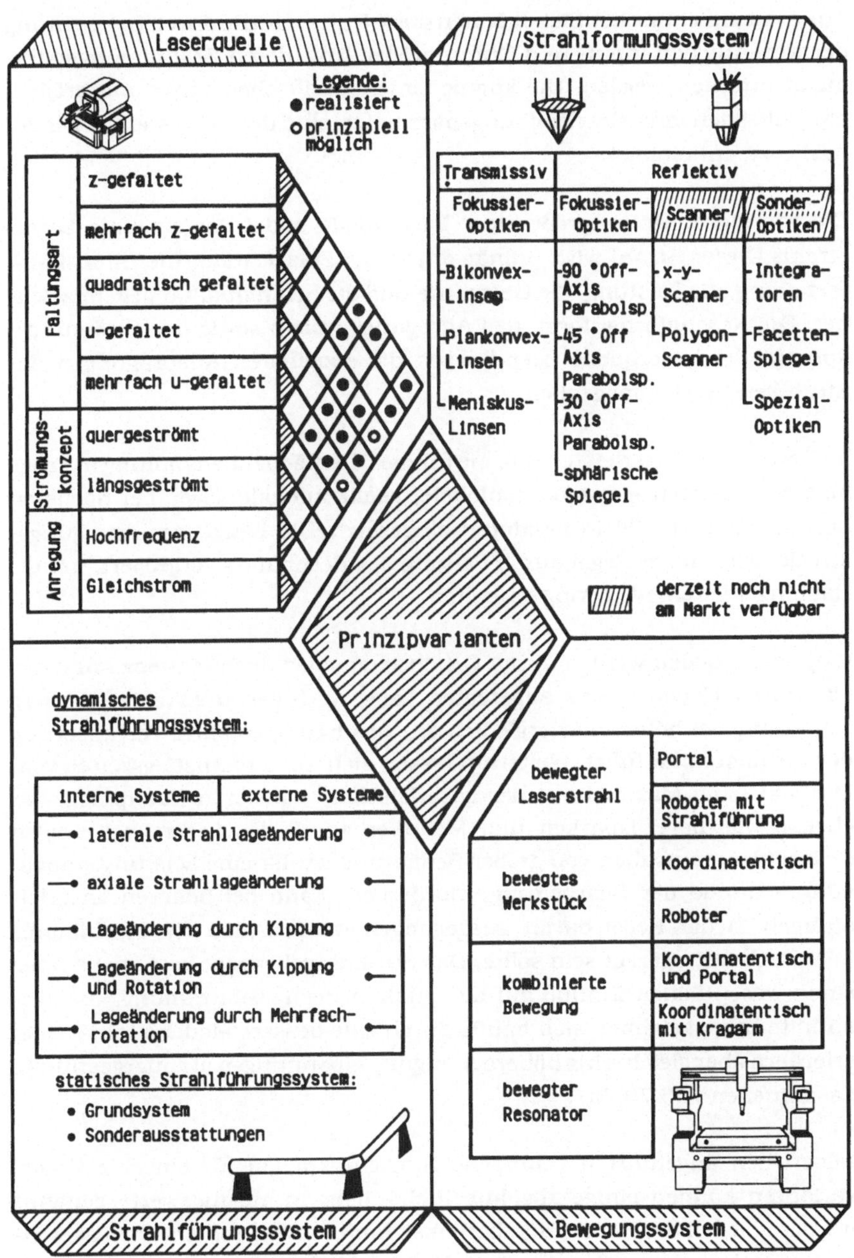

Bild 41: Beispiele für Prinzipvarianten von Laserbaugruppen

Aus systemtechnischer Sicht können diese Unterschiede durch Betrachtung der wesentlichen Input- und Outputgrößen bzw. deren Bestimmungsparameter ermittelt werden. Die komponentenspezifischen Strömungsgrößen, einschließlich ihrer Beschreibungsparameter, sind den vorgestellten Dictionaries zu entnehmen.

Die wichtigste Outputgröße einer Laserquelle bildet der erzeugte Laserstrahl. Dieser Strahl wird primär durch die Polarisation, die Intensitätsverteilung, die Leistung, die Geometrie und die Strahlqualität gekennzeichnet. Die Resonatorbauform, das Anregungsprinzip sowie das Strömungskonzept der Laserquelle beeinflussen die erzielbaren Ausprägungen der Strahlkennwerte maßgeblich.

Im Bereich der Laserleistungen, die für die Oberflächenbehandlung in Frage kommen, werden meistens konfokale, semikonfokale sowie bei höchsten Leistungen instabile Resonatoren eingesetzt. Die Länge der Anregungsstrecke wird in der Regel durch Faltung des Resonators vergrößert, um die Baulänge der Quelle gering zu halten.

CO_2-Laserquellen werden durch Gleichstrom oder Hochfrequenz angeregt. Die durch Hochfrequenz angeregten Laser verfügen über eine stabilere Entladung bei höheren Energiedichten, was häufig zu einer Verbesserung der Strahlqualität führt. Weiterhin lassen sich kürzere Anstiegszeiten vom Minimal- zum Maximalwert der Laserleistung realisieren (Ramping), was ebenso wie die Pulsbarkeit und Modulierbarkeit des Lasers bei einigen Bearbeitungsaufgaben von großer Bedeutung ist. Ist eine Leistungsanpassung während der Bearbeitung erforderlich, kann bei höheren Laserleistungen in der Regel davon ausgegangen werden, daß die Strahlquelle hochfrequenzangeregt sein sollte. Das Strömungskonzept besitzt ebenfalls einen wesentlichen Einfluß auf die Qualität der Laserstrahlung. Axialgeströmte Laser zeichnen sich häufig durch eine bessere Modenqualität aus, erfordern aber gleichzeitig höhere Anregungsspannungen als quergeströmte Laserquellen /65,70,73/.

Neben den angeführten Unterscheidungsmerkmalen für einzelne Laservarianten können einige absolute Richt- oder Erfahrungswerte genannt werden, die bei der Konzeption berücksichtigt werden sollten. Die Laserleistung ist beispielsweise um etwa 20-30 % höher zu wählen, als es die Bearbeitungsaufgabe erfordert.

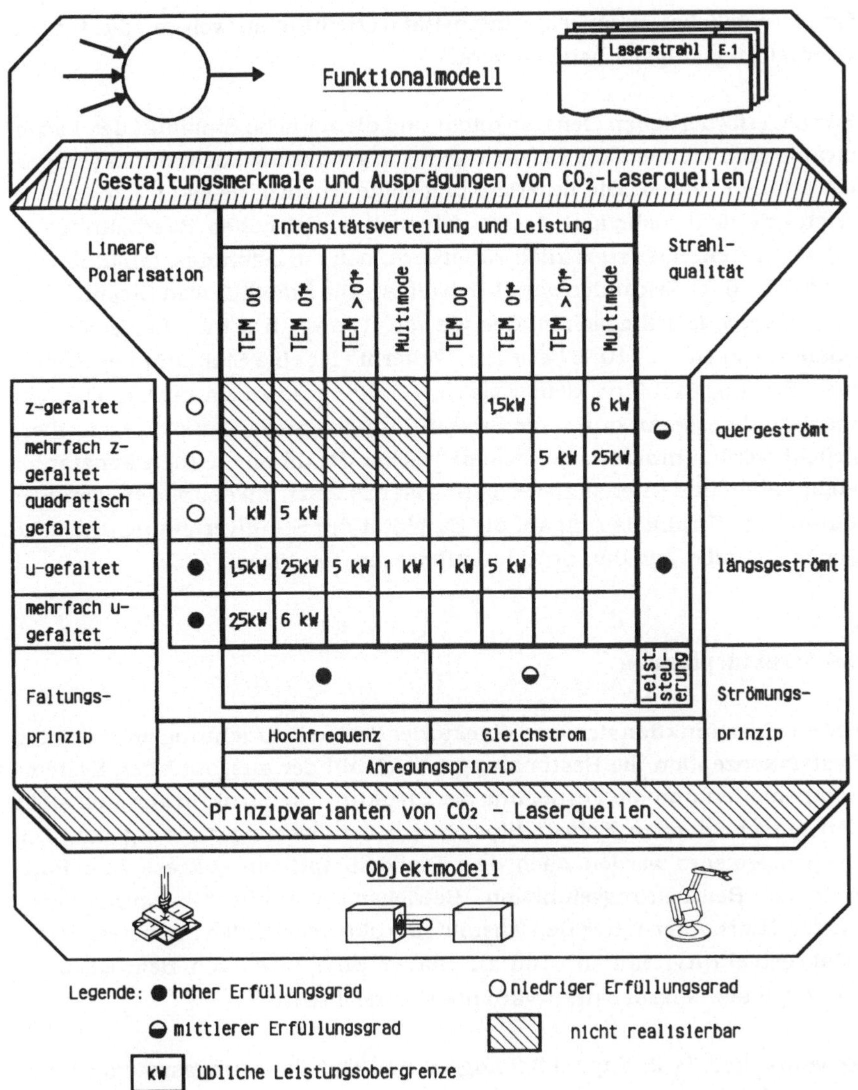

Bild 42: Ermittlung der Merkmale und Ausprägungen von CO_2-Laserquellen

Diese Leistungsreserve ermöglicht zum einen den Betrieb der Quelle im Teillastbereich, was die Lebensdauer erhöht, und zum anderen den Ausgleich der Leistungsverluste durch Optikverschleiß. Weiterhin sollte die

Quelle möglichst schon eine Intensitätsverteilung aufweisen, die für die Bearbeitungsaufgabe benötigt wird.

Für die erforderlichen Genauigkeiten und die zeitliche Stabilität des Laserstrahls können ebenfalls Erfahrungswerte genannt werden, die Laserquellen erfüllen sollten. Die Laserleistung sollte beispielsweise im Langzeitbereich um nicht mehr als +/- 2 % schwanken. Bei hohen Bearbeitungsgeschwindigkeiten ist zusätzlich zu fordern, daß die Leistungsstabilität über etwa 0,1 - 0,01 Sekunden gewährleistet ist. Die Stabilität von Strahlradius und -divergenz sollte sich im Bereich von etwa +/- 5 % und die der Strahlqualität von ca. +/- 10 % bewegen. Weiterhin ist eine Stabilität der Strahllage (Pointing Stability) kleiner als ca. +/- 100 µrad zu empfehlen. Dies gilt insbesondere, wenn durch die Strahlführungen große Entfernungen überbrückt werden müssen. Ein symmetrischer Strahl mit zeitlich konstanter Polarisation und Intensitätsverteilung ist meistens, ebenso wie ein geringer Einfluß der Strahlleistung auf die Stabilität der Strahlverteilung, die Lage der Strahltaille und den Strahldurchmesser, von Vorteil /65/.

5.4 Strukturplanung

Neben einer funktionalen und objektorientierten Betrachtung erfordert die Systemkonzeption die Bestimmung der Anzahl der ausgewählten Systemkomponenten und die Festlegung der Struktur. Die Strukturplanung stellt den entscheidenden Schritt hinsichtlich der Systemgestaltung dar. Die Systemelemente werden nach dem Baukastenprinzip sukzessiv zu Baugruppen, Bearbeitungseinheiten, Betriebsmitteln und Gesamtsystemen synthetisiert. Alternative Betriebsmittelstrukturen werden im folgenden als "Makrostrukturvarianten" und alternative Strukturen von Bearbeitungseinheiten als "Mikrostrukturvarianten" bezeichnet.

Es wurde bereits in Kapitel 3.2 angedeutet, daß Bewegungssysteme spezifisch auf die jeweiligen Anwendungsfälle anzupassen sind. Da standardisierte Bewegungseinrichtungen für die Oberflächenbehandlung kaum angeboten werden, sind komplette Bewegungssysteme im Sinne des Baukastenprinzips nur eingeschränkt verfügbar.

Beim Fehlen von Standardlösungen ist der Planer gezwungen, Bewegungssysteme aus einzelnen Komponenten zusammenzusetzen. Dies kann soweit gehen, daß die kinematische Struktur ausgewählt und spezifiziert werden muß. Die in Bild 41 vorgestellten Prinziplösungen für Bewegungssysteme reichen in diesem Fall als Beschreibungsgrundlage nicht aus. Aus diesem Grund ist eine genauere Betrachtung möglicher kinematischer Strukturen von Bewegungssystemen angebracht.

Die kinematische Struktur von Bewegungssystemen kann in einen regionalen und einen lokalen Teil untergliedert werden. Die ausgewählte Regionalstruktur bestimmt über die Anzahl und Aufteilung der Hauptachsen, in welchem Arbeitsraum die Relativbewegung erfolgen kann. Wie **Bild 43** zeigt, wird hierbei zwischen einer Werkstück- und einer Strahlbewegung unterschieden.

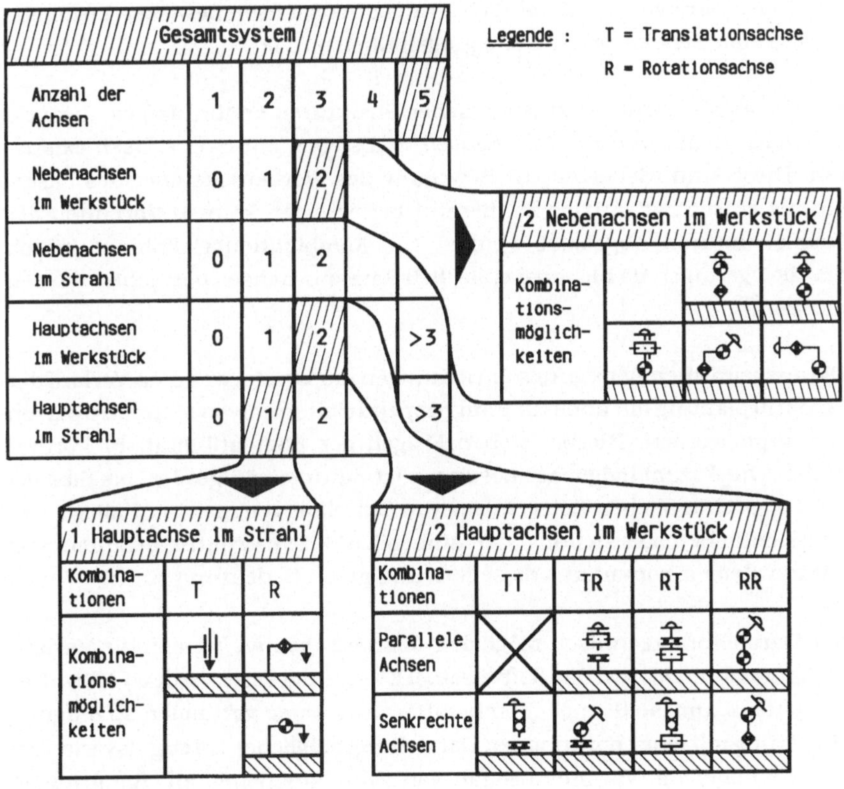

Bild 43: Auswahl kinematischer Strukturen von Bewegungssystemen

Die Lokalstruktur legt die Orientierung zwischen dem Strahl und dem Werkstück fest, wobei die Positionsänderungen aufgrund der Kinematik gering sind. Mögliche Varianten der Regionalstruktur entstehen durch eine Variation der Achsaufteilung, der Achsanzahl sowie der Art und der Lage der Bewegungsachsen zueinander. Die Achsen können in Rotations- und Translations- sowie in fluchtende und nicht fluchtende Achsen unterteilt werden.

Die Lage der Achsen zueinander wird durch die Kreuzungswinkel beschrieben. Gebräuchliche Regionalstrukturen sind so aufgebaut, daß die Kreuzungswinkel ein Vielfaches von 90° bilden. Aus diesem Grund sind ausschließlich Strukturen zu betrachten, bei denen die Achsen parallel oder senkrecht zueinander stehen. Weiterhin sind nicht alle möglichen Kombinationen sinnvoll. Zwei parallele Translationsachsen bewirken beispielsweise keine Erhöhung der Bewegungsfreiheitsgrade.

Eine Analyse möglicher kinematischer Strukturen ergibt, daß ca. zwanzig sinnvolle Strukturen mit drei Achsen und sieben mit zwei Achsen existieren. Diese sind wiederum zur Bewegung des Werkstücks oder des Laserstrahls einsetzbar. Analog zu diesen Überlegungen können Varianten der Lokalstrukturen abgeleitet werden. Die Kombinationsvielfalt ist jedoch deutlich geringer, da hier ausschließlich Rotationsachsen betrachtet werden müssen.

Die ausgewählten Bewegungseinrichtungen müssen im weiteren Verlauf der Strukturplanung mit anderen Baugruppen zu alternativen Mikrostrukturen verknüpft werden. Hierbei stehen Fragen der Kompatibilität im Vordergrund. Die Anzahl möglicher Lösungen ist naturgemäß größer, als dies bei einer ausschließlichen Betrachtung von Einzelbaugruppen der Fall ist. Der übersichtlichen Darstellung der sinnvollen Mikrostrukturvarianten von Lasersystemen kommt aus diesem Grund große Bedeutung zu.

Zur Darstellung technisch möglicher Mikrostrukturen können die Variantenbaummethode bzw. das Softwaretool EVAS eingesetzt werden /153/. Der Variantenbaum stellt eine Kombination aus einer vertikalen Erzeugnisgliederung mit einer horizontalen Darstellung möglicher Erzeugnisvarianten dar. Er bildet die Variantenvielfalt von Einzelkomponenten, Baugruppen und Produkten über einer Betrachtungsreihenfolge ab (**Bild 44**).

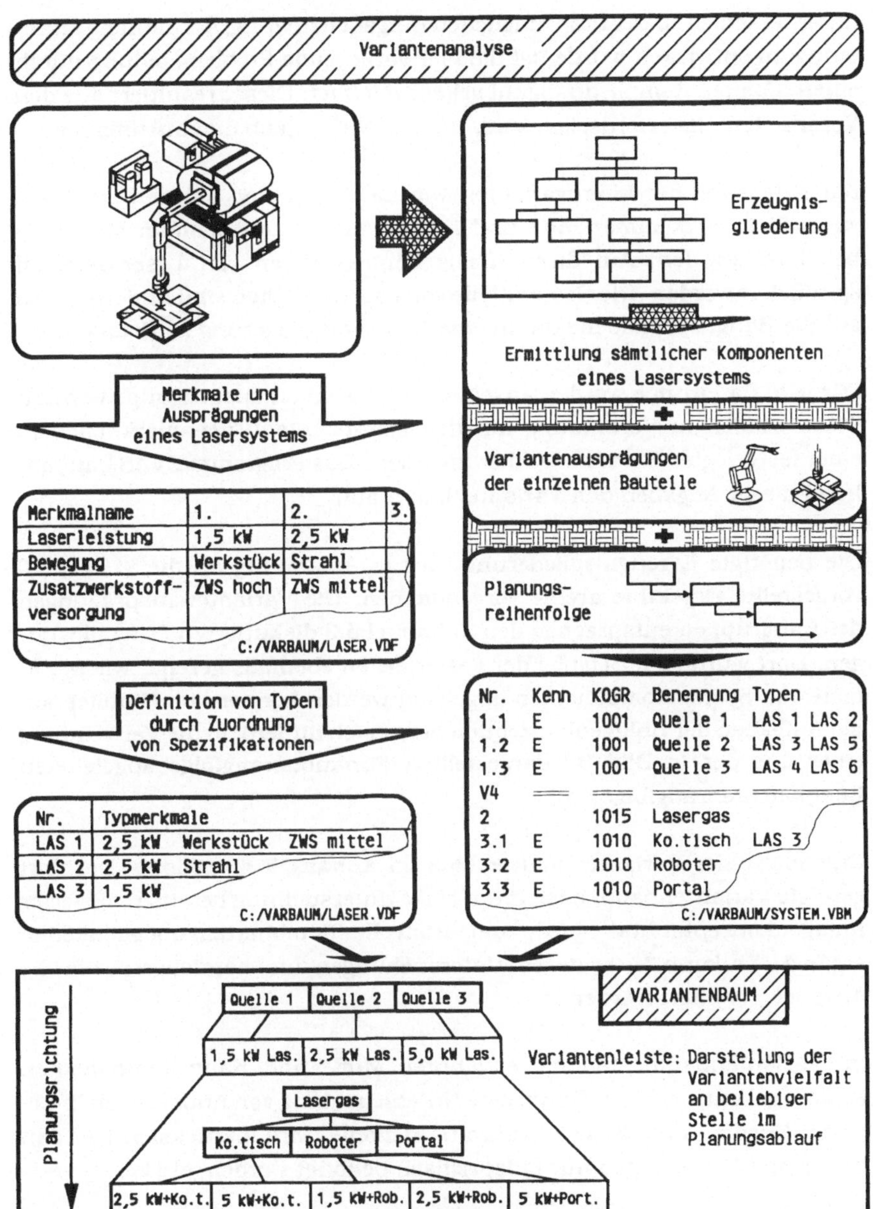

Bild 44: Darstellung von Mikrostrukturvarianten mit dem Variantenbaum

Im Unterschied zu der ursprünglichen Aufgabenstellung, für die der Variantenbaum entwickelt wurde, ist die hier vorliegende Problemstellung durch einen höheren Komplexitätsgrad gekennzeichnet. Dieser resultiert aus den Vorarbeiten, die erforderlich sind, um den Variantenbaum aufzubauen.

Zur Erfassung der Mikrovarianten von Lasersystemen müssen zunächst wesentliche Systemmerkmale und übliche Ausprägungen dieser Merkmale bestimmt werden. Auf dieser Basis können Typen von Lasersystemen spezifiziert werden. Die Bestandteile von Lasersystemen sind außerdem bis auf die Baugruppenebene durch eine Erzeugnisgliederung zu definieren.

Für jede Baugruppe werden anschließend Variantenausprägungen erfaßt. Diese werden in Verbindung mit den spezifizierten Typenmerkmalen in einer festgelegten Reihenfolge dokumentiert. Das Programm EVAS baut anhand dieser Angaben den Variantenbaum auf.

Die benötigte Erzeugnisgliederung wird in Anlehnung an die in Bild 40 vorgestellte Objekthierarchie vorgenommen. Die Variantenausprägungen der Baugruppen entsprechen den in Kapitel 5.3 diskutierten Prinziplösungen. Dort wurde am Beispiel der Laserquellen ebenfalls gezeigt, wie Merkmale von Systemkomponenten abgeleitet werden können. Im Hinblick auf die Aufgaben der Anlagenkonzeption bietet sich außerdem die Verwendung einer aus der in Bild 38 dargestellten Funktionsrangfolge abgeleiteten Komponentenrangfolge an.

Ergebnisse der Variantenanalyse sind im **Anhang F** aufgelistet. Der dort gezeigte Variantenbaum basiert auf einer Untersuchung bereits realisierter Anlagenkonzepte und wurde um sinnvolle Kombinationsmöglichkeiten ergänzt. Er kann in weiteren Untersuchungen um herstellerspezifische Angaben erweitert werden.

Im Variantenbaum sind die erwähnten Muß- und Kann-Komponenten explizit gekennzeichnet. Durch eine Unterscheidung von Anbauteilen in Ersatz-, Zusatz- und Zusatzersatzvariantenteile wird berücksichtigt, daß bestimmte Baugruppen nur fallspezifisch benötigt werden /141/.

Der Variantenbaum kann die Struktur- und die Objektplanung auf vielfältige Weise unterstützen. Er stellt in übersichtlicher Form die Prinzipvarianten von Anlagenkomponenten dar. Weiterhin enthält er Merkmale, die diese Prinzipvarianten auszeichnen. Durch die ebenfalls implizierte Planungsrangfolge leitet er den Anwender gezielt durch den Konzeptionsprozeß, wobei der Planungsaufwand durch die Vorgabe technisch sinnvoller Kombinationen reduziert wird. Systemherstellern bietet er die Möglichkeit, ihre Lösungen systematisch zu dokumentieren und Wiederholplanungen im Rahmen der Angebotsbearbeitung oder Projektierung zu vereinfachen.

Bei der ausschließlichen Nutzung des Programms EVAS für die Anlagenkonzeption werden die Möglichkeiten des Programms nur teilweise ausgeschöpft. Zum einen werden nicht alle vorgesehenen Datenkategorien benötigt und zum anderen kommt die Fähigkeit des Programms zur "Simulation" von Standardisierungsmaßnahmen nicht zur Anwendung.

Das Ziel solcher Simulationen besteht darin, eine möglichst große Anzahl Produkt- bzw. Systemvarianten mit einer möglichst geringen Anzahl von Baugruppenvarianten zu erzeugen. Systemlieferanten könnten beispielsweise das Variantenbaumprogramm dazu verwenden, durch Simulationen Komponenten zu identifizieren, die standardisiert werden sollten.

Die mit Hilfe des Variantenbaums ermittelten Mikrostrukturvarianten müssen in einem weiteren Planungsschritt zu alternativen Makrostrukturen des Gesamtsystems verknüpft werden. Hierbei stehen Kapazitätsaspekte und ablauforganisatorische Aspekte im Vordergrund.

Mögliche Alternativen ergeben sich durch Betrachtung der Material-, Energie- und Informationsflüsse. In **Bild 45** sind Beispiele für mögliche Makrostrukturvarianten von Lasersystemen zur Oberflächenbehandlung dargestellt, die sich insbesondere im Bereich der Energieflüsse von konventionellen Technologien unterscheiden.

Die Lasertechnologie ermöglicht sowohl einen Mehrstationenbetrieb als auch den Einsatz mehrerer Laser in einer Anlage. Diese Anlagen können sowohl mittels Strahlteilung als auch durch Strahlumlenkung realisiert werden. Eine Strahlteilung ermöglicht die hauptzeitparallele Bearbeitung an mehreren Stationen während der Strahl bei Umlenkung nur an einer Station zur Verfügung steht. Derzeit ist allerdings für Leistungsbereiche, die für die Oberflächenbehandlung in Frage kommen, nur die Strahlumlenkung realisiert.

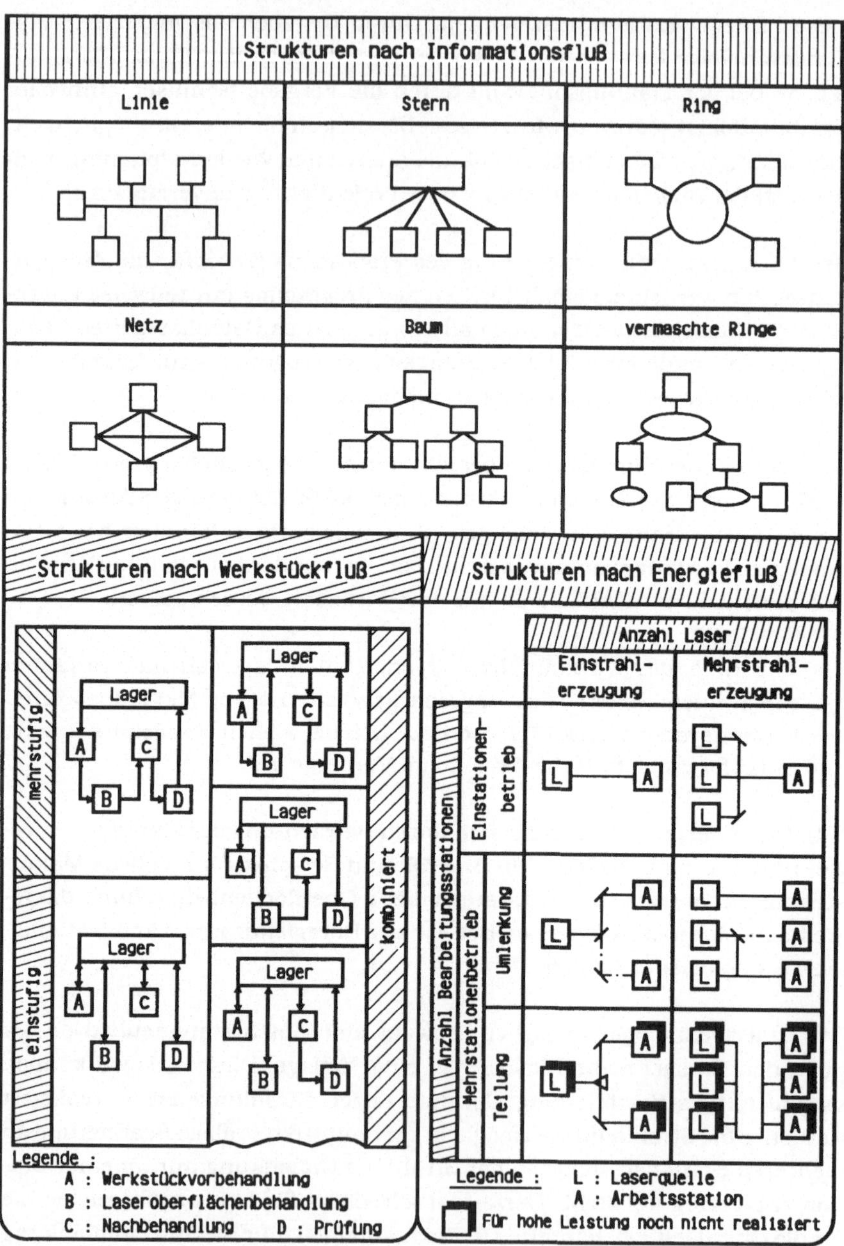

Bild 45: Beispiele für Makrostrukturvarianten von Lasersystemen

5.5 Integrationsplanung

Das bisher geplante Lasersystem ist in einem weiteren Planungsschritt in die verschiedenen Sphären seiner Umwelt einzubetten. Zum einen beeinflussen die vor- und nachgelagerten Fertigungsschritte und zum anderen das unmittelbare Umfeld der Anlage den Betrieb und die Auslegung des Systems. Daneben sind jedoch auch weitreichendere Aspekte zu berücksichtigen, die das gesamte Unternehmen betreffen. Dementsprechend ist eine Laseranlage informatorisch und organisatorisch, materialflußtechnisch sowie energetisch in ein Unternehmen zu integrieren (**Bild 46**).

Eine der wichtigsten Einflußgrößen auf den Betrieb von Lasersystemen, vor allem bezüglich der anzustrebenden Komplexität der Anlage, stellt das in einem Betrieb zur Verfügung stehende oder am Arbeitsmarkt erhältliche Personal dar. Zur Durchführung von Laseroberflächenbehandlungen sind unter anderem detaillierte Kenntnisse über Werkstoffe und Steuerungen notwendig. Fachpersonal ist vor allem für die Parameterbestimmung und die Programmierung erforderlich.

Neben der Fertigung werden auch Produktionsbereiche wie die Arbeitsvorbereitung und die Konstruktion von der Einführung der Lasertechnologie berührt. Weiterhin kann die Lasertechnologie beispielsweise dem Vertrieb neue Verkaufsargumente liefern oder bezüglich der zu beschaffenden Halbzeuge neue Anforderungen stellen.

Mitarbeiter dieser Abteilungen sollten ebenfalls über die Chancen und Risiken der Lasertechnologie informiert werden. Bei der Planung und der Einführung der Laseroberflächenbehandlung können beispielsweise Projektgruppen gebildet werden, in denen sich alle Beteiligten gemeinsam in die neue Technologie einarbeiten.

Der Flächenbedarf für eine Laseranlage kann nach NESTLER /154/ überschlägig durch Summation der Einzelflächen der Betriebsmittel unter Berücksichtigung von Zuschlagssätzen bestimmt werden (**Bild 47**). Bei der Festlegung des realen Layouts spielen jedoch vorhandene Einrichtungen und Gebäude sowie gesetzliche Auflagen eine wesentliche Rolle. Das Layout der Anlage wird unter anderem durch die räumlichen Gegebenheiten sowie erforderliche Schutzmaßnahmen beeinflußt.

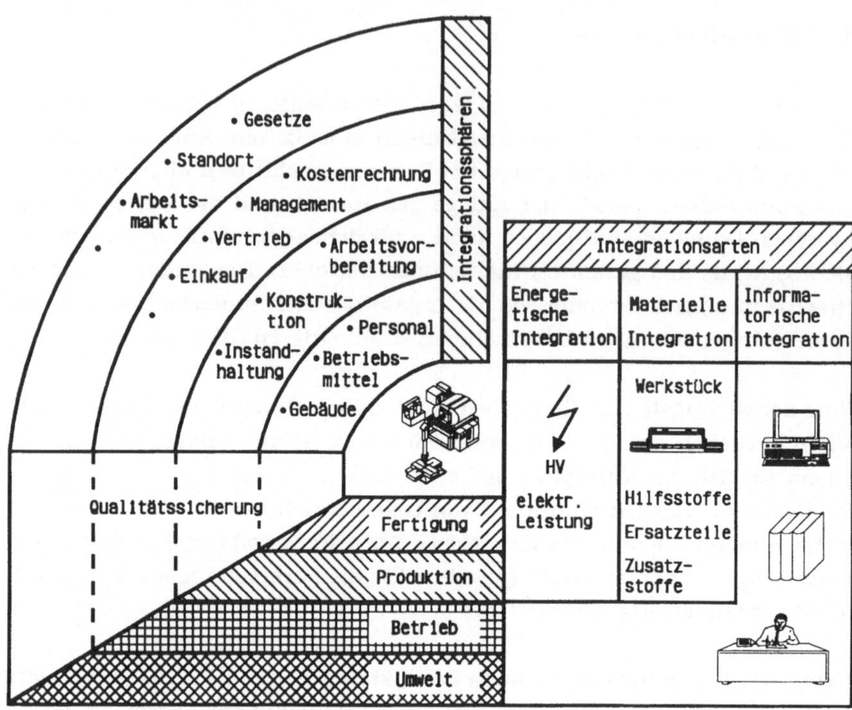

Bild 46: Betriebliche Integration von Laseranlagen

Zur Vermeidung von Belastungen des Personals durch Geräuschemissionen und Hochfrequenz bietet sich beispielsweise die Auslagerung der entsprechenden Aggregate aus dem Arbeitsraum an. Als Geräuschquellen treten unter anderem Kühlaggregate sowie Gasumwälzpumpen auf /36/.

Als weitere gerätetechnische Maßnahme empfiehlt es sich zur Einhaltung der entsprechenden Grenzwerte, eine Absaugung in die Anlage zu integrieren. Bei der Auslegung von Absaugungen besteht die Problematik darin, daß Grundlagenuntersuchungen bezüglich der entstehenden Schadstoffe und deren Beseitigung bisher nur in unzureichendem Umfang existieren.

Die erwähnten Bestimmungen der TA-Luft können aber zumindest wertvolle Anregungen geben. In der Praxis ist es somit erforderlich, durch Messungen die Wirksamkeit der Absaugung zu überprüfen.

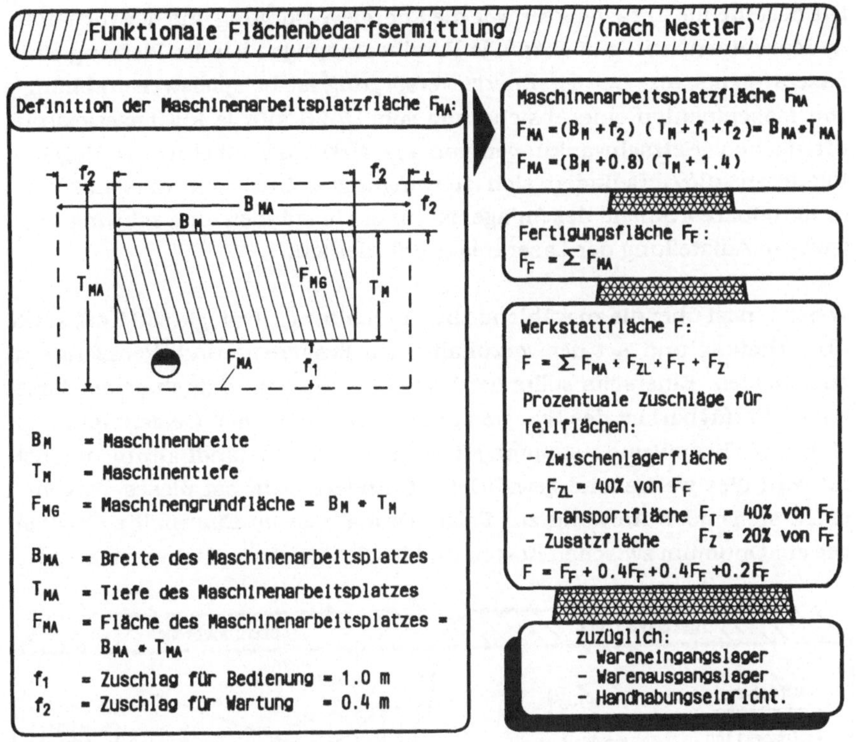

Bild 47: Ermittlung des Flächenbedarfs

Weiterhin sind die in der VBG 93 und DIN VDE 0837 vorgeschriebenen gerätetechnischen und baulichen Maßnahmen, wie die Installation von Interlockkreisen und Abschirmungen, zu erfüllen. Unter Umständen ergibt sich zusätzlich die Notwendigkeit für ein Altöl - Recycling, die Entsorgung bzw. die Aufarbeitung von Optiken und Zusatzwerkstoffen sowie eventuell benötigter Reinigungsmittel.

Bezüglich der zu berücksichtigenden organisatorischen Sicherheitsmaßnahmen ist eine differenzierte Betrachtung sinnvoll. Bei Geräten der Klassen 1 bis 3A empfiehlt sich die Studie der Vorschriften VBG 93A, DIN VDE 0837 sowie der Normen über Schutzbrillen, um die einzelnen Schutzphilosophien kennenzulernen. Bei Lasern der Klassen 3B und 4 ist ein Schutzbeauftragter zu bestellen und durch Schulungsmaßnahmen in die einschlägigen Vorschriften und Normen einzuarbeiten /89/.

Die bestehende Infrastruktur, wie die Energieversorgung und der vorhandene Maschinenpark, gibt ebenfalls Randbedingungen bei der Planung eines Lasersystems vor. Bei der Energieversorgung ist beispielsweise abhängig von Maschinentyp eine Absicherung von 15-20 kVA je kW Laserleistung vorzusehen. Netzschwankungen von +/- 10% sind dabei in der Regel zu tolerieren /36/. Befinden sich schwingungsemittierende Maschinen im unmittelbaren Umfeld der Anlage, ist unter Umständen eine schwingungsisolierte Aufstellung der Laseranlage erforderlich.

Weiterhin ist über die zu wählende Instandhaltungsstrategie (**Bild 48**) sowie über Umfang und Art der vorzuhaltenden Ersatzteile und Werkzeuge zu entscheiden. Einerseits sollte berücksichtigt werden, daß einer möglichst hohen Verfügbarkeit des Systems unter wirtschaftlichen Gesichtspunkten eine große Bedeutung zukommt. Mit zunehmender Instandhaltungsintensität wird dies weitgehend gewährleistet. Andererseits hat dieses Vorgehen einen steigenden Aufwand zur Folge. Deshalb ist im Einzelfall zu prüfen, wie ein Optimum zwischen Kosten und Nutzen gewährleistet werden kann.

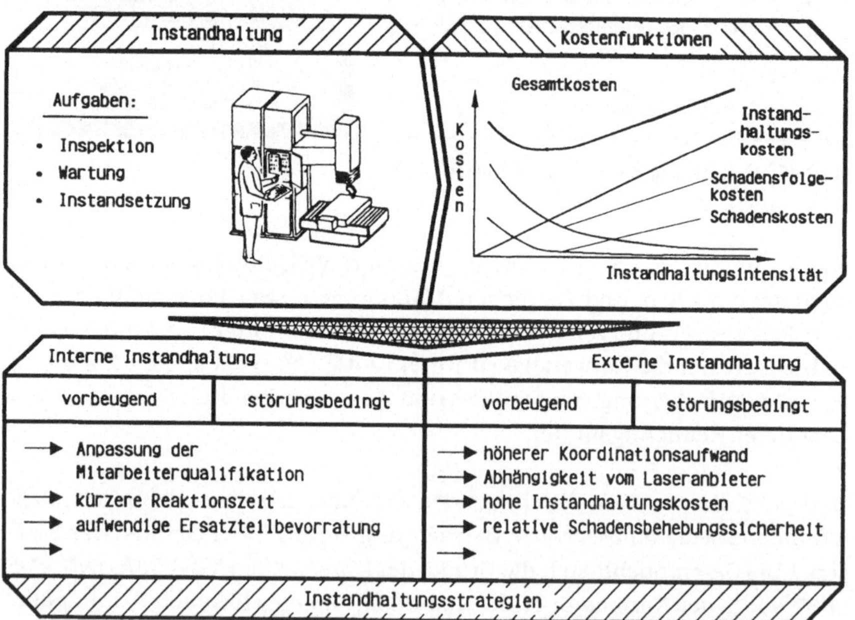

Bild 48: Aufgaben und Auswirkungen der Instandhaltung von Lasersystemen

In diesem Zusammenhang ist auch die zu wählende Instandhaltungsstrategie von Bedeutung. Wird eine ausschließlich firmeninterne Instandhaltung gewählt, bedeutet das einerseits erhöhte Aufwendungen in die Mitarbeiterschulung und Ersatzteilhaltung. Andererseits ist damit eine größtmögliche Flexibilität im Störungsfall sichergestellt. Bei externer Instandhaltung ist eine gewisse Abhängigkeit vom Hersteller unvermeidbar. Eine Kombination dieser beiden Strategien stellt sicherlich in den meisten Fällen eine praktikable Lösung dar.

5.6 Planungsbegleitende Bewertung und Dokumentation

Zur Reduzierung von Planungsalternativen und zur Vorbereitung der Entscheidungsfindung sind entsprechend der entwickelten Planungsmethode verschiedene Bewertungsschritte erforderlich. Ist die technologische Seite abgeklärt, sollten ökonomische Aspekte im Vordergrund stehen, da im wesentlichen wirtschaftliche Ziele das Handeln von Industrieunternehmen bestimmen.

Wie bereits angeführt, sind jedoch in frühen Phasen der Planung die Voraussetzungen für die Durchführung rein monetärer Bewertungen nicht gegeben. Im Rahmen der Funktionsplanung besteht beispielsweise die Notwendigkeit, Alternativen zu eleminieren, ohne daß konkrete Aussagen bezüglich der mit dem System oder dem Systembetrieb verbundenen Kosten möglich sind. Die Entscheidungen sind hier primär aufgrund technischer und subjektiver Wertbegriffe zu fällen. Auch im Verlauf der weiteren Planung stehen ähnliche Entscheidungen an, die nicht ausschließlich auf monetärer Basis zu treffen sind. Da beispielsweise im Rahmen der Konzeptionsphase eine Zusammenarbeit mit System- und Komponentenanbietern erforderlich ist, muß festgelegt werden, welche Unternehmen angesprochen werden sollen. Diese Wahl ist jedoch nicht nur in Abhängigkeit von den Preisvorstellungen, sondern nach **Bild 49** auch unter Berücksichtigung nicht- bzw. schwerquantifizierbarer Aspekte zu treffen /22,34,36,42/.

Zur Unterstützung der Entscheidungsfindung in den angesprochenen Fragen können Nutzwertanalysen beitragen. Die Nutzwertanalysen liefern jedoch aufgrund der subjektiven Wertmaßstäbe keine im mathematischen Sinne optimale Lösung. Vielmehr sind die Ergebnisse als Empfehlung zu verstehen, die einer Interpretation bedürfen /155/.

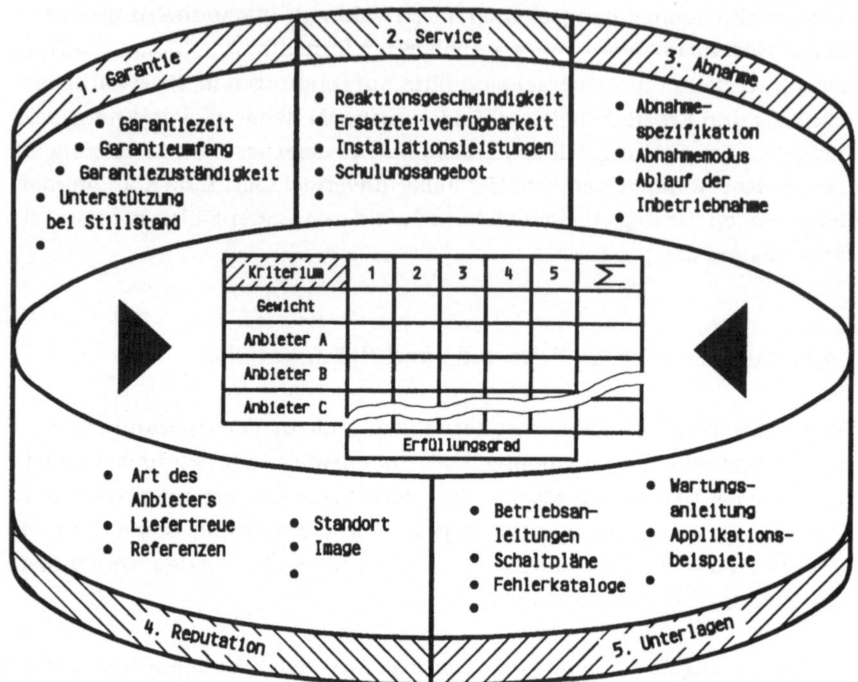

Bild 49: Nichtquantifizierbare Beurteilungskriterien für Anlagenanbieter

Im Rahmen der Objektplanung werden den ermittelten Funktionen Funktionsträger zugeordnet. Hiermit ist ein Konkretisierungsgrad der Planung erreicht, der eine erste monetäre Bewertung von Alternativen ermöglicht. Voraussetzung für diese Bewertung bildet jedoch die Kenntnis der mit der Anschaffung und dem Betrieb der Komponenten und der Gesamtsysteme verbundenen Kosten.

In Kapitel 4.4 wurden bereits allgemeine kostenrelevante Projektdaten für die Anlagenkonzeption abgeleitet und in Systemsteckbriefen erfaßt. Durch einen Vergleich der in den alternativenspezifischen Steckbriefen aufgeführten Kostenbestandteile mit dem in den Kapiteln 5.2 und 5.3 entwickelten Referenznormal können komponentenspezifische und holistische Bewertungsmerkmale von Laserkomponenten und -systemen identifiziert werden. Diese sind in laserspezifischen Steckbriefen zu dokumentieren. In **Bild 50** ist dieser Vergleich am Beispiel der Laserquelle dargestellt.

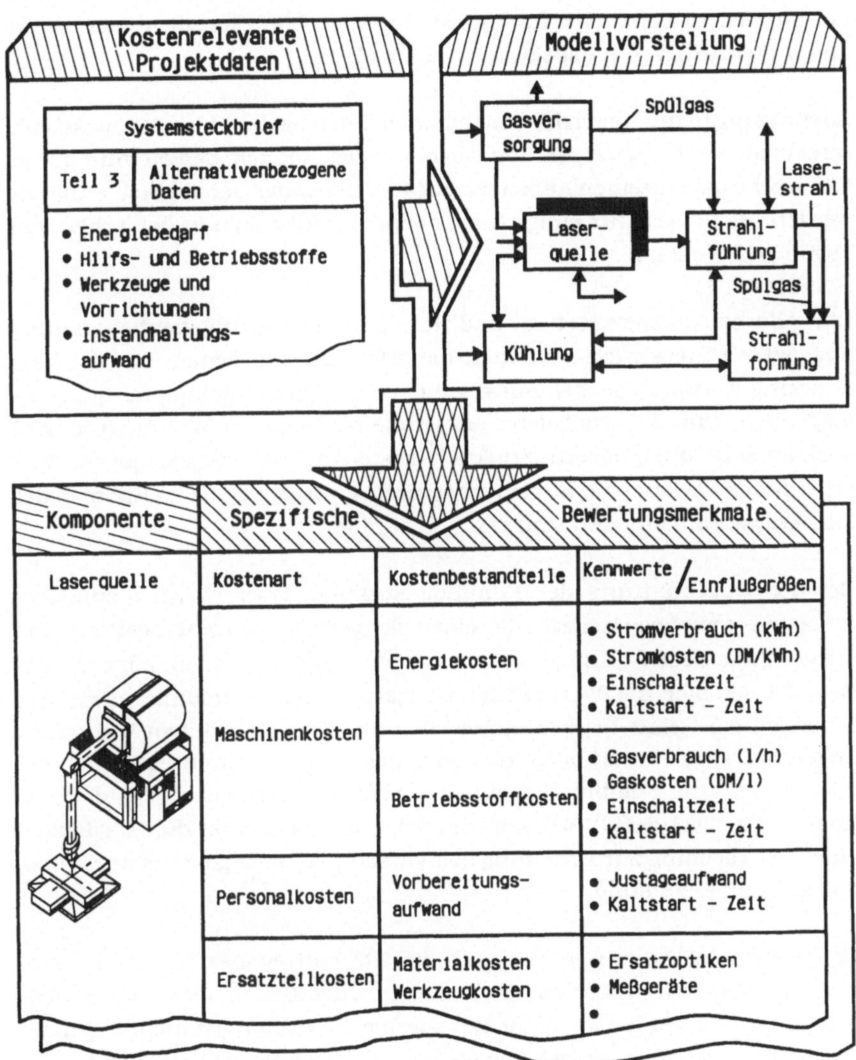

Komponente	Spezifische		Bewertungsmerkmale	
Laserquelle	Kostenart	Kostenbestandteile	Kennwerte / Einflußgrößen
	Maschinenkosten	Energiekosten	• Stromverbrauch (kWh) • Stromkosten (DM/kWh) • Einschaltzeit • Kaltstart – Zeit
		Betriebsstoffkosten	• Gasverbrauch (l/h) • Gaskosten (DM/l) • Einschaltzeit • Kaltstart – Zeit
	Personalkosten	Vorbereitungs- aufwand	• Justageaufwand • Kaltstart – Zeit
	Ersatzteilkosten	Materialkosten Werkzeugkosten	• Ersatzoptiken • Meßgeräte •

Bild 50: Ableitung komponentenspezifischer Bewertungsdaten

Die spezifischen Betriebsstoff- und Energiekosten der Komponenten können durch Analyse der in eine Baugruppe ein- und austretenden Strömungsgrößen bestimmt werden. Weitere Kriterien, insbesondere Aussagen hinsichtlich der Leistungsfähigkeit, sind unter anderem durch Betrachtung der

Variantenmerkmale, der funktionsbezogenen Mini-Specifications sowie durch Sichtung von Prospektmaterial abzuleiten.

Ausprägungen bezüglich der wesentlichen Betriebs- und Investitionskosten verschiedener Baugruppen von Laseranlagen können derzeit nur durch Gespräche mit einzelnen Anbietern mit ausreichender Genauigkeit ermittelt werden. Richtwerte für einige Komponenten finden sich in der Arbeit von TRAPPMANN /26/.

Die alternativenspezifischen und an die Laseroberflächenbehandlung angepaßten Steckbriefe enthalten die erforderlichen Daten, um die Verwendung wertanalytischer Ansätze im Verlauf der Objektplanung zu ermöglichen (**Bild 51**). In Anlehnung an die Methode der Wertanalyse wird deshalb eine "differenzierte Funktionskostenanalyse" vorgeschlagen. Entscheidungsrelevant sind hierbei monetäre Zielvorgaben, die im Rahmen der Ist-Analyse zu definieren sind.

Bei der Durchführung der Funktionskostenanalysen werden zunächst Funktionskomplexe isoliert, die einen festgelegten Output besitzen und durch verschiedene Komponentenvarianten erfüllt werden können. Als Beispiel sei hier die Werkstückbeschickung und -entnahme sowie das Erzeugen der Relativbewegung zwischen dem Strahl und dem Werkstück angeführt. Diese Funktionen können unter anderem durch einen Roboter oder durch eine Kombination aus einem Werkstückwechsler und einem Koordinatentisch erfüllt werden. Ein weiteres Beispiel ist die Möglichkeit einer Vorwärmung zur Erhöhung des Vorschubs, in Ergänzung zur reinen Laserstrahlbehandlung.

Die relevanten Daten werden durch die alternativenspezifischen Systemsteckbriefe erfragt. Durch das Aufsummieren der Kosten über den Betrachtungszeitraum werden komponentenspezifische Zahlungsreihen bestimmt. Die Kosten anderer Systemelemente werden als konstant betrachtet.

Durch eine Differenzbildung der alternativenspezifischen Funktionskosten erhält man eine Kurve, die über den Betrachtungszeitraum den Einfluß der zu treffenden Entscheidung auf den Projektstand widerspiegelt. Die Anwendung dieser "differenzierten Funktionskostenanalyse" führt somit dazu, daß die Lösungsvielfalt für das Gesamtsystem bereits in einem frühen Planungsstadium gezielt und begründet eingeschränkt wird.

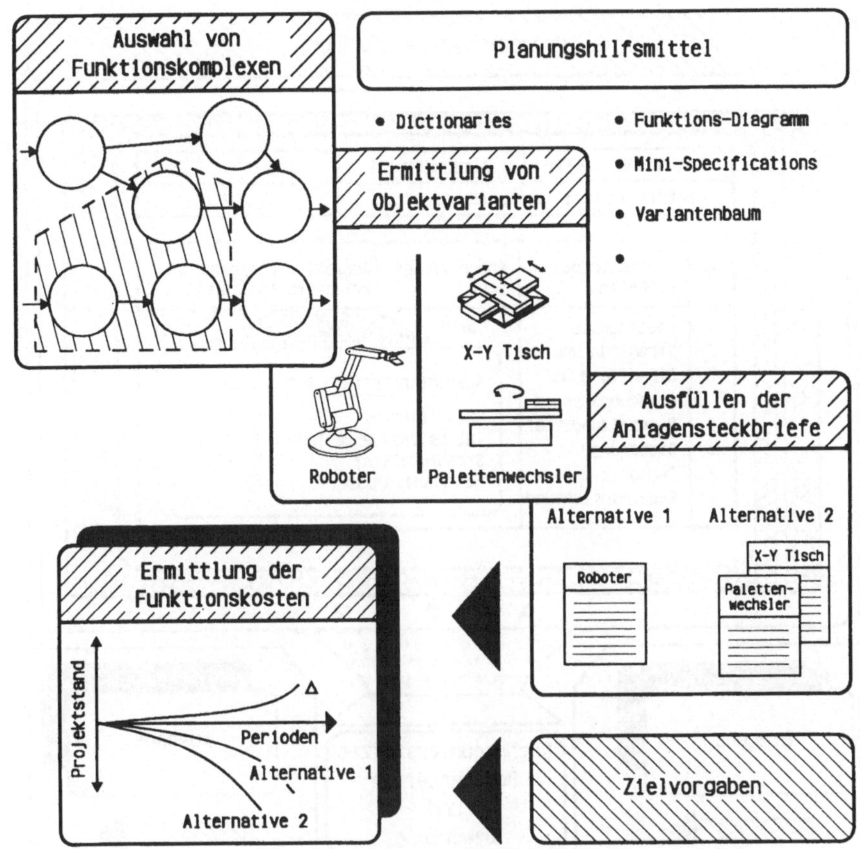

Bild 51: Durchführung von differenzierten Funktionskostenanalysen

Die Durchführung einer differenzierten Funktionskostenanalyse zur Objekt-
und Strukturbewertung bedingt, ebenso wie die abschließende Investitionsrechnung zur Gesamtbewertung, die Bewältigung relativ großer Datenmen-
gen. Auch ist der Berechnungs- und Dokumentationsaufwand für dynamische Betrachtungen nicht zu vernachlässigen. Aus diesem Grund ist eine
EDV-Unterstützung durch ein auf die Bedürfnisse der Lasertechnologie
angepaßtes Programmpaket zur integrierten Dokumentation und Bewertung
sinnvoll. Auf der Basis eines vorhandenen Prototyps wurde deshalb das
Programm "LASPLAN" entwickelt. Die vorgestellte Kostenstruktur, die
Objekthierarchie sowie die komponentenspezifische Merkmalssystematik
sind in dem Programm abgelegt (**Bild 52**).

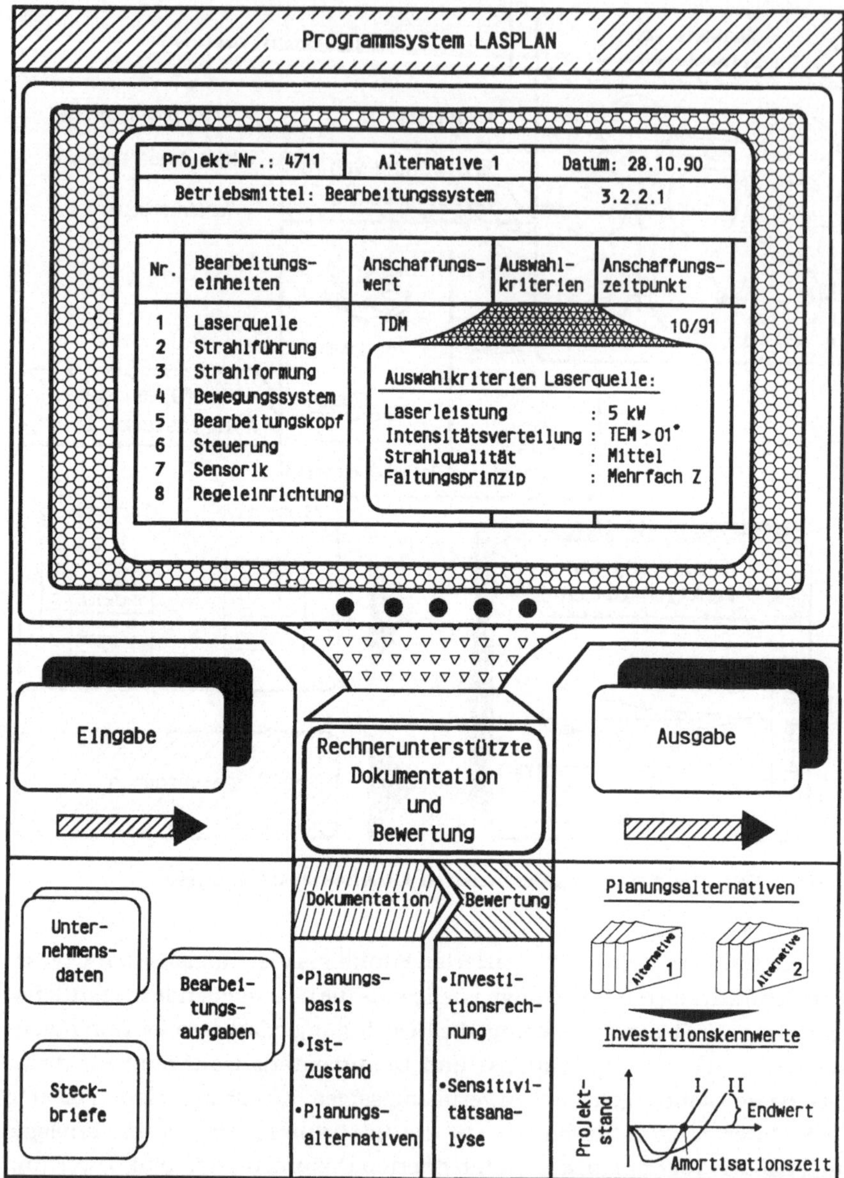

Bild 52: Aufbau des entwickelten Programms zur integrierten Dokumentation und Bewertung

Der prinzipielle Aufbau und die Funktionsweise des Programms können anhand der Fallbeispiele im **Anhang H** nachvollzogen werden. Neben den alternativenspezifischen Daten sind die unternehmensspezifischen Daten sowie das Produktionsprogramm in den Rechner einzugeben. Existiert bereits eine Fertigungseinrichtung, die modifiziert werden kann, ist diese als mögliche Alternative zu behandeln. Das Programm speichert die Informationen in den drei Kategorien Planungsbasis, Ist-Zustand und Planungsalternativen ab. Mit zunehmendem Planungsfortschritt besteht die Möglichkeit, die Daten zu verfeinern, um somit die für eine Gesamtbewertung gewünschte höhere Aussagegenauigkeit zu gewährleisten.

Der Planer hat die Möglichkeit, bei ausreichendem Datenumfang in jeder Planungsphase eine differenzierte Funktionskostenanalyse bzw. eine Investitionsrechnung zu veranlassen. Neben der Amortisationszeit werden der Kapital- und der Endwert sowie der Projektstand errechnet. Die gespeicherten Planungsgrundlagen und Berechnungsergebnisse können anschließend für jede Alternative graphisch, bzw. alphanumerisch ausgegeben werden.

Die auf diese Weise ermittelten Kennwerte basieren auf der Annahme, daß die ermittelten Zahlungsströme sicher vorherbestimmt werden können. Im Rahmen der Konzeptionsphase ist jedoch davon auszugehen, daß einige Aussagen mit Unsicherheiten behaftet sind. Diesem Risiko wird dadurch begegnet, daß im Programm die Möglichkeit vorgesehen ist, Sensitivitätsanalysen über eine oder mehrere Inputgrößen durchzuführen. Dabei wird durch wiederholte Investitionsrechnung von dem Programm geprüft, wie sensitiv das Ergebnis auf eine Variation der Eingangsgrößen reagiert.

5.7 Fazit

In Kapitel 5 wurden die einzelnen Planungsschritte der entwickelten Methode detailliert ausgearbeitet und um Planungshilfsmittel sowie praxisorientierte Anwendungshinweise erweitert. Die wichtigsten Ergebnisse werden im folgenden kurz aufgeführt.

In der Phase der *Planungsvorbereitung* müssen die mit dem Investitionsvorhaben verbundene Zielvorstellung, die Betrachtungsbilanzgrenzen und die Bearbeitungsaufgaben mit den zugehörigen Prozeßparametern festgeschrieben werden. Als Hilfsmittel wurde eine Systematik für die Beschreibung von Bearbeitungsaufgaben abgeleitet.

Zur Durchführung der *Funktionsplanung* sind grundlegende Kenntnisse bezüglich der Wirkungsweise und der technischen Parameter von Lasersystemen erforderlich. In Anlehnung an die Methode der Structured Analysis wurde deshalb ein Referenznormal entwickelt, das die Funktionen und die Strömungsgrößen von Lasersystemen einschließlich ihrer Bestimmungsparameter enthält. Die Modellvorstellung wurde anschließend dazu verwendet, durch lineare Optimierungen eine funktionsorientierte Planungsreihenfolge zu berechnen.

Die Zuordnung der Funktionen zu entsprechenden Funktionsträgern erfolgt im Verlauf der *Objektplanung*. Dieser Arbeitsschritt ist durch die Vielzahl möglicher Lösungen gekennzeichnet. Aus diesem Grund wurde ein Klassifikationssystem für die Baugruppen von Laseranlagen entwickelt. Anschließend wurden für wichtige Komponenten prinzipielle Realisierungsmöglichkeiten aufgezeigt.

Die *Strukturplanung* beinhaltet die Synthese der augewählten Maschinenkomponenten zu Systemkonzepten. Für eine übersichtliche Darstellung sinnvoller Kombinationsmöglichkeiten wurde unter anderem ein laserspezifischer Variantenbaum entwickelt und in dem Programm EVAS abgelegt. Das Programm kann sowohl Anwender als auch Anbieter von Systemen bei der Komponentenauswahl unterstützen.

Die Ausführungen zur *Integrationsplanung* beinhalten praxisorientierte Hinweise zur Planung des Flächenbedarfs, der Instandhaltungsstrategie, der Sicherheitsmaßnahmen und der Installationsarbeiten.

Im Abschnitt *planungsbegleitende Bewertung und Dokumentation* wurden "Steckbriefe" aufgebaut, die die Erfassung planungsrelevanter Unternehmens-, Produkt- und Systemdaten systematisieren. Auf der Grundlage wertanalytischer Ansätze wurde weiterhin ein Verfahren zur "differenzierten Funktionskostenanalyse" erarbeitet, das die Einschränkung der Lösungsvielfalt im Verlauf der Objekt- und Strukturplanung durch dynamische Investitionsrechnungen ermöglicht. Das ebenfalls entwickelte EDV-Programm "LASPLAN" unterstützt sowohl die Datenerfassung als auch die dynamische Investitionsrechnungen in allen Planungsphasen und erlaubt zusätzlich die Durchführung von Sensitivitätsanalysen.

Kapitel 6

Fallbeispiel

Im folgenden werden die Anwendung und die Leistungsfähigkeit der Planungsmethode und der entwickelten Hilfsmittel am Beispiel einer Anlagenkonzeption für die Laseroberflächenbehandlung von Umformwerkzeugen demonstriert. Außerdem werden exemplarisch Schwerpunkte aufgezeigt, die das Ergebnis der Investitionsbewertung maßgeblich beeinflussen.

Ergebnis der Planungsvorbereitung bildet unter anderem das in **Bild 53** dargestellte Werkstückspektrum. Die zugehörigen Systemsteckbriefe für die unternehmens- und produktspezifischen Daten sind im **Anhang F** dokumentiert. Es handelt sich hierbei um Gruppen repräsentativer Teile. Die Preßstempel und die Matrizen sind stirnseitig zu behandeln, während die Matrizen-Einsätze im Bereich der Bohrung bearbeitet werden sollen. Alle Werkzeuge sind aus dem Warmarbeitsstahl (1.2365) hergestellt und auf eine Einsatzhärte von 46-54 HRC vergütet. Die durchschnittliche Losgröße beträgt vier Werkzeuge.

Als Oberflächenbehandlungsverfahren soll das einstufige Laserstrahllegieren zum Einsatz kommen, weil hiermit die größten Standmengensteigerungen der Werkzeuge erzielt werden. Bei den Matrizen-Einsätzen besteht das Bearbeitungselement aus einer ebenen Kreisringfläche. Das Legieren des Preßstempels ist insofern schwieriger, als daß hier zur Gewährleistung konstanter Vorschubgeschwindigkeiten die Kreisbewegung durch eine Linearbewegung zu überlagern ist. Für die Behandlung der Matrize ist eine zusätzliche Kippachse erforderlich.

Die Bearbeitung kann mit den im unteren Bildteil dargestellten Prozeßalternativen erfolgen. Im ersten Fall werden Flächendeckungsraten von etwa 2,5 cm²/min. erzielt. Versuche an Flachproben haben ergeben, daß eine Erhöhung des Vorschubs bis auf 1600 mm/min. möglich ist, wenn die Bauteile auf etwa 450°C vorgewärmt werden.

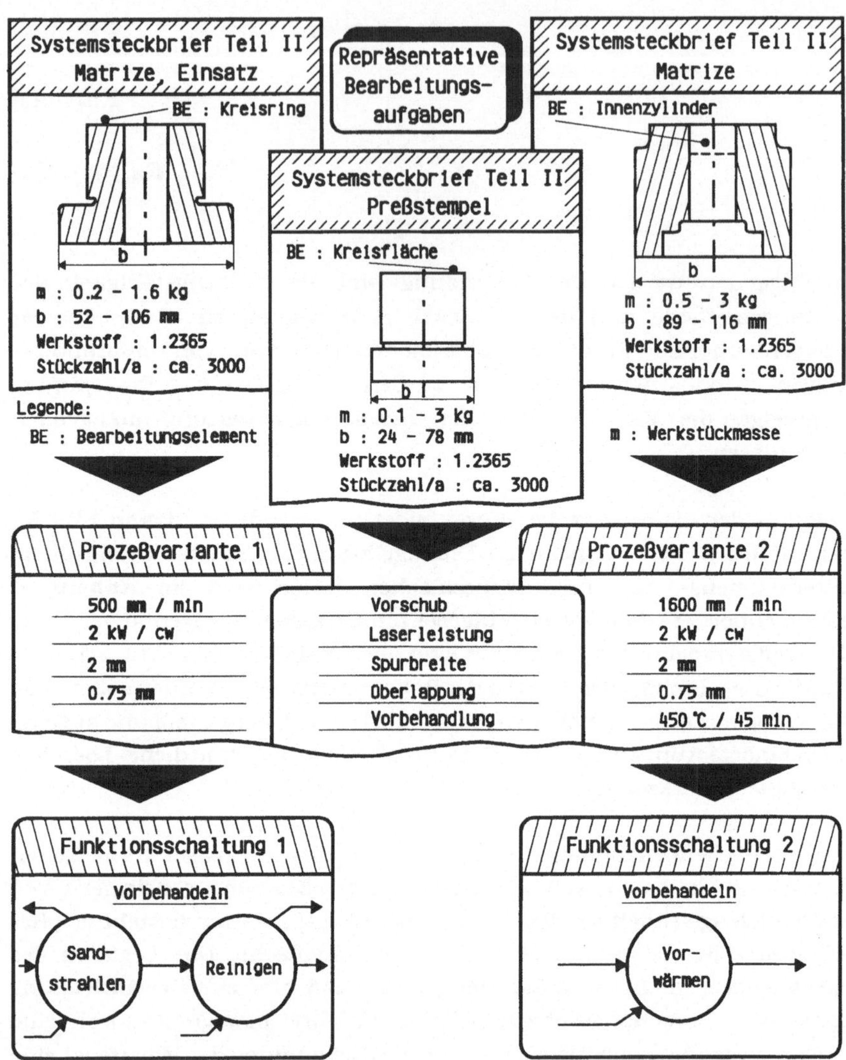

Bild 53: Ergebnisse von Planungsvorbereitung und Funktionsplanung

Die Spurgeometrie entspricht dabei den im kalten Zustand erzielten Abmessungen. Es treten jedoch Verzunderungen und Poren auf. Da die metallurgischen Eigenschaften der Spuren von den bei kaltem Bauteil erzeugten differieren, ist die Akzeptanz des erreichten Bearbeitungsergebnisses im Einzelfall zu prüfen. Es zeigt sich jedoch, daß prinzipiell eine deutliche Erhöhung des Vorschubs durch eine Bauteilvorwärmung realisiert werden kann.

Im Rahmen der **Funktionsplanung und technischen Bewertung** sind die Auswirkungen der beiden Prozeßalternativen auf die benötigten Bearbeitungsfunktionen zu untersuchen und mit Unterstützung der vorgestellten Hilfsmittel zu spezifizieren. Die Oberflächenbehandlung im kalten Bauteilzustand erfordert ein Sandstrahlen und anschließendes Reinigen der Funktionsflächen zur Gewährleistung eines definierten Oberflächenzustandes. Im anderen Fall werden diese Arbeitsschritte durch die Vorwärmung substituiert, da die Verzunderung eine ausreichend definierte Oberfläche sicherstellt.

In dem hier betrachteten Planungsbeispiel können die Funktionen "Zeichnung erstellen", "Werkstück nachbehandeln" und "Abfälle aufbereiten" entfallen. Die restlichen Funktionen des Systems "Laseroberflächenbehandeln" bleiben von den Alternativen unberührt und werden unverändert aus dem entwickelten Antizipationsmodell übernommen.

Die in **Bild 54** dargestellten und im Verlauf der **Objektplanung** ermittelten Baugruppen sind zur Realisierung der beiden Prozesse technisch geeignet. Diese sind dem Variantenbaum entnommen. Entsprechend den in Kapitel 5 erläuterten Anforderungen wird ein quergeströmter und gleichstromangeregter Laser mit einer Leistung von 3 kW gewählt. Er sollte eine Langzeitstabilität von +/- 2 %, eine Richtungsstabilität kleiner als 0,15 mrad sowie eine rotationssymmetrische Intensitätsverteilung mit einem TEM_{20} oder TEM_{30} Mode besitzen.

Zur Strahlführung wird ein Grundsystem aus Gestell und Führungsrohr mit einem 3 Zoll Planspiegel inklusive Halterung vorgesehen. Die Strahlformung besteht aus einer Off-Axis Fokussieroptik mit einem Durchmesser von 55 mm, 200 mm Brennweite und ZnSe-Schutzfenster, die im Bearbeitungskopf integriert ist und an der z-Achse angeflanscht wird.

Der Bearbeitungskopf muß außerdem Versorgungsanschlüsse und eine Schutzgasdüse enthalten. Weiterhin wird ein Helium - Neon - Laser zur Kennzeichnung des Strahlengangs und zur Erleicherung von Justier- und Programmierarbeiten vorgesehen.

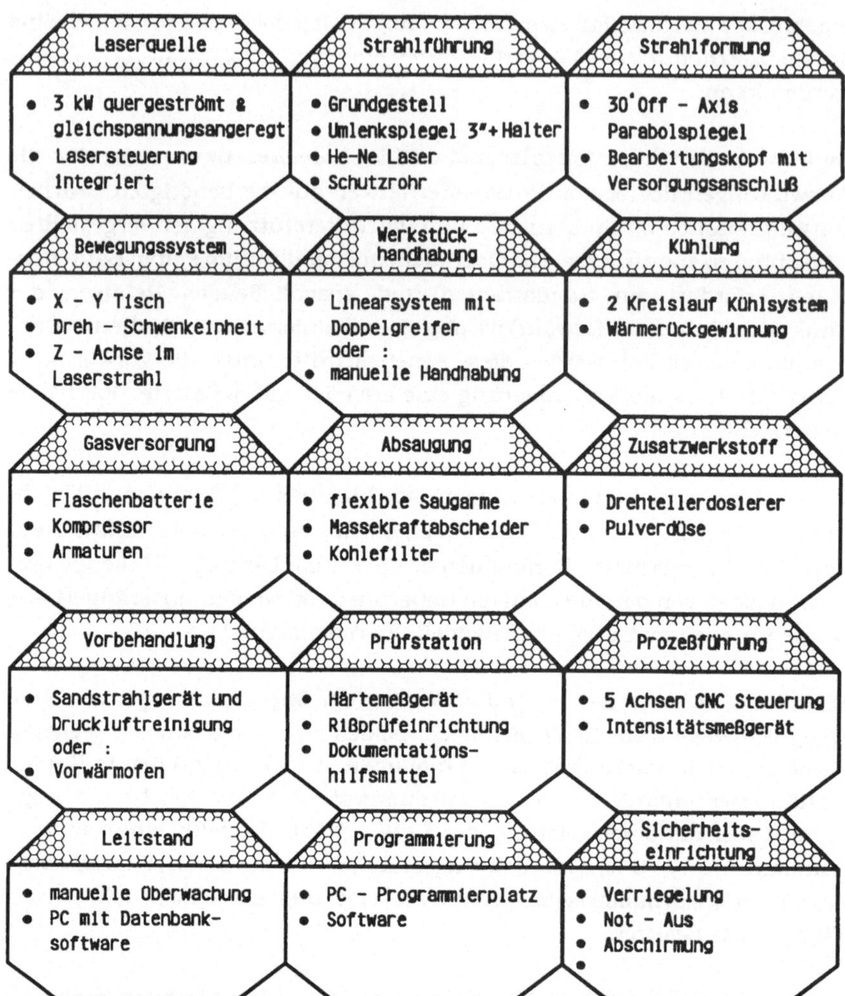

Bild 54: Ergebnis der Objektplanung

Entsprechend den zu behandelnden Bearbeitungselementen ist zur Erzeugung der Relativbewegung ein 4-Achsen System erforderlich. Wegen der für eine Lohnfertigung zu fordernden Flexibilität wird jedoch ein 5-Achsen System gewählt. Es besteht aus einem x-y Koordinatentisch mit einer Dreh-Schwenkeinheit und einer z-Achse im Laserstrahl. Als Bahngeschwindigkeit werden 10 m/min für die x,y und z-Achse sowie 100 °/s für die Drehachse und 45 °/s für die Schwenkachse gefordert. Die Positioniergenauigkeit sollte besser als +/- 5 μm sein. Die Belastbarkeit des Tisches muß mindestens 180 kg, die der z-Achse 50 kg und die der Dreh-/Schwenkeinheit in horizontaler und vertikaler Richtung je 30 kg betragen. Das Eigengewicht der Dreh-/Schwenkeinheit darf somit 150 kg nicht übersteigen. Als Verfahrwege wird für die Linearachsen 600 mm gefordert, wobei eine Aufspannfläche des Tisches von 750*600 mm^2 vorgegeben ist.

Als Pulverzuführung wird ein Drehtellerdosierer eingesetzt. Da bauteilbedingt kein Bedarf besteht und derzeit noch keine programmiertechnische Möglichkeit existiert, den Pulverstrom automatisch nachzuführen, wird auf eine NC-gesteuerte Pulverdüse verzichtet. Die Absaugung erfolgt mit einem flexiblen Saugarm, Massekraftabscheider und Kohlefilter. Weil zerstörende Prüfungen nicht praktikabel sind, werden zur Prüfung der laserlegierten Werkstücke neben Einrichtungen für eine kontinuierliche Sichtprüfung Geräte für eine stichprobenartige und manuelle Eindringriß- und Härteprüfung vorgesehen. Durch diese Maßnahmen sowie eine kontinuierliche Überwachung der Prozeßeingangsgrößen wird die Reproduzierbarkeit der Bearbeitungsergebnisse weitgehend gewährleistet.

Die Steuerung der Bearbeitungsstation erfolgt durch eine 5-Achsen CNC-Steuerung, die über eine Schnittstelle zur Ansteuerung der Laserleistung mit der im Laser integrierten Steuerung verbunden ist. Es sollten zusätzliche Ausgänge beispielsweise zur Ansteuerung des Pulvergebers und der Gasversorgung vorhanden sein. Weiterhin sind im Hinblick auf die Situation eines Lohnfertigers, eine Look Ahead Funktion, eine Bahnfehlerkompensation, ein Multi Tasking sowie eine Teach-In Programmierung zu fordern. Zur Unterstützung der Prozeßführung wird ein Intensitätsmeßgerät gewählt. Die Prozeßüberwachung sowie die Koordination der Abläufe im Gesamtsystem erfolgen manuell. Um die Prozeßdaten zu speichern, wird eine Technologiedatenbank auf PC-Basis geplant.

Die Programmierung stellt einen gesonderten Problemkreis dar. Für die hier betrachteten Einfachkonturen reicht ein externer Programmierplatz auf PC-Basis aus, wenn die Anfangs- und Endpunkte der Bahnen durch Teachen eingegeben werden. Die Anpassung der Geometrievarianten der Repräsentativteile erfolgt direkt an der Steuerung. Die Programme sind anschließend durch einen Probelauf zu kontrollieren. Eine vollständige off-line Programmierung von dreidimensionalen Bearbeitungsaufgaben ist derzeit nicht möglich. Im direkten Zusammenhang mit den Anlagenkomponenten stehen gerätetechnische Sicherheitsmaßnahmen, wie Verriegelungen und eine Strahllageüberwachung, die integriert werden müssen.

Die Entscheidung für eine bestimmte Alternative kann bei Komponenten, für die verschiedene technisch sinnvolle Alternativen existieren, auf ökonomischen Betrachtungen basieren (**Bild 55**). So ist beispielsweise sowohl eine manuelle als auch eine teilautomatisierte Werkstückhandhabung technisch sinnvoll. Weiterhin ist die Frage von Interesse, ob eine Vorwärmung der Bauteile' wirtschaftlich zu rechtfertigen ist.

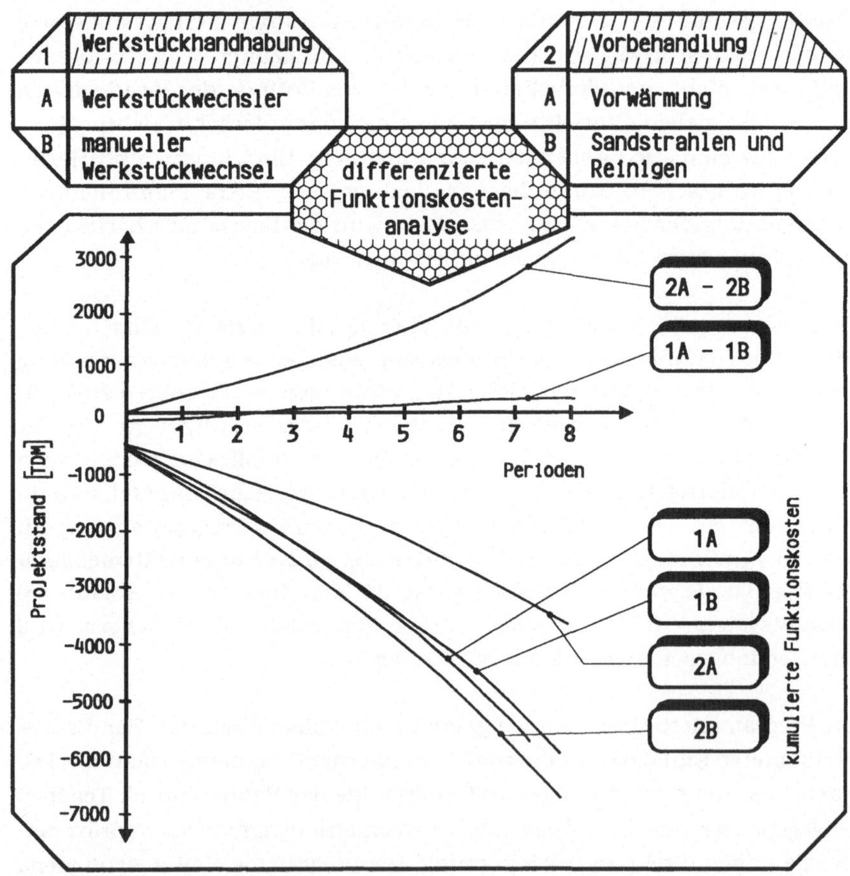

Bild 55: Bewertung von Komponenten durch differenzierte Funktionskostenanalysen

Zur Unterstützung der Entscheidungsfindung im Rahmen der **Objektbewertung** werden differenzierte Funktionskostenanalysen mit Hilfe des Programms LASPLAN durchgeführt. Hierzu sind die Investitions- und Betriebskosten für jede Option über den Betrachtungszeitraum von acht Jahren zu ermitteln und alternativenbezogen zu subtrahieren (**Anhang H**). Dabei wird vorausgesetzt, daß andere Komponenten durch die Entscheidung nicht bzw. nur unwesentlich beeinflußt werden.

Wie Bild 55 zeigt, amortisiert sich die zusätzliche Investition von ca. 50 TDM in einen Werkstückwechsler. Dies ist auf die Betriebskostenreduzierung durch Verkürzung der Nebenzeit von 2 Minuten auf 10 Sekunden zurückzuführen (s. Anhang H). Dabei wird nicht berücksichtigt, daß bei günstiger Auftragslage mehr Werkstücke bearbeitet werden können. Dieses Ergebnis läßt den Schluß zu, daß bei einem Bearbeitungsspektrum aus ähnlichen Teilen die Frage der automatisierten Handhabung detailliert betrachtet werden sollte.

In weit größerem Umfang beeinflußt die Werkstückvorwärmung die Wirtschaftlichkeit. Entgegen der weitverbreiteten Ansicht, daß dieser zusätzliche Arbeitsgang zu einer Verschlechterung der Endwerte und Amortisationszeit führt, zeigt Bild 55 deutlich, daß die erhöhten Vorschübe die zusätzlichen Aufwendungen mehr als ausgleichen können. Auch hier ist anzumerken, daß nur Betriebskosteneinsparungen bei dieser Rechnung berücksichtigt werden.

Da jedoch mit einer Werkstückvorwärmung die bereits erwähnten technologischen Risiken verbunden sind, kann die Realisierbarkeit dieser Prozeßvariante nur in Einzelfällen als gegeben angenommen werden. Deshalb wird diese Möglichkeit hier nicht weiterverfolgt. Aufgrund des großen Einsparungspotentials empfiehlt sich eine genaue Analyse der technischen Möglichkeiten zur Vorwärmung im Verlauf der Technologieentwicklung.

Unter den gegebenen Randbedingungen, insbesondere dem vorgegebenen Spektrum an Bearbeitungsaufgaben, ist im Rahmen der **Strukturplanung und -bewertung** zu untersuchen, ob ein Zweistationenbetrieb ökonomisch sinnvoll ist. Der Zweistationenbetrieb erfordert zusätzliche Investitionen von ca. 580 TDM, unter anderem in ein Bewegungssystem einschließlich einer Werkstückhandhabung und einer Steuerung sowie in diverse Strahlführungs- und Strahlformungskomponenten (**Bild 56**).

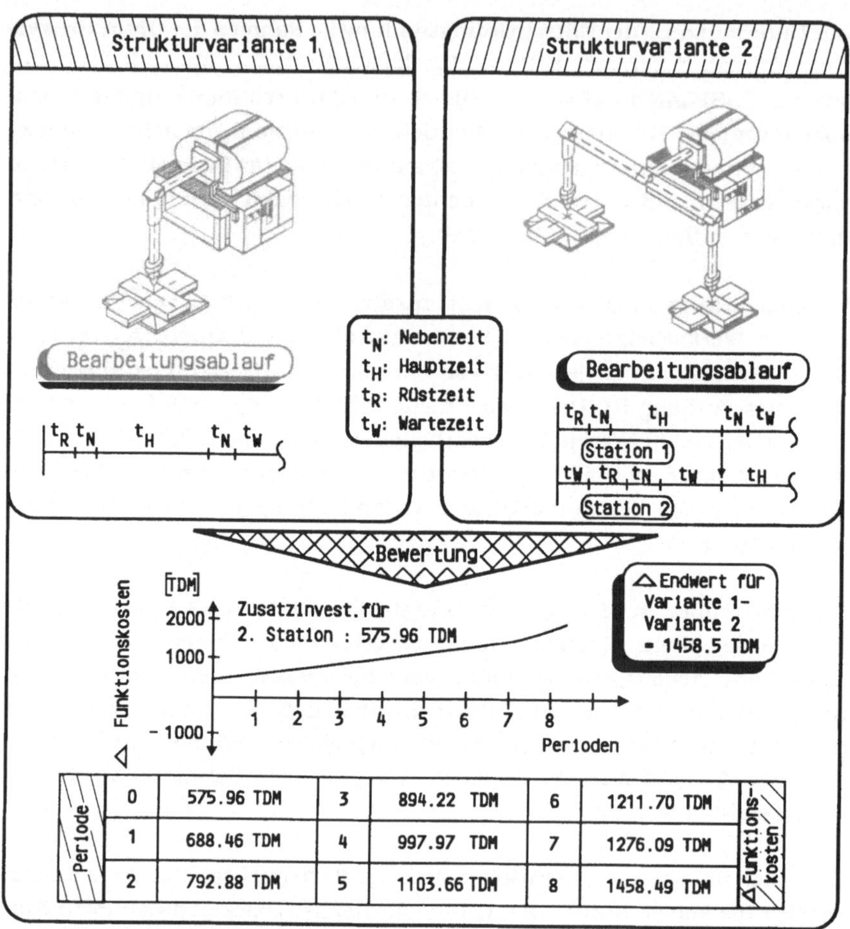

Periode					
0	575.96 TDM	3	894.22 TDM	6	1211.70 TDM
1	688.46 TDM	4	997.97 TDM	7	1276.09 TDM
2	792.88 TDM	5	1103.66 TDM	8	1458.49 TDM

Bild 56: Strukturbewertung durch differenzierte Funktionskostenanalysen

Bei der Einführung einer zweiten Bearbeitungsstation lassen sich die Nebenzeiten, unter der Voraussetzung, daß sie kürzer sind als die Hauptzeiten, nahezu auf Null reduzieren, da der Laserstrahl fast verzögerungsfrei zwischen den Bearbeitungsstationen umgeschaltet werden kann.

Die Funktionskostendifferenzkurve im unteren Teil von Bild 56 zeigt, daß im vorliegenden Fall die weitere Nebenzeitverkürzung keine ökonomischen Vorteile bietet. Die zusätzliche Investition in die zweite Bearbeitungsstation wird alleine über den Zeitvorteil und die damit verbundene Reduzierung der Betriebskosten nicht amortisiert. Kann die gewonnene Zeit zur Bearbeitung weiterer Werkstücke verwendet werden, ergibt sich unter Umständen ein anderes Bild. Weiterhin werden bei dieser Betrachtung nichtquantifizierbare Aspekte wie beispielsweise die erhöhte Anlagenverfügbarkeit durch die Redundanz der Bearbeitungsstationen sowie die gesteigerte Flexibilität nicht berücksichtigt.

Im Rahmen der **Integrationsplanung** ist das als ökonomisch sinnvoll ermittelte Einstationen-Konzept zu detaillieren und um periphere Komponenten zu erweitern (**Bild 57**). Die Groblayoutplanung und Flächenberechnung ergibt, daß eine "Werkstattfläche" für diese Konfiguration von etwa 130 m² benötigt wird. Investitionen in periphere Komponenten und weitere Maßnahmen betreffen vor allem die Anlagensicherheit, Materialflußeinrichtungen sowie Aus- und Weiterbildungskurse.

Darüber hinaus sind zu diesem Zeitpunkt produktspezifische Kosten und Erlöse wie Materialkosten und Produktpreise zu berücksichtigen. Die mit Unterstützung des Programms LASPLAN erstellte Dokumentation der Systemgrößen und der **Gesamtbewertung** ist dem **Anhang H** zu entnehmen.

Die dargestellten Ergebnisse der Gesamtbewertung basieren auf der Annahme, daß die Eingangsgrößen sicher vorherbestimmt sind. Da es sich hier um eine Konzeptentwicklung handelt, ist diese Voraussetzung nur bedingt gegeben. Aus diesem Grund wird eine Risikobetrachtung durchgeführt, die eine Beurteilung eventuell auftretender Abweichungen ermöglicht. Das Programm LASPLAN sieht zu diesem Zweck die Durchführung von **Sensitivitätsanalysen** vor. Das Ergebnis ist in **Bild 58** dokumentiert.

Hier ist die absolute Kapitalwertabweichung bei prozentualer Veränderung der Stückzahlen und der Investitionskosten dargestellt. Es wird deutlich, daß das Investitionsprojekt wesentlich sensitiver auf Änderungen hinsichtlich der Stückzahl als auf Schwankungen der Investitionssummen reagiert. Eine Stückzahländerung wirkt sich etwa um den Faktor 1,8 stärker auf den Kapitalwert aus als eine Zunahme der Investitionskosten. Neben Fehleinschätzungen hinsichtlich der Anschaffungskosten können diese beispielsweise durch Nachinvestitionen verursacht werden.

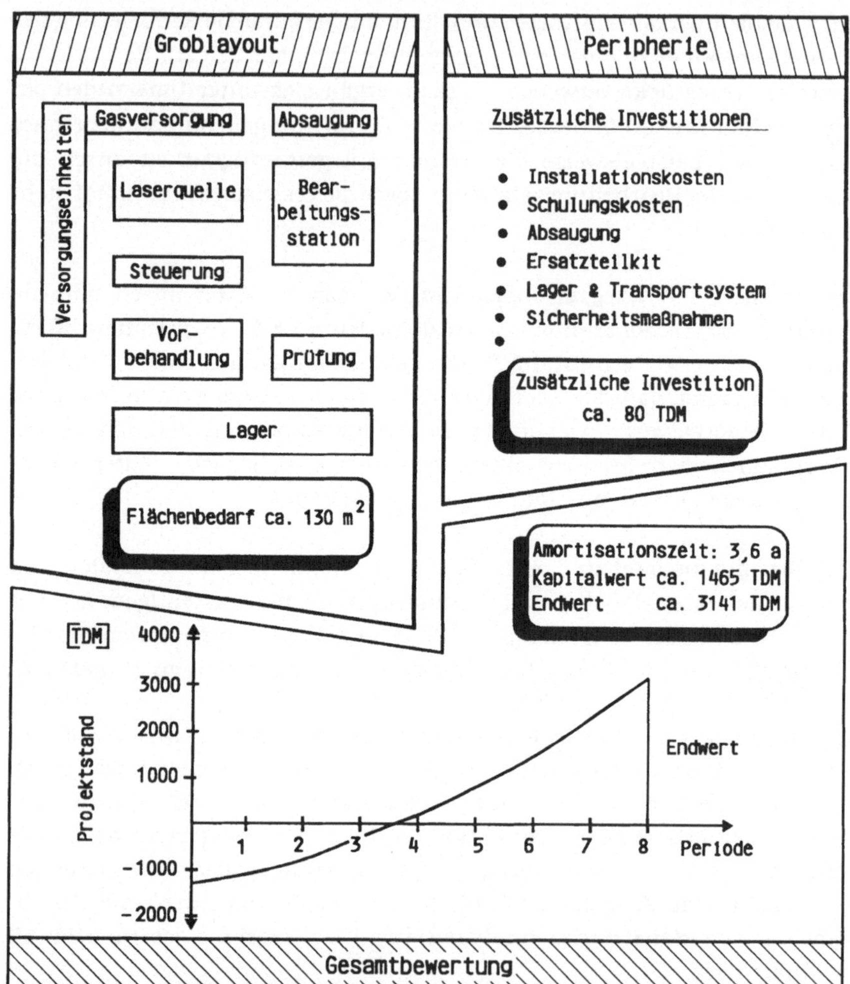

Bild 57: Integrationsplanung und Gesamtbewertung

Aus diesen Ergebnissen wird die Bedeutung einer realistischen Absatzeinschätzung deutlich. In der Vorbereitungsphase der Investitionsplanung ist folglich darauf zu achten, daß die absetzbaren Stückzahlen möglichst genau ermittelt werden. Treten hier Fehleinschätzungen auf, können diese eine größere Auswirkung auf den wirtschaftlichen Erfolg der Investition haben, als dies bei etwas ungenauer Estimation der Investitionskosten der Fall ist.

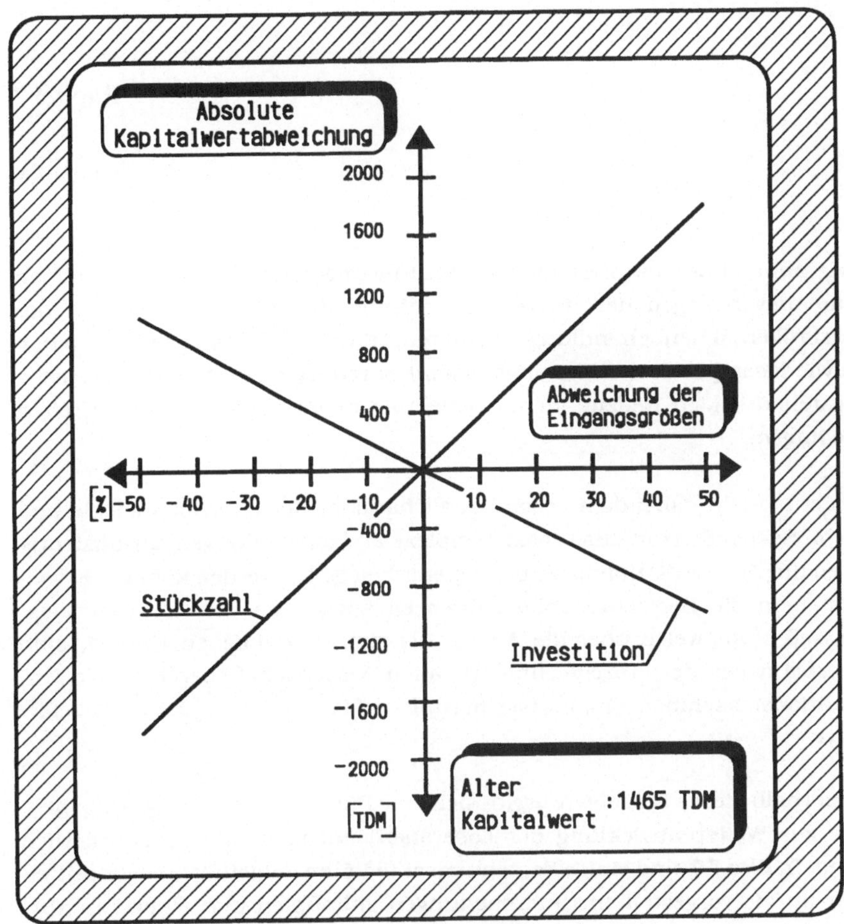

Bild 58: Risikobetrachtung durch Sensitivitätsanalysen

Wie die vorangegangenen Ausführungen zeigen, können durch die Anwendung der Planungsmethode und der Planungshilfsmittel im Vergleich zum Ist-Zustand aufwandsarm Anlagenkonzepte entwickelt und bewertet werden. Die Durchführung von Funktionskosten- und Sensitivitätsanalysen mit Unterstützung des Programms LASPLAN führt dabei zu einer Erhöhung der Planungssicherheit und -genauigkeit. Die im Programm integrierte Dokumentationskomponente ermöglicht weiterhin ein leichtes Nachvollziehen der Planungs- und der Bewertungsergebnisse.

Kapitel 7

Ausblick

Wie anhand der vorangegangenen Ausführungen deutlich wurde, können die Auswirkungen der Informationsdefizite, die derzeit im Bereich der Laseroberflächenbehandlung existieren, durch methodisches Vorgehen sowie laserspezifische Planungshilfsmittel reduziert werden. Andererseits bestehen jedoch Defizite, deren Behebung weitere Forschungstätigkeiten bedingen.

Es entspricht dabei dem besonderen Charakter der Lasertechnologie und dem "Systemdenken", daß solch komplexe Problemstellungen am effizientesten durch interdisziplinäre Zusammenarbeit gelöst werden können. Erweitert man die Betrachtungsbilanzgrenzen ausgehend vom Bearbeitungsprozeß stufenweise über die Anlage bis zum betrieblichen Umfeld, sind hierbei neben der Prozeßtechnologie auch Wissenschaftsbereiche wie Produktionsmaschinen, Qualitätssicherung und Produktionssystematik gefordert.

Innerhalb dieser Teilgebiete ergibt sich eine Fülle von Forschungsaufgaben, die zur Weiterentwicklung der Laseroberflächenbehandlung erforderlich sind. In **Bild 59** sind einige Forschungsaktivitäten aufgeführt, die unmittelbar an die vorgestellten Untersuchungen anknüpfen und einen interdisziplinären Charakter besitzen.

Im Bereich der Prozeßtechnologie sind beispielsweise weiterführende Untersuchungen nötig, die sich mit den Wechselwirkungen zwischen den Prozeßeingangsgrößen, den Prozeßausgangsgrößen und der Anlage beschäftigen. Diese Arbeiten könnten unter anderem in Zusammenarbeit mit der Qualitätssicherung erfolgen, indem die Methoden der statistischen Versuchsplanung auf die Laseroberflächenbehandlung angewendet werden. In Hinblick auf die Anlagenplanung würden Aussagen bezüglich der Beziehungen zwischen der Laserenergie, der Vorwärmung und dem Vorschub sowie den erzielbaren Bearbeitungsergebnissen wertvolle Unterstützung bieten.

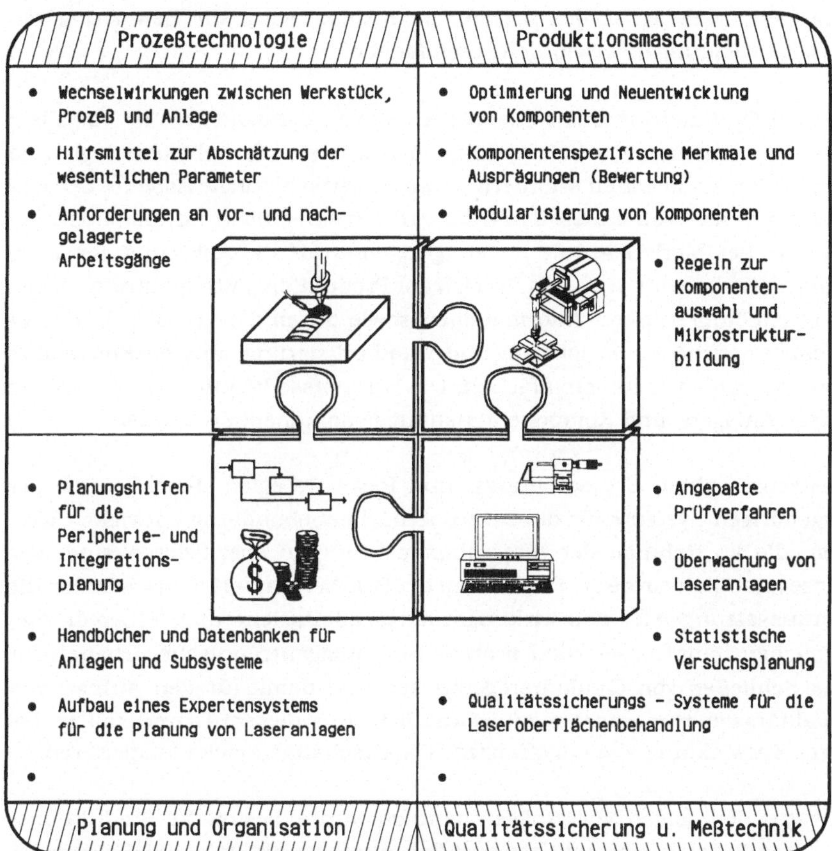

Bild 59: Bereichsübergreifender Forschungsbedarf

Hilfsmittel zur Abschätzung der Prozeß- und der Anlagengrößen, wie beispielsweise Parameterdatenbanken, werden einerseits zur Verfahrensplanung benötigt und können andererseits Startwerte für die Prozeßentwicklung und -optimierung liefern.

Die Ermittlung fertigungstechnischer Anforderungen an die der Laserbearbeitung vor- und nachgelagerten Arbeitsgänge, berührt neben der Prozeßtechnologie die Qualitätssicherung und den Bereich der Produktionssystematik. Ein besserer Kenntnisstand auf diesem Gebiet würde die Integration von Lasersystemen in den betrieblichen Ablauf sowie die Bewertung von Laseranwendungen wesentlich vereinfachen.

Bei der Optimierung und Neuentwicklung von Komponenten ist vor allem eine enge Zusammenarbeit zwischen den Gebieten Prozeßtechnologie und Produktionsmaschinen erforderlich, wobei wirtschaftliche Aspekte berücksichtigt werden sollten. Die Ermittlung bzw. die Detaillierung komponentenspezifischer Merkmale und Ausprägungen sowie die Ableitung von Auswahlregeln berührt auch den Bereich der Produktionsmittelplanung. Durch Bereitstellung weiterer Informationen sowie durch die Vereinfachung der Anlagen durch Modularisierung und Standardisierung, wäre die Konzeption von Laseranlagen zu vereinfachen. Die Ergebnisse könnten beispielsweise durch Anlagen- und Komponentenkataloge dokumentiert werden.

Weiterhin sollten Überwachungs- und Regelstrategien einschließlich der zugehörigen Systeme für die Laseroberflächenbehandlung entwickelt werden, die im Rahmen der Integrationsplanung zu spezifizieren sind. Die Prozeßstabilität sowie die Prüfbarkeit der Bearbeitungsergebnisse bilden die Voraussetzungen für eine wirkungsvolle Qualitätssicherung. Neben diesbezüglichen Kenntnissen sind prozeß- und anlagentechnische Arbeiten für das Schließen von Qualitätsregelkreisen und damit für den Aufbau von Qualitätssicherungssystemen erforderlich. Aus diesem Grund sollten bei ihrer Entwicklung alle angeführten Wissenschaftsbereiche kooperieren.

Wie aus den obigen Vorschlägen deutlich wurde, besitzt die Produktionssystematik bei vielen Aufgaben eine Schnittstellenfunktion. Die Ergebnisse aus den anderen Wissenschaftsgebieten bilden häufig Eingangsgrößen, die mit Hilfe planerischer Methoden und Hilfsmittel so aufbereitet und erweitert werden, daß sie die Anwender bei der Einführung und dem Betrieb von Laseranlagen unterstützen. Zudem werden häufig Defizite erkennbar, die wiederum Anregungen für weitere prozeß- und anlagentechnische Forschungstätigkeiten geben.

Kapitel 8

Zusammenfassung

Die Möglichkeiten einer schnelleren Diffusion der Laseroberflächenbehandlung in die industrielle Praxis sind heute noch durch Befürchtungen bezüglich der Ausgereiftheit und der mangelnden Wirtschaftlichkeit des Verfahrens eingeschränkt. In der Vergangenheit wurde primär versucht, die Wirtschaftlichkeit durch Forschungs- und Entwicklungstätigkeiten im Bereich der Prozeß- und der Anlagentechnologie zu verbessern. Der rein technischen Optimierung sind jedoch Grenzen gesetzt. Der ökonomische Erfolg von Investitionsvorhaben in die Laseroberflächenbehandlung wird aufgrund der Variationsmöglichkeiten bei der Auswahl und der Konfiguration von Lasersystemen auch durch planerische Tätigkeiten wesentlich beeinflußt. Diesbezügliche Forschungsarbeiten wurden bisher kaum durchgeführt. Die vorliegende Arbeit hatte daher die Entwicklung einer Methode zur Anlagenkonzeption sowie die Erarbeitung von Hilfsmitteln zur Unterstützung der wesentlichen Planungsfunktionen zum Ziel.

Ausgehend von einer Konkretisierung des Handlungsbedarfs und der relevanten technischen Restriktionen wurden übliche Vorgehensweisen zur Planung von Lasersystemen untersucht. Anhand der festgestellten Defizite konnten Anforderungen an eine optimierte Planungsmethode abgeleitet werden.

Zur Entwicklung der Planungsmethode wurde ein systemtheoretischer Ansatz gewählt. Durch Verknüpfung der systemtechnischen Grundprinzipien mit den Erkenntnissen aus dem Bereich der technischen Investitionsplanung wurden zunächst Teilmodule zur Gestaltung, Analyse und Bewertung von Lasersystemen erarbeitet. Dieser in seiner Konsequenz neue Ansatz im Bereich der Anlagenplanung läßt sich auf andere innovative Technologien übertragen.

Da die Laseroberflächenbehandlung einen innovativen und teilweise empirischen Charakter besitzt, sind Versuche oder in Extremfällen Entwicklungsarbeiten unerläßlich. Weil Versuche und Entwicklungsarbeiten einen erheblichen zeitlichen und finanziellen Aufwand bedingen können, wurde diesen Arbeitsschritten eine Konzeptionsphase vorangestellt, in der potentielle Anwender die in Frage kommenden Anlagenkonzepte spezifizieren und bewerten sollten. Die Konzeptionsphase entspricht auf Anbieterseite im wesentlichen einer Angebotsbearbeitung.

In der Konzeptionsphase wird der ökonomische Erfolg von Investitionsvorhaben maßgeblich beeinflußt. Im Fall der Laseroberflächenbehandlung liegt bei Berücksichtigung des derzeitigen Erkenntnisstandes der anwenderseitige Schwerpunkt von Planungstätigkeiten notwendigerweise zumeist im Bereich der Konzeption. Aus diesen Gründen wurde die Planungsmethode für die Konzeptionsphase konkretisiert. Die Untergliederung in die Phasen Planungsvorbereitung, Funktions-, Objekt-, Struktur- und Integrationsplanung bildet in Verbindung mit einem neuen Verfahren zur planungsbegleitenden Bewertung den Kernbestandteil der Planungsmethode. Dieses Verfahren ermöglicht die Bewertung technisch gleichwertiger Alternativen für Subsysteme von Laseranlagen unter ökonomischen Gesichtspunkten. In einem weiteren Schritt erfolgte eine Untersuchung existierender Methoden im Hinblick auf Konformität mit den Prinzipien des "Systems Engineering" und Übertragbarkeit auf die vorliegende Problemstellung.

Auf der Basis verschiedener Analysen sowie unter Anwendung und Anpassung der ausgewählten methodischen Hilfsmittel, wurde die Planungsmethode anschließend detailliert. Hierbei kamen unter anderem die Methoden der Structured Analysis und des Variantenbaums zum Einsatz. Das Programm "EVAS", mit dem übliche Anlagenkonfigurationen erfaßt wurden, bietet praxisbezogene Unterstützung bei der Auswahl von Anlagenkomponenten. Die in dem Programmsystem "LASPLAN" implementierte laserspezifische Betriebsmittelgliederung, Merkmalssystematik und Kostenstruktur unterstützen die Dokumentation und die planungsbegleitende Bewertung von Planungsalternativen. Insbesondere ermöglicht das Programm "differenzierte Funktionskostenanalysen", deren Durchführung bereits in frühen Planungsphasen zur Reduzierung der Lösungsvielfalt vorgeschlagen wird.

Im Gegensatz zur üblichen Planungspraxis werden durch den Einsatz der entwickelten Methode die Berücksichtigung der Anwenderinteressen sichergestellt, die Anzahl der erforderlichen Iterationen im Planungsverlauf minimiert und die Nachvollziebarkeit der Entscheidungsfindung gewährleistet.

Die laserspezifischen Planungshilfsmittel tragen zur Reduzierung des Planungsaufwandes und zur Erhöhung der Planungssicherheit bei.

Anhand einer Anlagenkonzeption für die Laseroberflächenbehandlung von Umformwerkzeugen konnten die Praxistauglichkeit und die Funktionsfähigkeit der Planungsmethode sowie der Planungshilfsmittel verifiziert werden. Ein weiteres Ergebnis der Fallstudien ist die Identifikation ökonomisch relevanter Planungsaspekte.

Ein Ausblick zeigte letztendlich auf, daß die Weiterverbreitung und -entwicklung der Laseroberflächenbehandlung unter anderem durch interdisziplinäre Zusammenarbeit verschiedener Wissenschaftsbereiche forciert werden kann. Weiterführende Arbeiten auf dem Gebiet der Laseroberflächenbehandlung sollten diesem "Systemgedanken" Rechnung tragen.

Kapitel 9

Literatur

/1/   Rauscher, G.   Lasertechnik in der Bundesrepublik
                            Deutschland, Bemerkungen zu Markt und
                            Wirtschaftsfaktor
                            in: Optoelektronik in der Technik,
                            S. 800-810, Springer-Verlag, Berlin,
                            Heidelberg, New York, Tokyo, 1986

/2/   Schmitz-Justen, Cl.   Laser in der Produktionstechnik
                            Seminar "Lasermaterialbearbeitung für
                            Unternehmen der EBM-Industrie und
                            Stahlverformung", Fraunhofer Institut für
                            Produktionstechnologie (IPT), Aachen,
                            1988

/3/   Riesenhuber, H.   Laserforschung und Lasertechnik in der
                            Bundesrepublik Deutschland
                            Optoelektronik Magazin 4 (1988) Nr. 2,
                            S. 181-190

/4/   Nuss, R.   Laser - Ein flexibles Schneidwerkzeug für
      Geiger, M.   die Blechbearbeitung
                            Teil 1: Grundlagen zur Laserschneidbear-
                            beitung
                            Blech Rohre Profile 33 (1986) Nr. 3,
                            S. 102-108

/5/   Beyer, E.   Entwicklung der Lasertechnik und Bedeu-
      Loosen P.   tung für die Materialbearbeitung
      Poprawe, R.P.   Laser und Optoelektronik (1985) Nr. 3,
      Herziger, G.   S. 274-277

/6/   Koeniger, G.   Bundesdeutsche Unternehmen auf dem
                           Laser-Weltmarkt
                           Bänder Bleche Rohre, 12 (1988),
                           S. 18

/7/   Reinhard, M.   Lasertechnik, Praxis einer Schlüsseltech-
                           nologie
                           Laser-Praxis 1 (1989) Nr. 1, S. L5-L9

/8/   Reinhard, M.   Stand und wirtschaftliche Perspektiven der
                                     industriellen Lasertechnik in der Bundes-
                                     republik Deutschland
                                     Ifo-Studien zur Industriewirtschaft 39, Ifo-
                                     Institut für Wirtschaftsforschung e.V.,
                                     München, 1990

/9/   Arlt, A.G.   Oberflächenbehandlung mit CO_2-Lasern -
                                     neue Anwendungsmöglichkeiten
                                     in: Handbuch zum VDI-Seminar "Praxis
                                     der Laserbearbeitung für Einzel- und Se-
                                     rienfertigung" vom 18. bis 19.10.1989 in
                                     Hannover, Hannover, 1989

/10/   Schmitz-Justen, Cl.   Einordnung des Laserstrahlhärtens in die
                                     fertigungstechnische Praxis
                                     Dissertation, RWTH Aachen, 1986

/11/   Yessik, M.   Practical Guidlines for Laser Surface
        Schrerer, R.P.   Hardening
                                     in: Sourcebook on Applications of the
                                     Laser in Metalworking, American Society
                                     for Metals, Metals Park, 1981

/12/   Luxon, J.T.   Industrial Lasers and their Applications
        Parker, D.E.   Prentice-Hall Inc., Englewood Cliffs, NJ,
                                     1985

/13/   Eboo, G.M.   Advances in Laser Cladding Process Tech-
        Lindemanis, A.E.   nology
                                     in: SPIE Vol. 527 Applications of High
                                     Power Lasers, S. 86-94, Los Angeles, 1985

/14/   Hawkes, I.C.   Practical Experience with Laser Heat
                                     Treatment
                                     in: Proceedings of the 4th International
                                     Conference on Lasers in Manufacturing,
                                     1987 in Birmingham, S. 19-33, Springer-
                                     Verlag, Berlin, Heidelberg, New York,
                                     London, Paris, Tokyo, 1987

/15/   Amende, W.   Härten von Werkstoffen und Bauteilen des
                                     Maschinenbaus mit dem Hochleistungs-
                                     laser
                                     Technologie Aktuell, VDI Technologiezen-
                                     trum, Physikalische Technologien,
                                     VDI-Verlag, Düsseldorf, 1985

/16/ Belforte, D.A.

High Power CO_2-Lasers in U.S. Manufacturing Systems
in: Tagungsberichte der Tagung "Materialbearbeitung mit Hochleistungslasern",
Düsseldorf, 26.-27.3.1984, VDI-Verlag,
Düsseldorf, 1984

/17/ Uetz, H.

Schneiden und Schweißen räumlicher Blechteile mit Laser
Auswahl, Beschaffung und Betriebserfahrungen beim Betrieb einer Laserschneidanlage
VDI-Z Bd. 129 (1987) Nr. 6, S. 36-41

/18/ Gnahs, D.
Wenzel, L.

Aus- und Weiterbildung in der Lasertechnik
Stand, Perspektiven und erforderliche Maßnahmen
BMFT-Bericht 13N5441/7, 1989

/19/ Steinsiek, E.
Wenzel, L.

Eurolaser, Bedarfsanalyse und Erstellung der Anforderungsprofile
Band 1: CO_2-Laser, GEWIPLAN, Frankfurt, 1987

/20/ Köster, E.

Ausblick auf künftige Entwicklungen und Anwendungen des Lasers
Berichte von der Laserfachtagung 1987, Aachen, 1987

/21/ Eversheim, W.
Schunk, H.
Trappmann, H.

Grundlagen lasergerechter Konstruktion und Fertigung - Definitionsphase
Zwischenbericht zum BMFT-Projekt
13 N 5711/4, 1990

/22/ Green, B.G.
Bragg, M.J.

The Management of Industrial Lasers
in: Proceedings of the 2nd International Conference on Lasers in Manufacturing,
1985 in Birmingham, edited by M.F. Kimmitt, S. 285-294, Springer-Verlag, Berlin,
Heidelberg, New York, Tokyo, 1985

/23/ N.N.

Laser - Steuerung - Programmierung
mi - Publikationsgesellschaft Moderne Industrie, S. 34-40, Landsberg, 1988

/24/　Semrau, H.

Planung für den Einsatz des Lasers
wt Werkstattstechnik 78 (1988),
S. 561-564

/25/　Amende, W.
　　　Zechmeister, H.

Einsatz von Multi-Kilowatt-Lasern zur
Materialbearbeitung
VDI-Z Bd. 124 (1982) Nr. 15/16,
S. 581-591

/26/　Trappmann, H.

Grundlagen zur Planung und Nutzung von
Lasersystemen in der Oberflächentechnik
Dissertation, RWTH Aachen, 1991

/27/　König, W.

Laserbehandlung von Werkzeugen zur
Kalt- und Warmumformung
BMFT-Bericht 13 N 5324, 1988

/28/　König, W.
　　　Treppe, F.

Laserwärmebehandlung von Werkzeugen
Werkzeugbeanspruchung in der Massiv-
umformung
Industrie-Anzeiger (1986) Nr. 97, S. 20-23

/29/　König, W.
　　　Treppe, F.

Perspektiven der Laserrandschichtbehand-
lung von Warmarbeitswerkzeugen
Einordnung und Abgrenzung der Verfahrensvarianten
Beitrag zum Internationalen Werkzeugkon-
gress, Bochum, September 1989

/30/　Warnecke, H.J.
　　　Hardock, G.

Laserbearbeitung zur flexiblen
Blechteilefertigung
VDI-Z Bd. 127 (1985) Nr. 17, S. 681-686

/31/　Meyer, C.

Praxis der Oberflächenbehandlung mit
Lasern
in: Handbuch zum VDI-Seminar "Praxis
der Laserbearbeitung für Einzel- und Se-
rienfertigung" vom 18. bis 19.10.1989 in
Hannover, Hannover, 1989

/32/　Tönshoff, K.-H.
　　　Emmelmann, Ch.

Einsatzmöglichkeiten von Lasern zur
Materialbearbeitung
in: Handbuch zum VDI-Seminar "Praxis
der Laserbearbeitung für Einzel- und Se-
rienfertigung" vom 18. bis 19.10.1989 in
Hannover, Hannover, 1989

/33/   Kreutz, E.W.

Physical Requirements for Lasers in Processing
in: Proceedings of the 4th International Conference on Lasers in Manufacturing, 1987 in Birmingham, edited by W.M. Steen, S. 263-278, Springer-Verlag, Berlin, Heidelberg, New York, Tokyo, 1987

/34/   Laos, O.V.

Evaluating a CO_2 Industrial Lasersystem
in: Proceedings of the 1st International Conference on Lasers in Manufacturing, 1983 in Brighton edited by M.F. Kimmitt, S. 21-30, Springer-Verlag, Berlin, Heidelberg, New York, Tokyo, 1983

/35/   König, W.
      Krauhausen, M.
      Trappmann, H.

Lasermaterialbearbeitung
Systemlösungen für die Produktionstechnologie
in: Lasertechnik in Nordrhein Westfalen, Tagungsband zum Symposium vom 26. bis 27.10.1989 in Düsseldorf, S. 3.1-3.17, Düsseldorf, 1989

/36/   Semrau, H.

Lasereinsatz richtig planen
Industrie-Anzeiger (1987) Nr. 77, S. 30-34

/37/   Schunk, H.
      Trappmann, H.

Einsatz des Lasers in der Produktion: Nur eine technische Aufgabe?
VDI-Z Bd. 130 (1988) Nr. 9, S. 87-90

/38/   Schunk, H.
      Trappmann, H.

Planung und Wirtschaftlichkeit von Lasersystemen
in: Optoelektronik in der Technik, S. 434-438, Springer-Verlag, Berlin, Heidelberg, New York, Tokyo, Hong Kong, 1990

/39/   Aggteleky, B.

Fabrikplanung, Werksentwicklung und Betriebsrationalisierung
Bd. 2, Betriebsanalyse und Feasibility-Studie, 2. Auflage, Carl Hanser Verlag, München, Wien, 1990

/40/   Uetz, H.
       Hardock, G.
       Flexible Manufacturing with Lasers: Problems, Machine Concepts, System Solutions and Experiences Toward the Factory of the Future
Springer-Verlag, Berlin, Heidelberg, New York, Tokyo, 1985, S. 89-94

/41/   Meyer, C.
       Wirtschaftlichkeit von CO_2-Laserschneidanlagen
Teil 1: Maschinenbeschreibung, Randbedingungen und Grundlagen der Wirtschaftlichkeitsrechnung
Laser-Magazin (1988) Nr. 1, S. 26-38

/42/   Charschan,S.S.
       Webb, R.
       Considerations for Lasers in Manufacturing
in: Laser Materials Processing, edited by M. Bass, North-Holland Publishing Company, 1983, S. 441-472

/43/   Eversheim, W.
       Sossenheimer, K.H.
       Saretz, B.
       Simultaneous Engineering
Eine neue Strategie zur Reduzierung von Produktentwicklungszeiten
Techno-Tip, Fabrik 2000, (1989), S. 28-32

/44/   Eversheim, W.
       Sossenheimer, K.H.
       Saretz, B.
       Simultaneous Engineering
Entwicklungsstrategie für Produkte und Produktionseinrichtungen
Industrie-Anzeiger 111 (1989) Nr. 64, S. 26-30

/45/   Nuss, R.
       Untersuchungen zur Bearbeitungsqualität im Fertigungssystem Laserstrahlschneiden
Carl Hanser Verlag, München, Wien, 1989

/46/   König, W.
       Meis, F.U.
       Willerscheid, H.
       Schmitz-Justen, Cl.
       Problemstellung beim Laserstrahlhärten von Bauteilen
in: Optoelektronik in der Technik, S. 427-436, Springer-Verlag, Berlin, Heidelberg, New York, Tokyo, 1986

/47/   König, W.
       Schmiz-Justen, Cl.
       Rozsnoky, L.
       Treppe, F.
       Oberflächenveredeln mit Laserstrahlen
Eine Abgrenzung der Verfahrensvarianten
Laser und Optoelektronik (1988) Nr. 2, S. 74-77

/48/ König, W.
Herziger, G.
Willerscheid, H.
Wissenbach, K.

Temperaturmessungen beim Laserstrahl-
härten
Laser-Magazin (1988) Nr. 1, S. 16-22

/49/ Gasser, A.
Gillner, A.
Wissenbach, K.

Einschmelzlegieren mit Laserstrahlen
in: Optoelektronik in der Technik,
S. 413-416, Springer-Verlag, Berlin,
Heidelberg, New York, Tokyo, 1986

/50/ König, W.
Treppe, F.
Willerscheid, H.
Schmitz-Justen, Cl.

Perspektiven und Grenzen der Ober-
flächenbehandlung mit Laserstrahlen
VDI-Z Bd. 129 (1987) Nr. 6,
S. 50-54

/51/ Dickmann, K.

Grundlagen der Lasertechnologie
in: Handbuch zum VDI-Seminar "Praxis
der Laserbearbeitung für Einzel- und Se-
rienfertigung" vom 18. bis 19.10.1989 in
Hannover, Hannover, 1989

/52/ Willerscheid, H.

Prozessüberwachung und Konzepte zur
Prozessoptimierung des Laserstrahlhärtens
Dissertation, RWTH Aachen, 1990

/53/ Sepold, G.
Becker, R.

Laserstrahl-Draht- und Spritzbeschich-
ten - Zwei zukünftige Beschichtungstech-
niken
Beitrag zum internationalen Kongreß für
Oberflächentechnik SURTEC in Berlin,
vom 11.-13.10.1989, Berlin, 1989

/54/ Zwick, A.
Gasser, A.
Kreutz, E.W.
Wissenbach, K.

Surface Remelting of Cast Iron Camshafts
by CO_2-Laser-Radiation
in: ECLAT'90, Vol. 1, S. 389 ff.,
Arbeitsgemeinschaft Wärmebehandlung
und Werkstofftechnik e.V. (AWT), 1990

/55/ Burchards, D.
Hinse, A.

Laserdraht- u. Laserheißdrahtbeschichten
in: ECLAT'90, Vol. 1, S. 439 ff., Arbeitsgemeinschaft Wärmebehandlung und
Werkstofftechnik e.V. (AWT), 1990

/56/ Tönshoff, H.K.
Meyer-Kobbe, C.

CO_2-Laserstrahlhärtungen mit verschiedenen Optiksystemen
Laser-Magazin (1990) Nr. 4, S. 32-37

/57/ Williams, S.W. Flexible Laser Machining Workstations
    Davidson, D. in: Proceedings of the 4th International
          Conference on Lasers in Manufacturing,
          1987 in Birmingham, edited by W.M.
          Steen, S. 119-132, Springer-Verlag, Berlin,
          Heidelberg, New York, London, Paris,
          Tokyo, 1987

/58/ N.N.   Materialbearbeitung mit dem Laserstrahl
          im Geräte- und Maschinenbau
          Leitfaden für den Anwender
          Hrsg. VDI-Gesellschaft Produktionstechnik
          (ADB), VDI-Verlag, Düsseldorf, 1990

/59/ Watson, H.E. The Application of Intelligent Robotic Sy-
          stems and Lasers for Manufacturing
          in: Proceedings of the 4th International
          Conference on Lasers in Manufacturing,
          1987 in Birmingham, edited by W.M.
          Steen, S. 153-163, Springer-Verlag, Berlin,
          Heidelberg, New York, London, Paris,
          Tokyo, 1986

/60/ N.N.   Europäischer Laser Markt 1990,
          Jahreseinkaufsführer
          mi - Publikationsgesellschaft Moderne
          Industrie, Landsberg, 1990

/61/ Loosen, P. Lasersysteme für die Materialbearbeitung
    Treusch, H.G. Feinwerktechnik & Meßtechnik 93 (1985)
    Herziger, G. Nr. 5, S. 222-232

/62/ Balbach, J. Wirtschaftliche Einsatzbereiche von Laser-
          bearbeitungsanlagen
          in: Handbuch zum VDI-Seminar "Praxis
          der Laserbearbeitung für Einzel- und Se-
         rienfertigung" vom 18. bis 19.10.1989 in
          Hannover, Hannover, 1989

/63/ Rankin, C.R. Overview of Laser
          in: SPIE Vol. 527 Applications of High
          Power Lasers, S. 37-44, Los Angeles, 1985

/64/   Becker, T.   Laserprinzip, Strahlerzeugung, Strahlei-
genschaften
in: Handbuch zum Seminar "Lasern Lernen", vom 5. bis 16.11.1990 in Aachen,
Institutsverbund Lasertechnik, Aachen,
1990

/65/   Märten, O.   Strahldiagnostik, optische Komponenten,
Strahlführung und -formung, Betriebs-
bedingungen von Laseranlagen
in: Handbuch zum Seminar "Lasern Lernen", vom 5. bis 16.11.1990 in Aachen,
Institutsverbund Lasertechnik, Aachen,
1990

/66/   Amende, W.   Entwicklung und Bau eines CO_2-Höchstlei-
stungs-Lasersystems für die Material-
bearbeitung
Anlagen und Verfahrensentwicklung
BMFT-Bericht 13 N 5345/3, 1989

/67/   Sasnett, M.W. CO_2-Laser Design Considerations for
Pulsed Material Processing
in: Proceedings of the 3rd International
Conference on Lasers in Manufacturing
1986 in Paris, edited by A. Quenzer,
S. 279-292, Springer-Verlag, Berlin,
Heidelberg, New York, Tokyo, 1986

/68/   Spalding, I.J.   Which Wavelength? - How to Select a Suit-
able Laser
in: Proceedings of the 4th International
Conference on Lasers in Manufacturing,
1987 in Birmingham, edited by W.M.
Steen, S. 229-233, Springer-Verlag, Berlin,
Heidelberg, New York, Tokyo, 1987

/69/   Bakowsky, L.   New CO_2-Lasers of 1-4 Kilowatt Power with
Fast Axial Gas Flow
in: Proceedings of the 2nd International
Conference on Lasers in Manufacturing,
1985 in Birmingham, edited by M.F.
Kimmitt, S. 195-200, Springer-Verlag,
Berlin Heidelberg, New York, Tokyo, 1985

/70/   Herziger, G.   Lasertechnik 1
Vorlesungsumdruck RWTH Aachen, 1987

/71/　Hoffmann, P.　　　Neue CO_2-Lasergeneration für die Material-
　　　　　　　　　　　　bearbeitung
　　　　　　　　　　　　Laser-Magazin (1985) Nr. 85, S. 28-33

/72/　Tradowsky, K.　　Laser: Grundlagen, Technik, Basisanwen-
　　　　　　　　　　　　dungen
　　　　　　　　　　　　4. Auflage, Vogel-Buchverlag, Würzburg,
　　　　　　　　　　　　1983

/73/　Treiber, H.　　　Der Laser in der industriellen Fertigungs-
　　　　　　　　　　　　technik
　　　　　　　　　　　　Hoppenstedt Technik Tabellen Verlag,
　　　　　　　　　　　　Darmstadt, 1990

/74/　Beske, E.　　　　Grundlagen zum Einsatz des Laser-
　　　　　　　　　　　　schweißens in der Fertigung
　　　　　　　　　　　　in: Handbuch zum VDI-Seminar "Praxis
　　　　　　　　　　　　der Laserbearbeitung für Einzel- und Se-
　　　　　　　　　　　　rienfertigung" vom 18. bis 19.10.1989 in
　　　　　　　　　　　　Hannover, Hannover, 1989

/75/　Warnecke, H.J.　　Neues externes Strahlführungssystem für
　　　　König, M.P.　　　das Schneiden und Schweißen mit CO_2-
　　　　Hardock, G.P.　　Lasern
　　　　　　　　　　　　Optik Elektronik Magazin 6 (1990) Nr. 2,
　　　　　　　　　　　　S. 150-158

/76/　Schön, J.　　　　Führungsmaschinen und Integration von
　　　　Mayrose, G.　　　Lasern in Fertigungssysteme
　　　　　　　　　　　　in: Handbuch zum Seminar "Lasern Ler-
　　　　　　　　　　　　nen", vom 5. bis 16.11.1990 in Aachen,
　　　　　　　　　　　　Institutsverbund Lasertechnik, Aachen,
　　　　　　　　　　　　1990

/77/　Nitsch, H.　　　　Numerische Steuerungen
　　　　Wolff, U.　　　　in: Handbuch zum Seminar "Lasern Ler-
　　　　　　　　　　　　nen", vom 5. bis 16.11.1990 in Aachen,
　　　　　　　　　　　　Institutsverbund Lasertechnik, Aachen,
　　　　　　　　　　　　1990

/78/　Gonschior, M.　　CAD/CAM für die Lasermaterialbearbei-
　　　　　　　　　　　　tung
　　　　　　　　　　　　in: Handbuch zum VDI-Seminar "Praxis
　　　　　　　　　　　　der Laserbearbeitung für Einzel- und Se-
　　　　　　　　　　　　rienfertigung" vom 18. bis 19.10.1989 in
　　　　　　　　　　　　Hannover, Hannover, 1989

/79/   Arlt, A.G.   Vergleichende Betrachtung des Lasers Fokussierung von CO_2-Laserlicht mit Linsen und Spiegeloptiken
in: Optoelektronik in der Technik,
S. 488-492, Springer-Verlag, Berlin, Heidelberg, New York, Tokyo, 1987

/80/   Du, K.
Loosen, P.   Untersuchung der Fokussierung von Laserstrahlung mit Off-Axis Parabolspiegeln
in: Optoelektronik in der Technik, Springer-Verlag, Berlin, Heidelberg, New York, Tokyo, 1987

/81/   Giesen, A.
e.a.   Vermessung fokussierender Systeme für Hochleistungs-CO_2-Laser
in: Optoelektronik in der Technik, Springer-Verlag, Berlin, Heidelberg, New York, Tokyo, 1987

/82/   Jüptner, W.
e.a.   Modern Reflective Optics for Material Processing with High Power CO_2-Laserbeams
in: SPIE Vol. 650, S. 154-158, , 1986

/83/   Willerscheid, H.   Sensorik
in: Handbuch zum Seminar "Lasern Lernen", vom 5. bis 16.11.1990 in Aachen, Institutsverbund Lasertechnik, Aachen, 1990

/84/   König, W.
Meis, F.U.   Prozeßbeobachtung und Überwachung bei Hochleistungslasern
VDI-Z Bd. 126 (1984) Nr. 13, S. 479-483

/85/   Loosen, P.
e.a.   Werkstoffbearbeitung mit Laserstrahlung Teil 3: Diagnostik von CO_2-Laserstrahlung mit hoher Leistung
Feinwerktechnik und Meßtechnik, (1984) Nr. 92, S. 11-15

/86/   Loosen, P.
e.a.   Werkstoffbearbeitung mit Laserstrahlung Teil 3: Praxis der Diagnostik von Hochleistungs-CO_2-Lasern für die Fertigungstechnik
Feinwerktechnik und Meßtechnik (1987) Nr. 95, S. 221-224

/87/   Edwards, S.A.   Risk Analysis as Applied to High Average
       Bandle, A.M.   Power Industrial Laser Systems
                           in: Proceedings of the 4th International
                           Conference on Lasers in Manufacturing,
                           1987 in Birmingham, edited by W.M.
                           Steen, S. 139-152, Springer-Verlag, Berlin,
                           Heidelberg, New York, London, Paris,
                           Tokyo, 1987

/88/   Balbach, J.   Integration des Lasers in Fertigungsab-
                           läufe Rahmenbedingungen und Sicher-
                           heitsanforderungen
                           in: Handbuch zum VDI-Seminar "Praxis
                           der Laserbearbeitung für Einzel- und Se-
                           rienfertigung" vom 18. bis 19.10.1989 in
                           Hannover, Hannover, 1989

/89/   N.N.   Handbuch Laser-Strahlenschutz
                           Grundlagen, Vorschriften, Schutzmaßnah-
                           men
                           Springer-Verlag, Berlin, Heidelberg, New
                           York, London, Paris, Tokyo, 1989

/90/   Gericke, H.   Grundlagen des Dosierens von Feststoffen
                           in: Vortragsveröffentlichungen zum Semi-
                           nar vom 13.-14.11.1984 in Essen, Haus
                           der Technik e.V., Heft 489, S. 70 ff, Essen,
                           1984

/91/   Bernard, W.   Diskontinuierliche, gravimetrische Dosie-
                           rung
                           in: Vortragsveröffentlichungen zum Semi-
                           nar vom 13.-14.11.1984 in Essen, Haus
                           der Technik e.V., Heft 489, S. 87 ff, Essen,
                           1984

/92/   Herbich, H.   Safety first - auch beim Laser
                           Laser-Magazin (1985) Nr. 2, S. 44-46

/93/   Teske, K.   Laser-Normung
                           Die "Neue Konzeption"
                           Laser-Magazin (1989) Nr. 1, S. 13-16

/94/   Poprawe, P.   Normen und Sicherheitsstandards für die
                              Lasertechnologie
                              in: Lasertechnik in Nordrhein-Westfalen,
                              Tagungsband zum Symposium vom 26. bis
                              27.10.1989 in Düsseldorf, S. 38.1-38.3,
                              Düsseldorf, 1989

/95/   Herziger, G.   Forschungslandschaft Lasertechnik: Was
                              bietet sie in absehbarer Zukunft?
                              in: Sonderschau "Laser", Kompendium zur
                              Metav 1990, Hrsg. VDW e.V., Frankfurt,
                              1990

/96/   Balbach, J. CO_2- und Nd:YAG-Laseranwendung im
                              Lohnbetrieb
                              Laser-Magazin (1988) Nr. 2, S. 14-20

/97/   König, W.   Härten mit dem Laserstrahl
       Meis, F.U.   Möglichkeiten und Grenzen beim Einsatz
       Schmitz-Justen, Cl.   in der Fertigung
                              VDI-Z Bd. 128 (1986) Nr. 1/2, S. 27-31

/98/   Gregson, V.G.   Designing Parts for Laser Processing
                              in: SPIE Vol. 527 Applications of High
                              Power Lasers, S. 73-79, Los Angeles, 1985

/99/   Wiendahl, H.-P.   Technische Investitionsplanung
                              Habilitationsschrift, RWTH Aachen, 1972

/100/ Schleppegrell, J.   Ein System zur Investitionsplanung auf
                              der Grundlage einer Werkstück- und Ma-
                              schinenklassifizierung
                              Dissertation, RWTH Aachen, 1969

/101/ Junghanns, W.H.   Die Planung neuer Fertigungssysteme für
                              die Einzel- und Serienfertigung
                              Dissertation, RWTH Aachen, 1971

/102/ Vettin, G.   Verfahren zur technischen Investitions-
                              planung automatisierter flexibler
                              Fertigungsanlagen
                              Dissertation, Universität Stuttgart, 1982

/103/ Westkämper, E.   Automatisierung in der Einzel- und Serien-
                              fertigung - Ein Beitrag zur Planung, Ent-
                              wicklung und Realisierung neuer Ferti-
                              gungssysteme
                              Dissertation, RWTH Aachen, 1977

/104/ Herrmann, P.   Grundlagen einer rechnerunterstützten
                             Investitionsplanung und Wirtschaftlich-
                             keitsrechnung für flexible Fertigung
                             Dissertation, RWTH Aachen, 1983

/105/ Erkes, K.F.   Gesamtheitliche Planung flexibler Ferti-
                             gungssysteme mit Hilfe von Referenzmo-
                             dellen
                             Dissertation, RWTH Aachen, 1988

/106/ Steinfatt, E.   Ein Expertensystem zur Investitionspla-
                             nung
                             Rechnerunterstützte Ermittlung und Be-
                             wertung von Investitionsalternativen bei
                             innovativen Technologien
                             Dissertation, RWTH Aachen, 1990

/107/ Patzak, G.   Systemtechnik
                             Planung komplexer innovativer Systeme
                             Springer-Verlag, Berlin, Heidelberg, New
                             York, 1982

/108/ Wöhe, G.   Einführung in die allgemeine Betriebswirt-
                             schaftslehre
                             17. Auflage, Verlag Franz Vahlen,
                             München, 1990

/109/ Blohm, H.   Investition: Schwachstellen im Investi-
       Lüder, K.P.   tionsbereich des Industriebetriebes und
                             Wege zu ihrer Beseitigung
                             6. Auflage, Verlag Franz Vahlen, München,
                             1988

/110/ Hax, H.   Investitionstheorie
                             5. Auflage, Physica Verlag, Würzburg,
                             Wien, 1985

/111/   Niemeyer, K.
       Systemanalyse

                             in: Management Enzyklopädie, 8. Band, 2.
                             Auflage, S. 923-934, Verlag Moderne Indu-
                             strie, 1984

/112/ Bachthaler, M.   Systemorientierte Lösungsansätze bei
                             komplexen Problemstellungen der Anla-
                             genplanung
                             VDI-Fortschrittsberichte, Reihe 16 Nr. 33,

VDI-Verlag, Düsseldorf, 1986

/113/ Beitz, W. — Systemtechnik im Ingenieurbereich
VDI-Berichte Nr. 174, VDI-Verlag, Düsseldorf, 1971

/114/ Zangemeister, Ch. — Systemtechnik
in: Handwörterbuch der Organisation, 2. Auflage, Hrsg. E. Grochla, Sp. 2190-2204, Poeschl Verlag, Stuttgart, 1980

/115/ Büchel, A. — Systems Engineering
in: Management Enzyklopädie Band 8, 2.Auflage, S. 973-981, Verlag Moderne Industrie, Landsberg, 1984

/116/ Marr, R.; Schuh, S. — Systemtheorie
in: Management Enzyklopädie, 8. Band, 2. Auflage, S. 982-988, Verlag Moderne Industrie, 1984

/117/ Pahl, G.; Beitz, W. — Konstruktionslehre
Handbuch für Studium und Praxis, Springer-Verlag, Berlin, Heidelberg, New York, London, Paris, Tokyo, 1986

/118/ Fuchs, H. — Systemtheorie und Organisation
Betriebswirtschaftlicher Verlag Dr. Th. Gabler, Wiesbaden, 1973

/119/ Huber, R. — Einführung in die Systemtechnik
Grundlagen, Möglichkeiten und Grenzen
VDI-Berichte Nr. 262, VDI-Verlag, Düsseldorf, 1976

/120/ Daniels, H.J. — Systemtechnik
Arbeitsgemeinschaft für Rationalisierung, Heft 136, Systemtechnik, Dortmund, 1972

/121/ Fuchs, H. — Systemtheorie
in: Handwörterbuch der Organisation, 1. Auflage, Hrsg. E. Grochla, Sp. 1618-1630, Poeschl Verlag, Stuttgart, 1969

/122/ Ropohl, G. — Systemtechnik - Grundlagen und Anwendungen
Carl-Hanser Verlag, München, Wien, 1975

/123/ Ropohl, G.

Eine Systemtheorie der Technik
Carl-Hanser Verlag, München, Wien, 1975

/124/ Wegner, G.

Systemanalyse
in: Handwörterbuch der Organisation, 1.
Auflage, Hrsg. Grochla E., Sp. 1610-1617,
Poeschl Verlag, Stuttgart, 1969

/125/ Beitz, W.

Systemtechnik in der Konstruktion
Arbeitsgemeinschaft für Rationalisierung,
Heft 136, Systemtechnik, Dortmund, 1972

/126/ Hölterhoff, K.

Wissensbasierte Planung von Fertigungsanlagen innovativer Technologie
Dissertation, RWTH Aachen, 1989

/127/ N.N.

Beschreibungsmethode für Fertigungsmit-
tel (Betriebsmittelmodell)
Wissenschaftliche Grundlagen und Zu-
arbeit zur CIM-Schnittstellen Normung,
BMFT-Projekt 2 FT 38168, 1989

/128/ Menrad, S.

Vollkostenrechnung
In: Entwicklungslinien der Kosten- und
Erlösrechnung, Hrsg. Chemielewicz, K.,
Poeschel Verlag, Stuttgart, 1983

/129/ Korte, R.-J.

Verfahren der Wertanalyse
Grundlagen zum Ablauf wertanalytischer
Entscheidungsprozesse
Erich Schmidt Verlag, Berlin, 1977

/130/ N.N.

Wertanalyse
Idee, Methode, System
VDI-Taschenbuch T35, VDI-Verlag,
Düsseldorf, 1981

/131/ N.N.

DIN 69910 Wertanalyse
Beuth-Verlag, 1987

/132/ Woschinski, S.
      Warner, A.

Softwareentwicklungswerkzeuge im Vergleich
PSI, Berlin, 1989

/133/ Roth, K.-H.

Konstruieren mit Konstruktionskatalogen
Systematisierung und zweckmäßige Aufbereitung technischer Sachverhalte für das

methodische Konstruieren
Springer-Verlag, Berlin, Heidelberg, New
York, 1982

/134/ De Marco, T.   Structured Analysis and System Specification
tion
YOURDAN PRESS, A Prentice Hall company, Englewood Cliffs, New Jersey, 1979

/135/ Mc Menamin, S.   Essential Systems Analysis
       Palmer, J. P   Yourdan Inc., New York, 1984

/136/ Mc Menamin, S.   Strukturierte Systemanalyse
       Palmer, J.   Carl Hanser Verlag, München, 1988

/137/ Page-Jones, M.   The practical Guideline to structured
Systems Design
Yourdon Inc., New York, 1980

/138/ Raasch   Methodenschulung im Bereich Software
Engineering
Seminarunterlagen, Laboratorium für
Werkzeugmaschinen und Betriebslehre
(WZL), RWTH Aachen, 1989

/139/ Schulz, A.   Software-Entwurf; Methoden und Werkzeuge
Oldenbourg Verlag, München, 1988

/140/ Haermeyer, T.   Methodik zur Planung von Informationssystemen für die Qualitätsplanung
Dissertation, RWTH Aachen, 1991

/141/ Schuh, G.   Gestaltung und Bewertung von Produktvarianten
Ein Beitrag zur systematischen Planung
von Serienprodukten
Dissertation, RWTH Aachen, 1988

/142/ N.N.   VDI-Richtlinie 2498:
Vorgehen bei einer Materialflußplanung
Beuth-Verlag, Berlin, 1978

/143/ N.N.   REFA: Methodenlehre der Planung und
Steuerung

Teil 2: Planung
3. Auflage, Carl Hanser Verlag, München,
1978

/144/ Schulze, R.

Anlagentechnik I
VEB Deutscher Verlag für Grundstoffindu-
strie, Leipzig, 1977

/145/ N.N.

REFA: Methodenlehre des Arbeitsstudiums
Teil 1: Grundlagen
7. Auflage, Carl Hanser Verlag, München,
1984

/146/ Straub, D.

Planung der Fertigungseinrichtungen für
flexible Fertigungsanlagen zur Bearbeitung
prismatischer Werkstücke
Technischer Verlag Gunter Grossmann,
Stuttgart, 1981

/147/ Mai, E.

Formales Beschreibungssystem für ebene
Werkstückgeometrien und zur Kodierung
des Informationsgehalts technischer Ein-
zelteilzeichnungen
Dissertation, TU Berlin, 1969

/148/ Veerkamp, H.-J.

Verfahrensplanung für ebene Blechwerk-
stücke
Dissertation, RWTH Aachen, 1986

/149/ Vutz, J.

Entwicklung einer Auswahlstrategie für
den Einsatz von Fertigungsmitteln bei der
Fräsbearbeitung in Einzel- und Kleinserienfertigung
Dissertation, RWTH Aachen, 1986

/150/ Balogh, L.

Ein Beschreibungssystem für rotationssymmetrische Werkstücke unter besonderer Berücksichtigung des Rechnereinsatzes
in Konstruktion und Fertigungsplanung
Dissertation, TU Berlin, 1969

/151/ Zeitz, W.

Grundlagen zur Auslegung flexibler Ferti-
gungsstraßen
Dissertation, RWTH Aachen, 1985

/152/ Gagsch, S.

Systembildung

                               in: Handwörterbuch der Organisation, 2.
Auflage, Hrsg. E. Grochla, Sp. 2156-2171,
Poeschl Verlag, Stuttgart, 1980

/153/ N.N.   Benutzerhandbuch für das Programmsystem Variantenbaum
Gesellschaft für Produktstrukturierung
und Systementwicklung (GPS mbH),
Herzogenrath, 1990

/154/ Nestler, H.   Methoden zur Bestimmung der Raumgröße
und Raumausnutzung von Fertigungswerkstätten
Dissertation, TU Hannover, 1969

/155/ Zangemeister, Chr.   Nutzwertanalyse in der Systemtechnik
4. Auflage, Wittemannsche Buchhandlung,
München, 1976

Kapitel 10

Anhang

Anhang A: Bearbeitungselemente

Anhang B: Funktions-Diagramme

Anhang C: Wörterbücher

Anhang D: Mini-Specifikationen

Anhang E: Funktions-Funktionsträger Zuweisung

Anhang F: Variantenbaum

Anhang G: Systemsteckbriefe

Anhang H: Fallbeispiele

Anhang A

Bearbeitungs-element	mathem. Beschreibung	Krümmung	Symmetrie	Freiheits-grade	geom. Kenn-größen
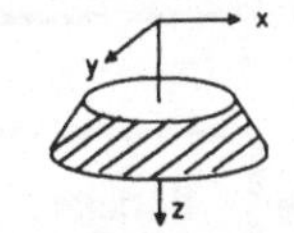 Kegelmantelfläche	$\dfrac{x^2}{R^2}+\dfrac{y^2}{R^2}+\dfrac{z^2}{H^2}=0$	veränderlich	2 Symmetrie-ebenen rotationssym-metrisch zur Z-Achse	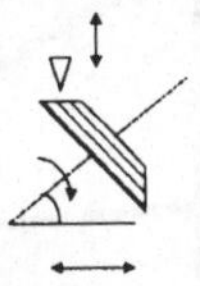	R, H
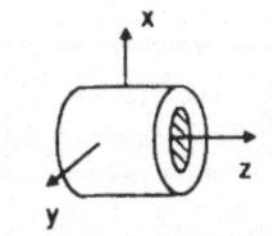 Zylinderinnenfläche	$x^2+y^2=\dfrac{D^2}{2}$ $z\le\dfrac{H}{2}$	konstante Krümmung	3 Symmetrie-ebenen rotationssym-metrisch zur Z-Achse	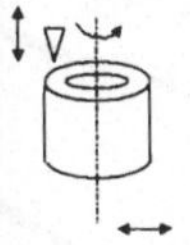	D, H
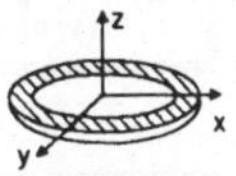 Ringschale		konstant	2 Symmetrie-ebenen rotationssym-metrisch zur Z-Achse	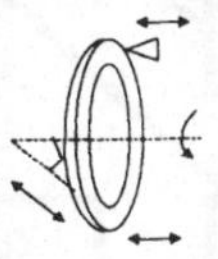	D, r
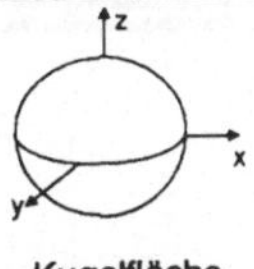 Kugelfläche	$x^2+y^2+z^2+R^2$ $=0$	konstant	3 Symmetrie-ebenen	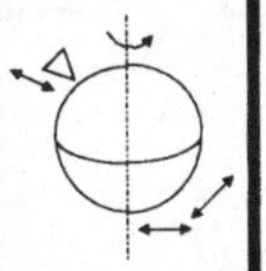	R
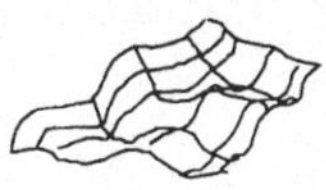 Freifläche	geschlossene Beschreibung nicht möglich	veränderlich	keine	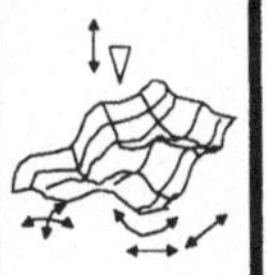	B, L

Die Spalte „Merkmale" fasst die Spalten mathem. Beschreibung, Krümmung, Symmetrie, Freiheitsgrade und geom. Kenngrößen zusammen.

Anhang B

Prozeßaus-gangsgrößen
Produktions-auftrag
Werkstück
elektrische Leistung
Zusatzstoffe
Gase
Reinigungs-mittel
Zustands-größen Prozeß
Laser-oberflächen-behandeln 0
Prozeßein-gangsgrößen
nutzbare Wärme
Fertigteil
behandelte Abfallprodukte
gereinigte Abluft
Rückmel-dungen

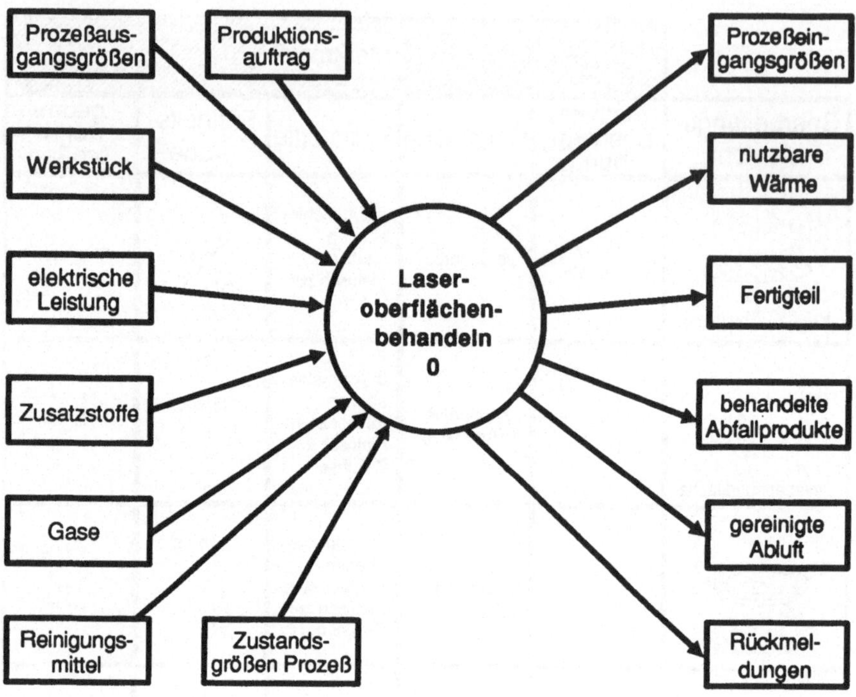

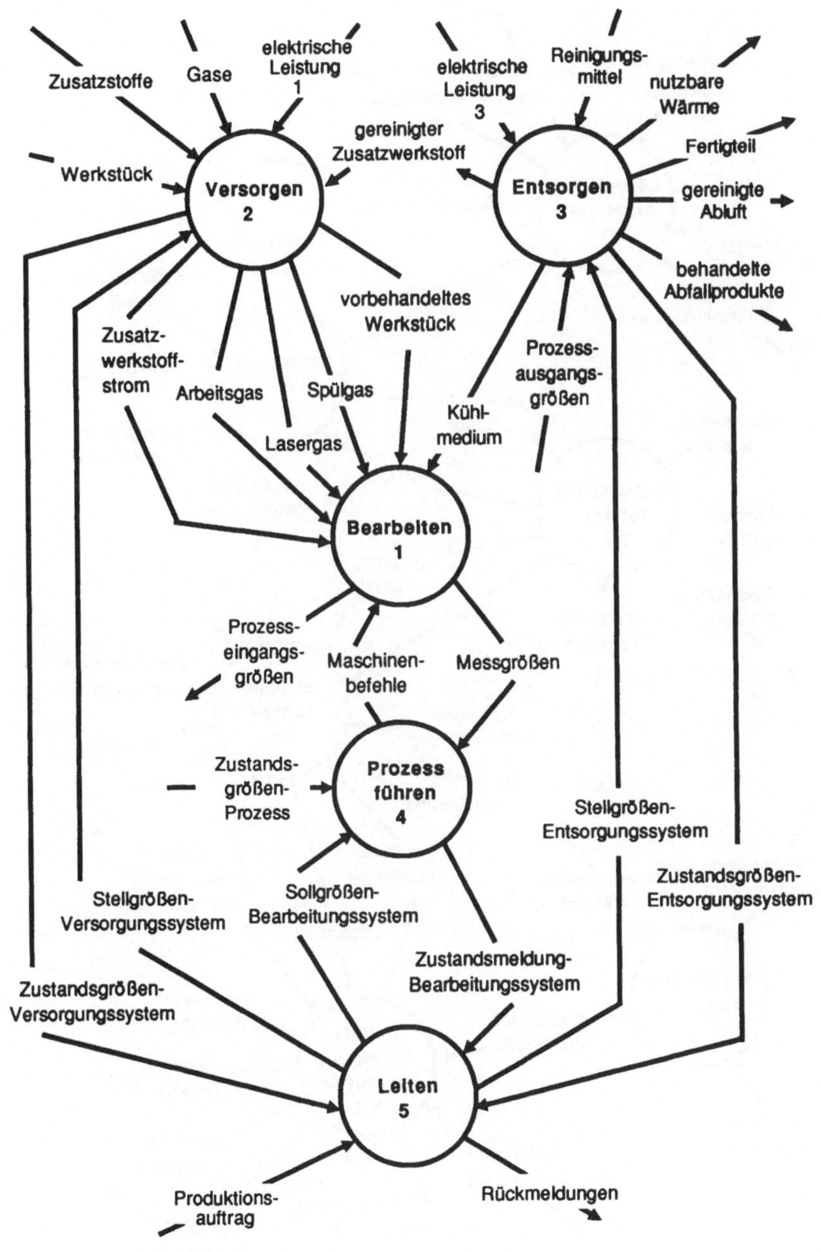

Zusatzstoffe
Gase
elektrische Leistung 1
elektrische Leistung 3
Reinigungsmittel
nutzbare Wärme
gereinigter Zusatzwerkstoff
Werkstück
Versorgen 2
Entsorgen 3
Fertigteil
gereinigte Abluft
behandelte Abfallprodukte
Zusatzwerkstoffstrom
vorbehandeltes Werkstück
Arbeitsgas
Spülgas
Kühlmedium
Prozessausgangsgrößen
Lasergas
Bearbeiten 1
Prozesseingangsgrößen
Maschinenbefehle
Messgrößen
Zustandsgrößen-Prozess
Prozess führen 4
Stellgrößen-Entsorgungssystem
Zustandsgrößen-Entsorgungssystem
Stellgrößen-Versorgungssystem
Sollgrößen-Bearbeitungssystem
Zustandsgrößen-Versorgungssystem
Zustandsmeldung-Bearbeitungssystem
Leiten 5
Produktionsauftrag
Rückmeldungen

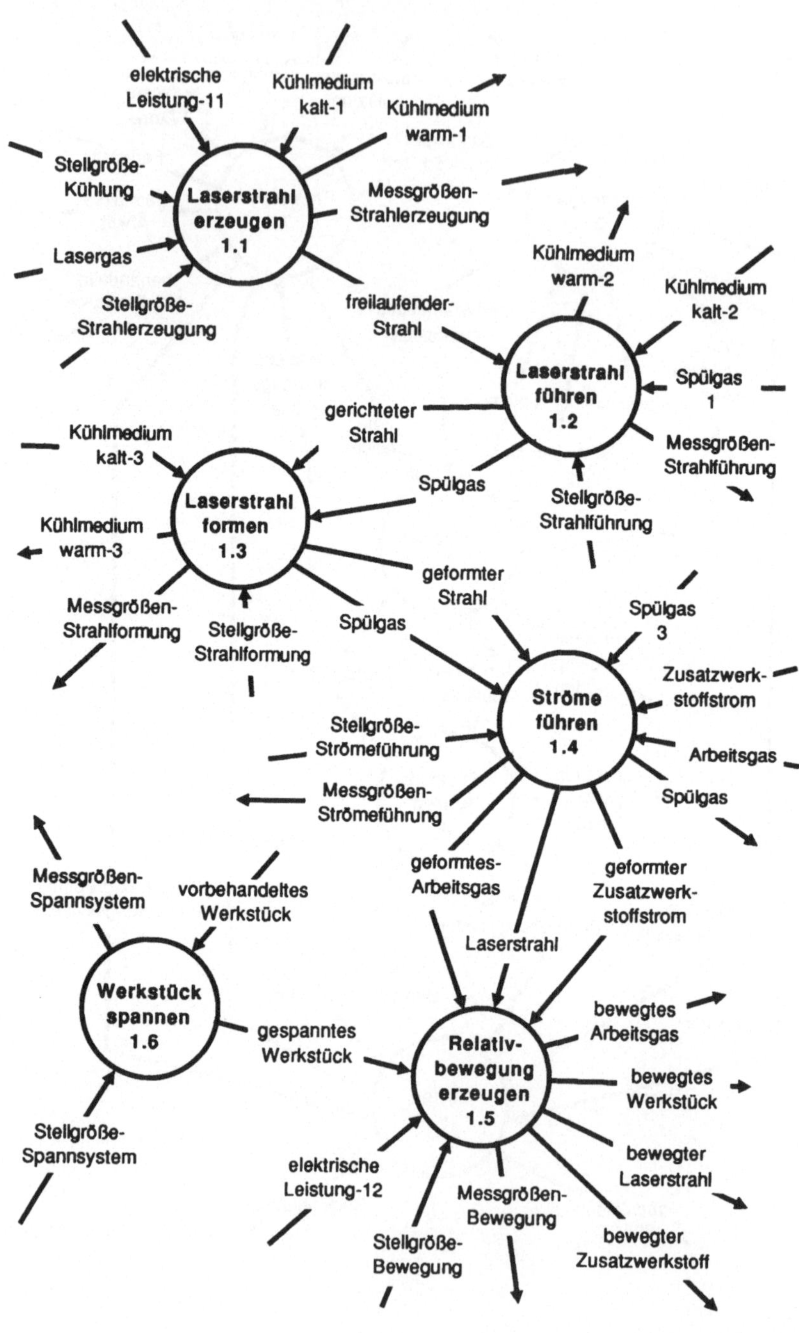

elektrische
Leistung-11
Kühlmedium kalt-1
Kühlmedium warm-1
Stellgröße-Kühlung
Laserstrahl erzeugen 1.1
Messgrößen-Strahlerzeugung
Lasergas
Stellgröße-Strahlerzeugung
Kühlmedium warm-2
Kühlmedium kalt-2
freilaufender-Strahl
Laserstrahl führen 1.2
Spülgas 1
gerichteter Strahl
Messgrößen-Strahlführung
Spülgas
Stellgröße-Strahlführung
Kühlmedium kalt-3
Laserstrahl formen 1.3
Kühlmedium warm-3
geformter Strahl
Messgrößen-Strahlformung
Stellgröße-Strahlformung
Spülgas
Spülgas 3
Zusatzwerkstoffstrom
Ströme führen 1.4
Stellgröße-Strömeführung
Arbeitsgas
Messgrößen-Strömeführung
Spülgas
Messgrößen-Spannsystem
vorbehandeltes Werkstück
geformtes-Arbeitsgas
geformter Zusatzwerkstoffstrom
Laserstrahl
Werkstück spannen 1.6
gespanntes Werkstück
Relativbewegung erzeugen 1.5
bewegtes Arbeitsgas
bewegtes Werkstück
Stellgröße-Spannsystem
elektrische Leistung-12
Messgrößen-Bewegung
bewegter Laserstrahl
Stellgröße-Bewegung
bewegter Zusatzwerkstoff

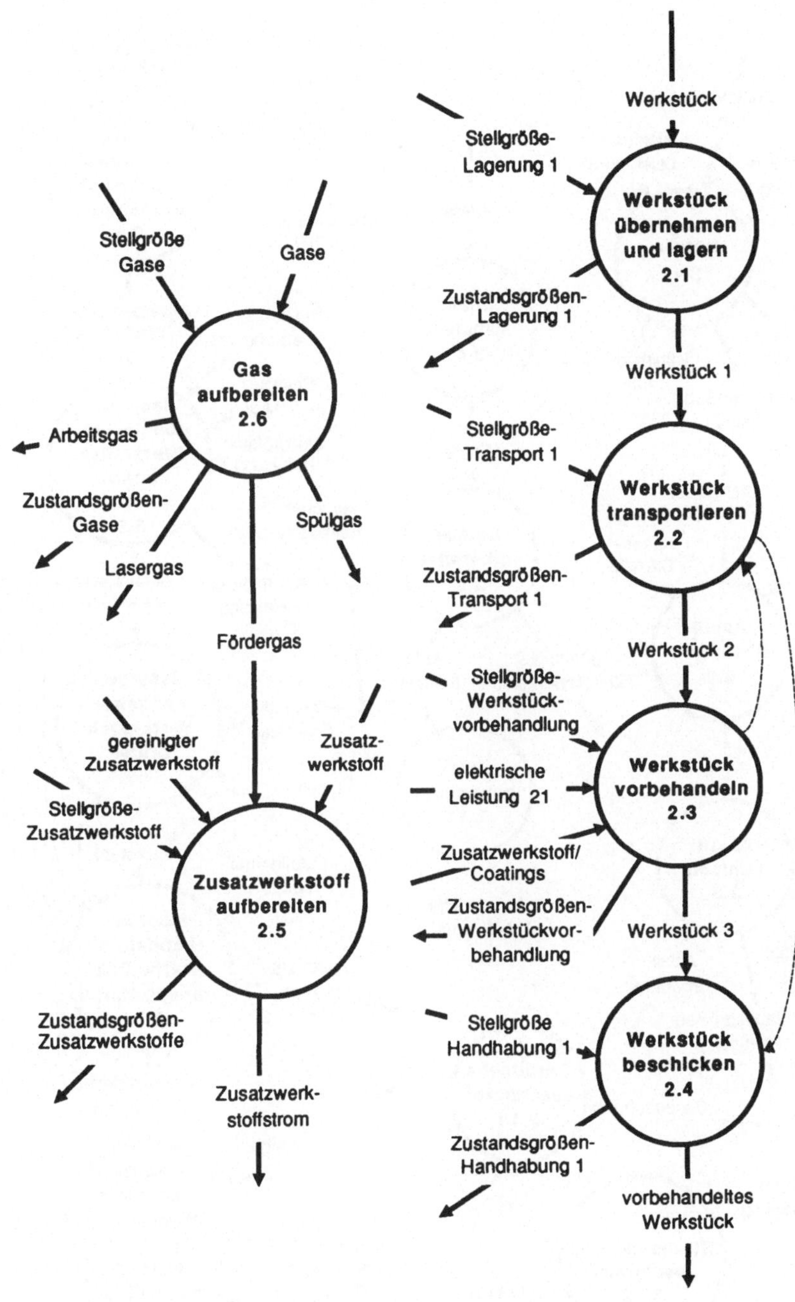

Werkstück
Stellgröße-Lagerung 1
Werkstück übernehmen und lagern 2.1
Zustandsgrößen-Lagerung 1
Werkstück 1
Stellgröße-Transport 1
Werkstück transportieren 2.2
Zustandsgrößen-Transport 1
Werkstück 2
Stellgröße-Werkstück-vorbehandlung
elektrische Leistung 21
Werkstück vorbehandeln 2.3
Zusatzwerkstoff/ Coatings
Zustandsgrößen-Werkstückvor-behandlung
Werkstück 3
Stellgröße Handhabung 1
Werkstück beschicken 2.4
Zustandsgrößen-Handhabung 1
vorbehandeltes Werkstück
Stellgröße Gase
Gase
Gas aufbereiten 2.6
Arbeitsgas
Zustandsgrößen-Gase
Lasergas
Spülgas
Fördergas
gereinigter Zusatzwerkstoff
Zusatz-werkstoff
Stellgröße-Zusatzwerkstoff
Zusatzwerkstoff aufbereiten 2.5
Zustandsgrößen-Zusatzwerkstoffe
Zusatzwerk-stoffstrom

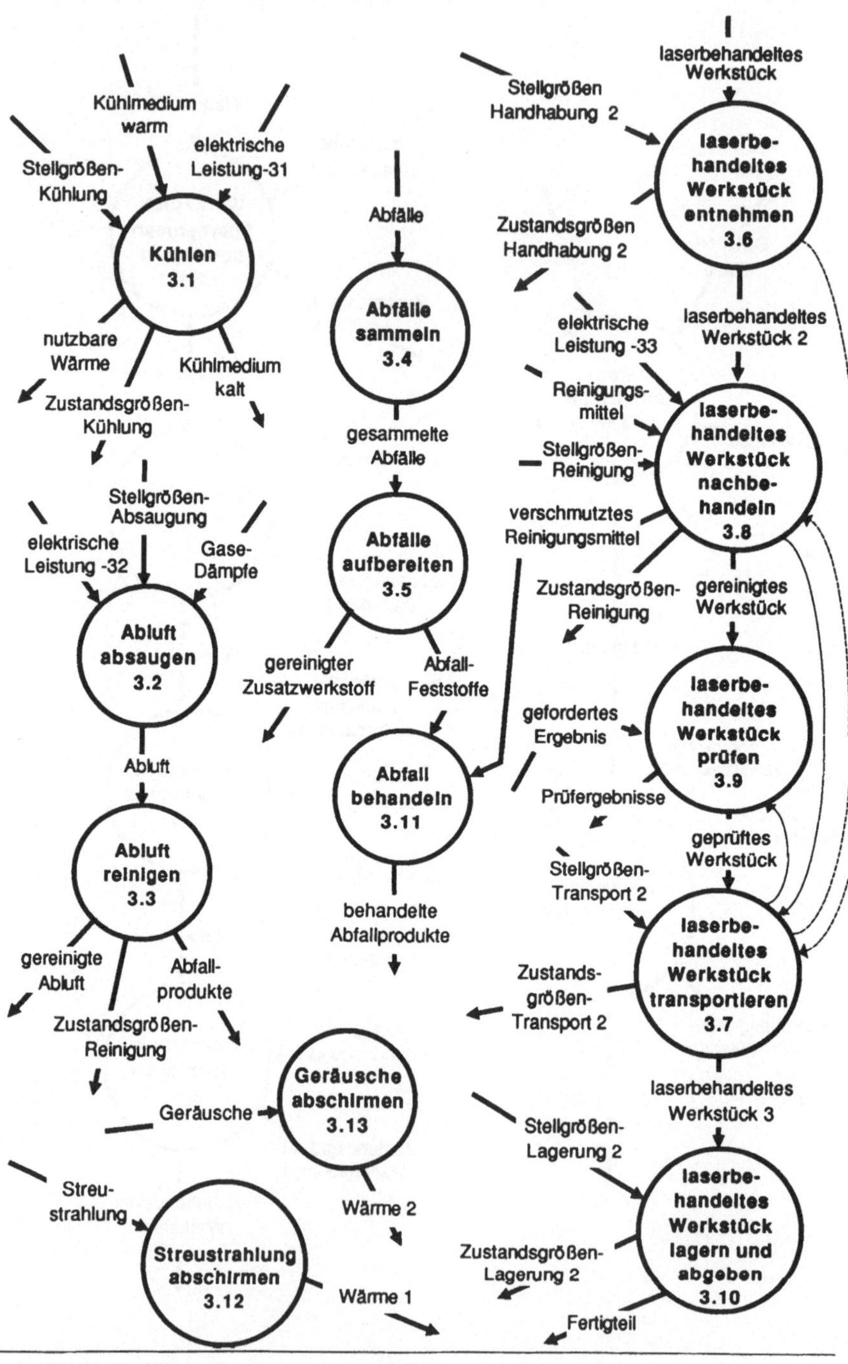
Kühlmedium warm
elektrische Leistung-31
Stellgrößen- Kühlung
Kühlen 3.1
nutzbare Wärme
Kühlmedium kalt
Zustandsgrößen- Kühlung
Stellgrößen- Absaugung
elektrische Leistung -32
Gase- Dämpfe
Abluft absaugen 3.2
Abluft
Abluft reinigen 3.3
gereinigte Abluft
Abfall- produkte
Zustandsgrößen- Reinigung
Abfälle
Abfälle sammeln 3.4
gesammelte Abfälle
Abfälle aufbereiten 3.5
gereinigter Zusatzwerkstoff
Abfall- Feststoffe
Abfall behandeln 3.11
behandelte Abfallprodukte
Geräusche
Geräusche abschirmen 3.13
Streu- strahlung
Streustrahlung abschirmen 3.12
Wärme 2
Wärme 1
Stellgrößen Handhabung 2
laserbehandeltes Werkstück
laserbehandeltes Werkstück entnehmen 3.6
Zustandsgrößen Handhabung 2
elektrische Leistung -33
laserbehandeltes Werkstück 2
Reinigungs- mittel
Stellgrößen- Reinigung
laserbehandeltes Werkstück nachbehandeln 3.8
verschmutztes Reinigungsmittel
Zustandsgrößen- Reinigung
gereinigtes Werkstück
gefordertes Ergebnis
laserbehandeltes Werkstück prüfen 3.9
Prüfergebnisse
geprüftes Werkstück
Stellgrößen- Transport 2
laserbehandeltes Werkstück transportieren 3.7
Zustands- größen- Transport 2
laserbehandeltes Werkstück 3
Stellgrößen- Lagerung 2
laserbehandeltes Werkstück lagern und abgeben 3.10
Zustandsgrößen- Lagerung 2
Fertigteil

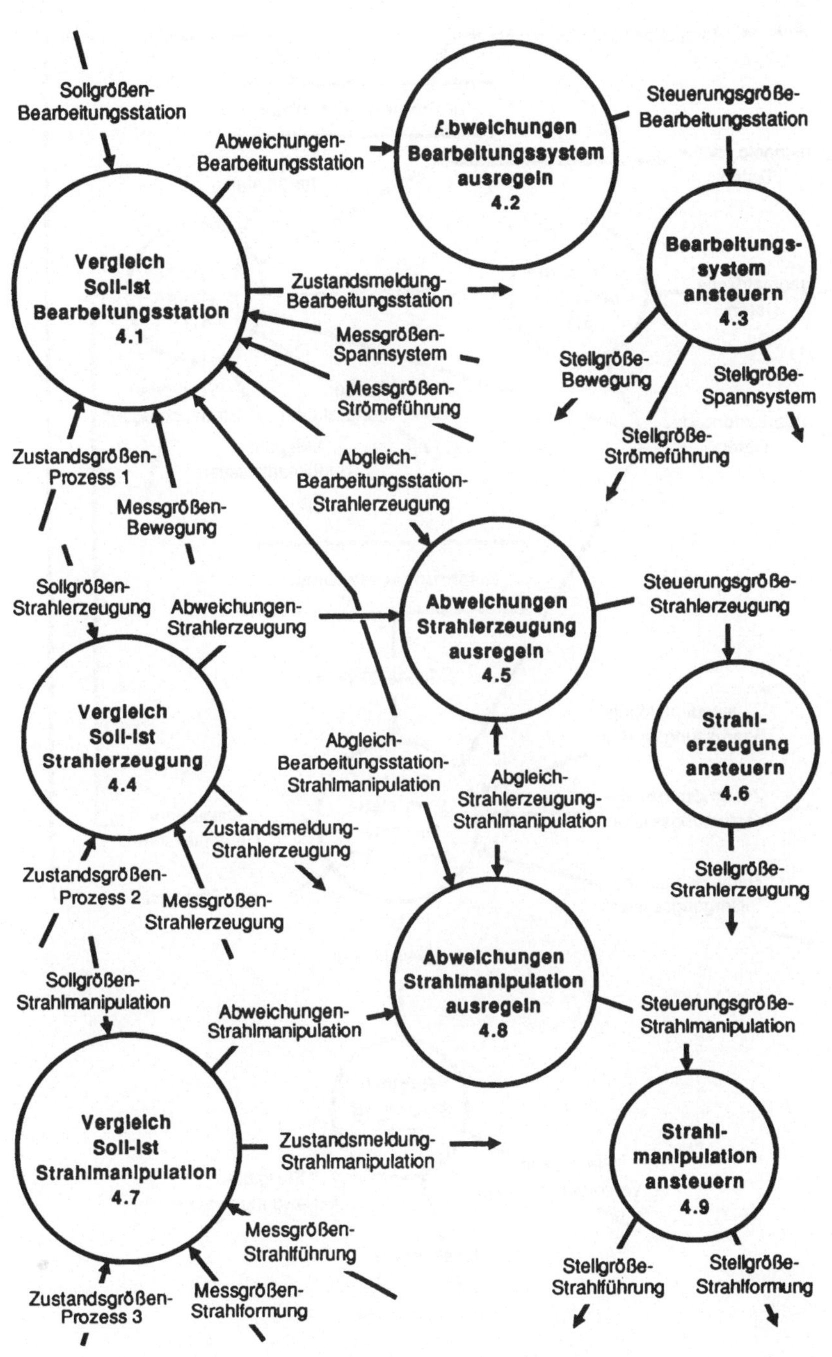
Sollgrößen-Bearbeitungsstation
Abweichungen-Bearbeitungsstation
Abweichungen Bearbeitungssystem ausregeln 4.2
Steuerungsgröße-Bearbeitungsstation
Vergleich Soll-Ist Bearbeitungsstation 4.1
Zustandsmeldung-Bearbeitungsstation
Messgrößen-Spannsystem
Messgrößen-Strömeführung
Bearbeitungs-system ansteuern 4.3
Zustandsgrößen-Prozess 1
Messgrößen-Bewegung
Abgleich-Bearbeitungsstation-Strahlerzeugung
Stellgröße-Bewegung
Stellgröße-Spannsystem
Stellgröße-Strömeführung
Sollgrößen-Strahlerzeugung
Abweichungen-Strahlerzeugung
Abweichungen Strahlerzeugung ausregeln 4.5
Steuerungsgröße-Strahlerzeugung
Vergleich Soll-Ist Strahlerzeugung 4.4
Abgleich-Bearbeitungsstation-Strahlmanipulation
Abgleich-Strahlerzeugung-Strahlmanipulation
Strahl-erzeugung ansteuern 4.6
Zustandsmeldung-Strahlerzeugung
Zustandsgrößen-Prozess 2
Messgrößen-Strahlerzeugung
Stellgröße-Strahlerzeugung
Sollgrößen-Strahlmanipulation
Abweichungen-Strahlmanipulation
Abweichungen Strahlmanipulation ausregeln 4.8
Steuerungsgröße-Strahlmanipulation
Vergleich Soll-Ist Strahlmanipulation 4.7
Zustandsmeldung-Strahlmanipulation
Strahl-manipulation ansteuern 4.9
Messgrößen-Strahlführung
Messgrößen-Strahlformung
Zustandsgrößen-Prozess 3
Stellgröße-Strahlführung
Stellgröße-Strahlformung

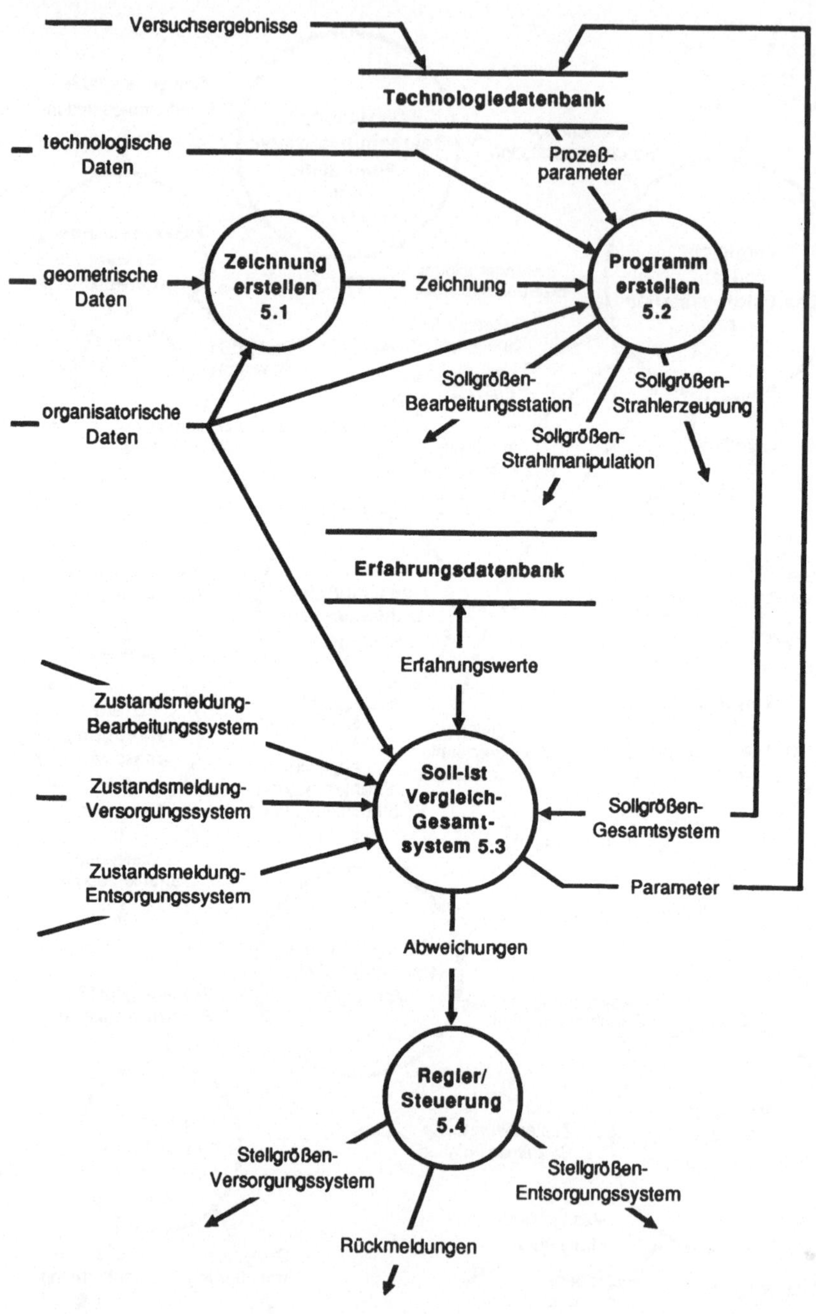
Versuchsergebnisse
Technologiedatenbank
technologische
Daten
Prozeß-
parameter
geometrische
Daten
Zeichnung
erstellen
5.1
Zeichnung
Programm
erstellen
5.2
organisatorische
Daten
Sollgrößen-
Bearbeitungsstation
Sollgrößen-
Strahlerzeugung
Sollgrößen-
Strahlmanipulation
Erfahrungsdatenbank
Erfahrungswerte
Zustandsmeldung-
Bearbeitungssystem
Zustandsmeldung-
Versorgungssystem
Soll-Ist
Vergleich-
Gesamt-
system 5.3
Sollgrößen-
Gesamtsystem
Zustandsmeldung-
Entsorgungssystem
Parameter
Abweichungen
Regler/
Steuerung
5.4
Stellgrößen-
Versorgungssystem
Stellgrößen-
Entsorgungssystem
Rückmeldungen

Anhang C

Strömungs-größe	**Laserstrahl**	Ident.-Nr. E 1

Durch die Veränderung in den Funktionen 1.1-1.5 wird der Laserstrahl mit folgenden Ausdrücken bezeichnet:

- freilaufender Strahl (1.1)
- gerichteter Strahl (1.2)
- geformter Strahl (1.3)
- Laserstrahl (1.4)
- bewegter Laserstrahl (1.5)

Der Laserstrahl wird durch folgende Größen beschrieben:

- Strahlleistung [W]
- Intensitätsverteilung $TEM_{n,m}$, $TEM_{p,1}$
- Polarisation
- Strahlgeometrie
- Nahfeld/Fernfeld

- Die Strahlleistung wird als Continious Wave- (cw-) oder in Pulsform erzeugt.

Pulsform: mittlere Strahlleistung P_L
Pulsleistung P_{LP}
Pulsspitzenleistung P_{LM}

cw-Betrieb: $P_L = P_{LP} = P_{LM} = const.$

Kenngrößen einer Impulsfolge:

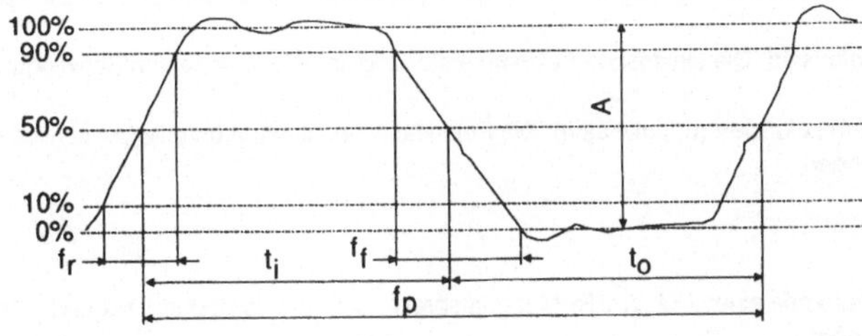

Pulsfrequenz	f_p	(HZ)
Impulsperiode	$t_p = f_p^{-1}$	(ms)
Impulsdauer	t_i	(ms)
Impulspause	$t_o = t_p - t_i$	(ms)
Tastverhältnis	$\tau = (t_i / t_p) \cdot 100$	(%)
Impulsanstiegszeit	t_r	(ms)
Impulsabfallzeit	t_f	(ms)
Pulszahl	n	
Impulsamplitude	A	

- Seite 2 -	Ident.-Nr.
	E 1

Die Modenstruktur gibt die Intensitätsverteilung über den Strahlquerschnitt wieder.

Es werden folgende Moden unterschieden:

* Hermite-Gauß-Moden $TEM_{m,n}$
  der Ordnung m, 0
* Laguerre-Gauß-Moden $TEM_{p,1}$
  der Ordnung p, 0

Die verschiedenen Moden, die mit $TEM_{m,n}$ bzw. $TEM_{p,l}$ bezeichnet werden, sind jeweils durch die Anzahl der Nullstellen der Intensität (Knotenlinien) in zwei zueinander senkrechten Koordinatenrichtungen gekennzeichnet. Die Indizes m und n geben die Anzahl dieser Nullstellen bei rechtwinkliger Symmetrie (Hermite-Gauß-Moden) wieder. Dagegen bezeichnen p und l die Anzahl der Knotenlinien bei radialer Symmetrie (Laguerre-Gauß-Moden). Der Grundmode (Gauß-Mode) TEM_{00} weist keine Nullstellen auf.

Die Modenordnung geht direkt in den Strahlradius ein (siehe dazu Strahlgeometrie).

Polarisation: Elektromagnetische Wellen lassen sich durch die Vektoren der elektrischen Feldstärke E, der magnetischen Feldstärke H und der Ausbreitungsrichtung, Geschwindigkeitsvektor v, beschreiben.

* elliptisch polarisiert: Die elektrische Feldstärke schwingt so, daß die Spitze des Feldvektors aus einer Ellipse um die Ausbreitungsrichtung läuft.

* zirkular polarisiert: Sonderfall der elliptischen Polarisation, bei der die Feldstärke im Kreis umläuft.

* linear polarisiert: Die elektrische Feldstärke schwingt in einer konstanten Schwingungsebene.

* statistisch polarisiert (unpolarisiert): Die Polarisationsrichtungen unterliegen zeitlich statistischen Änderungen.

Die Strahlgeometrie eines sich in z-Richtung ausbreitenden Strahls ist durch folgende Größen gekennzeichnet:

<table><tr><td>- Seite 3 -</td><td>Ident.-Nr.
E 1</td></tr></table>

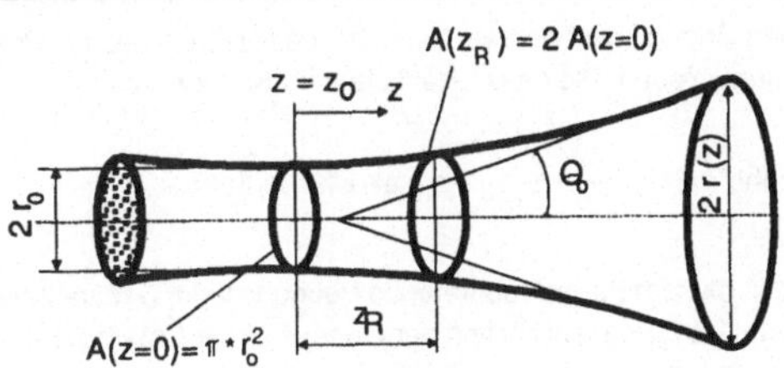

z_0 : Lage der Strahltaille

$r(z_0) = r_0$: Radius der Strahltaille

$z_R = \dfrac{\pi * r_0^2}{\lambda}$: Rayleighlänge ($\lambda_{CO_2} = 10{,}6\,\mu m$)

Θ_0 : Divergenz

$r(z) = r_0 \cdot \sqrt{(1+(z/z_R))}$: Strahlradius

* Der Strahlradius ergibt sich aus der Strahlfläche, die 86% der Gesamtleistung enhält.

* Der Radius der Strahltaille r_0 ist der kleinste Radius des freilaufenden Strahls. Dieser Radius ist von der Modenordnung abhängig. Bei Hermite-Gauß-Moden nimmt der Radius in

$$x\text{-Richtung mit } b=(2m+1)^{1/2} \text{ und in}$$
$$y\text{-Richtung mit } b=(2n+1)^{1/2} \text{ zu.}$$

Bei Laguerre-Moden wird die Abhängigkeit des Strahlradius näherungsweise durch

$$r = (2p+1+l)^{1/2} * r_{00} = b * r_{00} \text{ beschrieben.}$$

Die kleinsten Strahldurchmesser werden daher mit dem Grundmode erreicht.

* Als Lage der Strahltaille z_0 wird der Abstand der Strahltaille vom entsprechenden fokussierenden Element bezeichnet.

* Die Divergenz (Fernfelddivergenz) ist die Vergrößerung des Strahlradius mit zunehmenden Abstand von der Strahltaille im Fernfeld.

* Die Strahllagenstabilität x_0, y_0 beschreibt die maximale örtliche Abweichung des Strahlenganges von einem vorgegebenen Normal.

* Die Rayleighlänge z_R ist die Entfernung von der Strahltaille, bei der sich die Strahlquerschnittsfläche verdoppelt.

- Seite 4 -	Ident.-Nr.
	E 1

Nach einer beugenden Öffnung werden zwei Bereiche, das Nahfeld und Fernfeld, bei der Strahlausbreitung unterschieden. Die Fresnelzahl dient als Kenngröße.

$$\text{Fresnelzahl:} \quad N = \frac{a^2}{z \cdot \lambda} \quad \text{mit a als Blendenradius}$$

* Nahfeld (N>1): Die in diesem Bereich auftretende Beugungsfigur (Fresnelsche Beugung) ist relativ kompliziert und hängt wesentlich von der Geometrie der Öffnung und dem Abstand ab. Bei geringen Entfernungen zur Blende ist die Intensitätsverteilung durch die geometrische Schattenprojektion bestimmt.

* Fernfeld (n<<1): Mit größer werdender Entfernung ist die Beugungsfigur (Fraunhofersche Beugung durch eine von der Öffnung und dem Abstand unabhängige Intensitätsverteilung mit einfacher Struktur gekennzeichnet.

* Im Fokus des Laserstrahls wird die Nahfeldverteilung in die Fernfeldverteilung transformiert. (wichtig für die Strahldiagnostik)

Die Strahlgeometrie und Intensität läßt sich durch entsprechende Fokussierung (Strahlformung) verändern. Die wesentlichen Kenngrößen werden im folgenden beschrieben:

* Durchmesser am Ort der Fokussierebene
Der Strahldurchmesser D des gerichteten Strahls beeinflußt den Durchmesser des geformten Strahls d_f gemäß

$$d_f = \text{const.} \cdot D^{-1}$$

(Durch eine Zwischenfokussierung wird der Durchmesser D geändert und so der Strahldurchmesser d_f im Fokus beeinflußt.)

* Brennweite f
Als Brennweite ist der Abstand der Fokussierebene zur Fokusebene definiert. In der Fokusebene wird der Strahldurchmesser minimal. Die Brennweite beeinflußt den Fokusdurchmesser:

$$d_f = \text{const.} \cdot f$$

* Öffnungsverhältnis/Fernfelddivergenz
Das Öffnungsverhältnis F oder die Fernfelddivergenz Θ des fokussierten (geformten) Laserstrahls ist gegeben durch:

$$F = f \cdot D^{-1}$$

$$\Theta = 2 \cdot \arctan(D \cdot 0{,}5 \ f^{-1})$$

$$= 2 \cdot \arctan(0{,}5 \cdot F^{-1}) \approx 0{,}5 \ F^{-1}$$

<table>
<tr><td>- Seite 5 -</td><td>Ident.-Nr.

E 1</td></tr>
</table>

* Fokusdurchmesser d
Der Fokusdurchmesser ist der minimale Durchmesser des fokussierten Laserstrahles.

$$d_f \approx \frac{K \cdot b}{D} \cdot b \quad (b:\ \text{Seite 3};\ K_{CO_2} \approx 10{,}6\,\mu m)$$

* Fokuslage
Durch die Lage des fokussierten Laserstrahles relativ zur Werkstückoberfläche kann die Intensität des Laserstrahles an die Bearbeitungsaufgabe angepaßt werden.

* Arbeitsfleckdurchmesser
Bei gegebenen Strahl- und Strahlformungskenngrößen kann durch die Wahl der Fokuslage der Arbeitsfleckdurchmesser d_w variiert werden.

* Intensität
Die Intensität I an der Werkstückoberfläche ist als Quotient aus Strahlleistung P_L und Fläche A des Arbeitsfleckes definiert:

$$I = \frac{P_L}{A}$$

* Einstrahlwinkel
Der Einstrahlwinkel ist durch die Ausbreitungsrichtung des Laserstrahles und die Werkstück-normale definiert. Je nach Winkel können unterschiedliche, polarisationsabhängige Reflexions-grade und Arbeitsfleckgeometrien auftreten. Die Intensitätsverteilung auf der Werkstückober-fläche verändert sich dadurch in Abhängigkeit des Einstrahlwinkels.

| Strömungs-größe | Zusatzwerkstoff | | Ident.-Nr. M 3 |

Zusatzwerkstoffe dienen zur

- Beeinflussung stofflicher Eigenschaften

- Ausgleich von Werkstücktoleranzen

sowie zur Beeinflussung des Bearbeitungsprozesses.

Zusatzwerkstoffe sind unmittelbar am Prozeß beteiligt. Sie gehen eine dauerhafte Bindung mit dem Grundwerkstoff ein. Typische Zusatzwerkstoffe sind

zum Legieren:

	Mikrohärte HV 0,05	Schmelzpunkt °C	Wärmeaus-dehnung $\cdot 10^{-6} K^{-1}$
Karbide Cr_3C_2, WC, TiC, TaC	1350-3000	1810-3985	6,29-10,3
Oxide TiO_2, ZrO_2, Al_2O_3	1840-3000	2050-2680	6,66-10,2

zum Beschichten:

	Mikrohärte HV 0,05	Schmelzpunkt °C	Wärmeaus-dehnung $\cdot 10^{-6} K^{-1}$
Nickelbasis-legierungen Ni-Cr-B-Si	390-680	965-1120	13,6-14,7
Kobaltbasis-legierungen Co-Cr-W-C	310-450	1150-1420	14,8-15,2
Karbidische Nickelhart-legierungen Ni-Cr-W-C	380-460	1170-1230	14,2-14,5

- Seite 2 -	Ident.-Nr. **M 3**

Zusatzwerkstoffe werden beim Legieren und Beschichten in der Regel als Pulver oder als Folie auf den Grundwerkstoff aufgebracht.

Bei der Zuführung des Zusatzwerkstoffes werden folgende Parameter unterschieden:

Pulver:

- Art/Zusammensetzung

- Massenstrom [kg/h]

- Granulatdurchmesser [µm]

- Trägergasstrom [m^3/h]

Folie:

- Foliendicke [µm]

- Haftung auf Grundwerkstoff [N/mm^2]

- Art/Zusammensetzung

| Strömungs-größe | Kühlmittel | Ident.-Nr. M 5 |

Kühlmittel dienen zur Aufnahme der Laser-Verlustleistung in den Funktionen Laserstrahl erzeugen (1.1), -führen (1.2) und formen (1.3). Für die Kühlung der Werkstücke wird bei der Oberflächenbehandlung aufgrund der lokalen Wärmeeinbringung in der Regel kein Kühlmittel benötigt.

Folgende Parameter sind zu beachten:

- Art des Kühlmittels

- Massenstrom [kg/h]

- Temperatur [$^\circ$C]

- Druck [bar]

- spezifische Wärmekapazität [J/kg*K]

- Dichte [kg/m^3]

- Aggregatzustand (flüssig/fest)

- Additiv

Im folgenden sind einige typische Werte bei 1 bar und 0°C angegeben:

Kühlmittel	spezifische Wärmekapazität [J/kg*K]	Dichte [kg/m^3]	Siede-temperatur [°C]
Wasser	$4,2 * 10^3$	998,0	100
Äthanol	$2,4 * 10^3$	710	78,3
Glyzerin	$2,4 * 10^3$	1260	290
Sauerstoff	$0,917 * 10^3$	1,429	-183
Stickstoff	$1,05 * 10^3$	1,250	-196
Helium	$1,05 * 10^3$	0,178	-269

Weitere Stoffwerte können der Literatur entnommen werden.

Anhang D

Funktion	Laserstrahl führen	1.2

Parameter	Ident.-Nr.	Input-parameter von	Output-parameter für
Kühlmedium-kalt 2	M 5	3.1	
Kühlmedium-warm 2	M 5		3.1
freilaufender Strahl	E 1	1.1	
gerichteter Strahl	E 1		1.3
Stellgröße-Strahlführung	I 6	4.9	
Meßgröße-Strahlführung	I 8		4.7
Spülgas	M 2	2.6	1.3

Funktionswirkung:

- Führen des freilaufenden Strahls zur Funktion Laserstrahl formen (1.3) entsprechend der Stellgröße-Strahlführung

Die Führung des freilaufenden Strahls kann folgende Unterfunktionen beinhalten:

       * Laserstrahl umlenken (1.2.1)
       * Laserstrahl teilen (1.2.2)
       * Laserstrahl unterbrechen (1.2.3)

- Die Eigenschaften des in Funktion 1.1 erzeugten Laserstrahls sollen so wenig wie möglich verändert werden.

- Aufnahme der absorbierten Laserstrahlleistung in den Unterfunktionen mit Hilfe des Kühlmediums

Es wird bei der Führung des Laserstrahles zwischen Absorbtion, Transmission und Reflexion unterschieden. Aus der Energiebilanz folgt:

$$T + A + R = 1$$

$T := $ Transmissionsgrad
$A := $ Absorbtionsgrad
$R := $ Reflexionsgrad

<table>
<tr><td align="center">- Seite 2 -</td><td align="center">1.2</td></tr>
</table>

- Die absorbierte Laserleistung P_{Ab} folgt aus:

$$P_{Ab} = P_L * \prod_{i=1}^{n} (A_i/100) \qquad \begin{array}{l} A_i := \text{Absorbtionsgrad einer} \\ \qquad \text{Unterfunktion} \\ n := \text{Anzahl der Absorbtionen} \end{array}$$

- Die Output-Laserleistung P_N des gerichteten Strahls ergibt sich aus:

$$P_N = P_L - P_{Ab} = P_L * \prod_{i=1}^{n} (1 - A_i/100)$$

- Berechnung der Kühlmassenströme analog zur Funktion Laserstrahl erzeugen (1.1)

- Erzeugen der Meßgröße-Strahlführung als Input für den Vergleich des Soll-Ist Zustandes der Strahlmanipulation (Funktion 4.7)

Funktion	Laserstrahl formen		1.3

Parameter	Ident.-Nr.	Input-parameter von	Output-parameter für
Kühlmedium-kalt 3	M 5	3.1	
Kühlmedium-warm 3	M 5		3.1
gerichteter Strahl	E 1	1.2	
geformter Strahl	E 1		1.3
Stellgröße-Strahlformung	I 7	4.9	
Meßgröße-Strahlformung	I 9		4.7
Spülgas	M2	1.2	1.4

Funktionswirkung:

- Erzeugen des geformten Strahls entsprechend der Stellgröße-Strahlformung

  (Durch die Strahlformung werden die Laserstrahlkenndaten Strahlgeometrie und Intensität an den Bearbeitungsprozeß angepaßt.)

- Abführen der bei der Strahlformung absorbierten Laserleistung durch das Kühlmedium (analog zu Funktion 1.2)

- Erzeugen der Meßgrößen-Strahlformung als Input für den Vergleich des Soll-Ist Zustandes der Strahlmanipulation (Funktion 4.7)

- Für das Formen des Lasertsrahls gilt:

$$\begin{bmatrix} d_2 \\ \alpha_2 \end{bmatrix} = M \cdot \begin{bmatrix} d_1 \\ \alpha_1 \end{bmatrix}$$

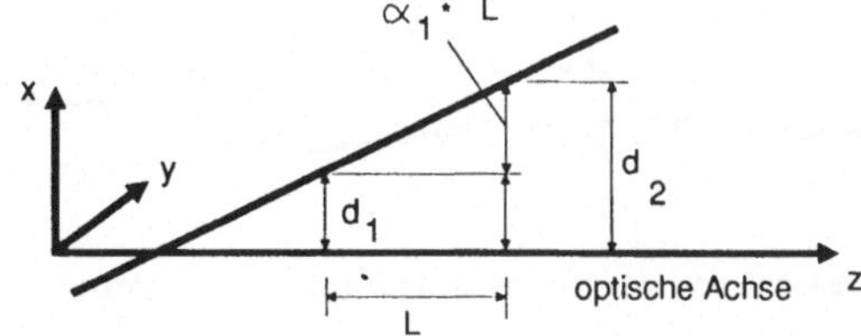

<table>
<tr><td colspan="3" align="center">- Seite 2 -</td><td>1.3</td></tr>
</table>

Nr.	Optisches System		Strahltransfermatrix
1'	Abstand		$\begin{vmatrix} 1 & d \\ 0 & 1 \end{vmatrix}$
2	Brechung an ebener Fläche		$\begin{vmatrix} 1 & 0 \\ 0 & \dfrac{n_1}{n_2} \end{vmatrix}$
3	Linse		$\begin{vmatrix} 1 & 0 \\ \dfrac{1}{f} & 1 \end{vmatrix}$
4	Reflexion an einem Spiegel		$\begin{vmatrix} 1 & 0 \\ -\dfrac{2}{r} & 1 \end{vmatrix}$

Weitere Strahltransfermatrizen können der Literatur entnommen werden.

Funktion	Abluft absaugen		3.2

Parameter	Ident.-Nr.	Iput-parameter von	Output-parameter für
elektrische Leistung-32	E 2	Umgebung	
Gase-Dämpfe	M 7	Prozeß	
Abluft	M 7		3.3
Stellgrößen-Absaugung	I 17	5.4	

Funktionswirkung:

- Absaugen der im Prozeß entstehenden Gase und Dämpfe entsprechend der Stellgrößen-Absaugung

- Zuführen der Abluft zu der Funktion Abluft reinigen (3.3)

- Folgende Parameter sind zu berücksichtigen:

 * Luftstrom V

 * Luftgeschwindigkeit v

 * Ansaugquerschnitt A

 * Ansaugwinkel

- Ermittlung des Luftstromes:　$V\,[m^3/kg] = A\,[m^2]\,{}^*\,v\,[m/s]$

- Regeln zur Absaugung (siehe nächste Seite)

 * möglichst nahe an der Schadstoffquelle ansaugen

 * den freien Querschnitt zwischen Schadstoffquelle und Absaugquerschnitt möglichst gering halten

 * vorgegebene Strömungen nutzen

 * Aufenthaltsort des Menschen sollte nicht zwischen Absaugung und Schadstoffquelle liegen

- Seite 2 -

3.2

1. Möglichst nahe an der Schadstoffquelle absaugen

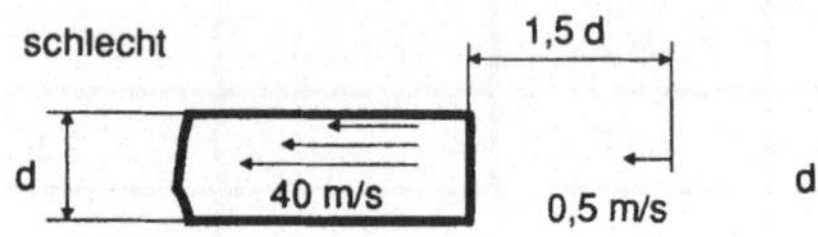

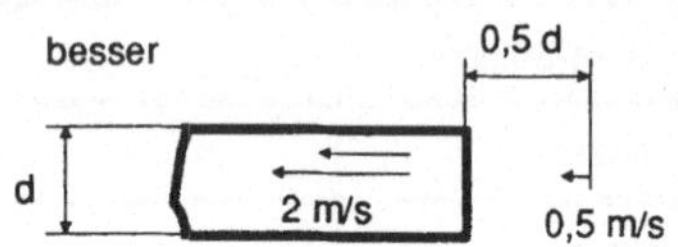

2. Freien Querschnitt klein halten

Für gleiche Wirksamkeit erforderliche Absaugleistung

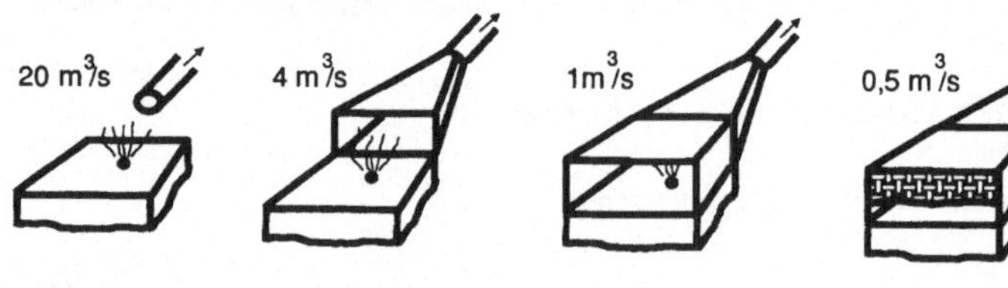

3. Vorgegebene Strömungen nutzen

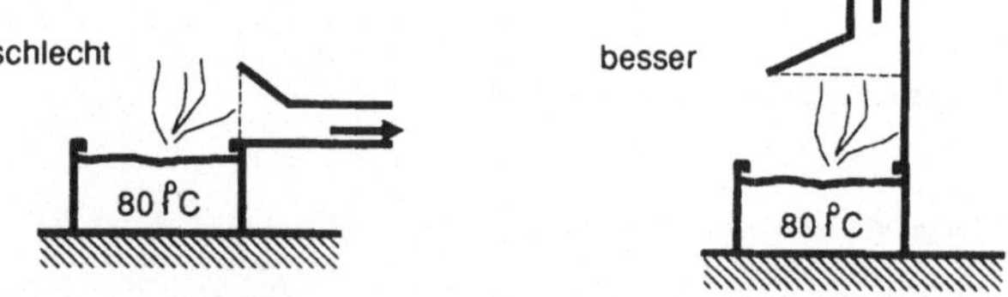

4. Luftzuführung in folgender Reihenfolge vorsehen:

Anhang E

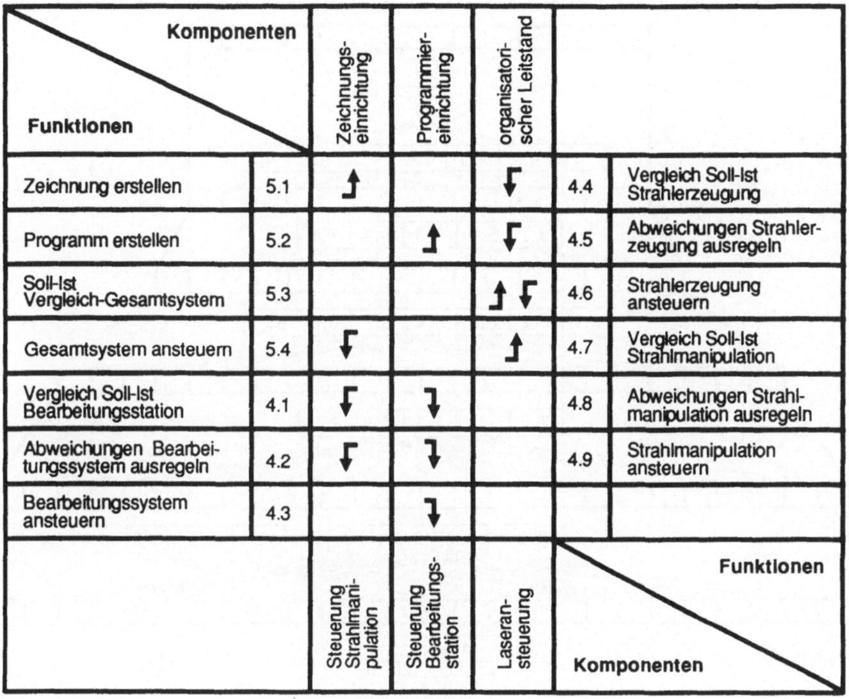

Funktionen		Komponenten: Zeichnungseinrichtung	Programmiereinrichtung	organisatorischer Leitstand		Funktionen
Zeichnung erstellen	5.1	↱		↳	4.4	Vergleich Soll-Ist Strahlerzeugung
Programm erstellen	5.2		↱	↳	4.5	Abweichungen Strahlerzeugung ausregeln
Soll-Ist Vergleich-Gesamtsystem	5.3			↱ ↳	4.6	Strahlerzeugung ansteuern
Gesamtsystem ansteuern	5.4	↳		↱	4.7	Vergleich Soll-Ist Strahlmanipulation
Vergleich Soll-Ist Bearbeitungsstation	4.1	↳	↲		4.8	Abweichungen Strahlmanipulation ausregeln
Abweichungen Bearbeitungssystem ausregeln	4.2	↳	↲		4.9	Strahlmanipulation ansteuern
Bearbeitungssystem ansteuern	4.3		↲			
		Steuerung Strahlmanipulation	Steuerung Bearbeitungsstation	Laseransteuerung	Komponenten	Funktionen

Anhang F

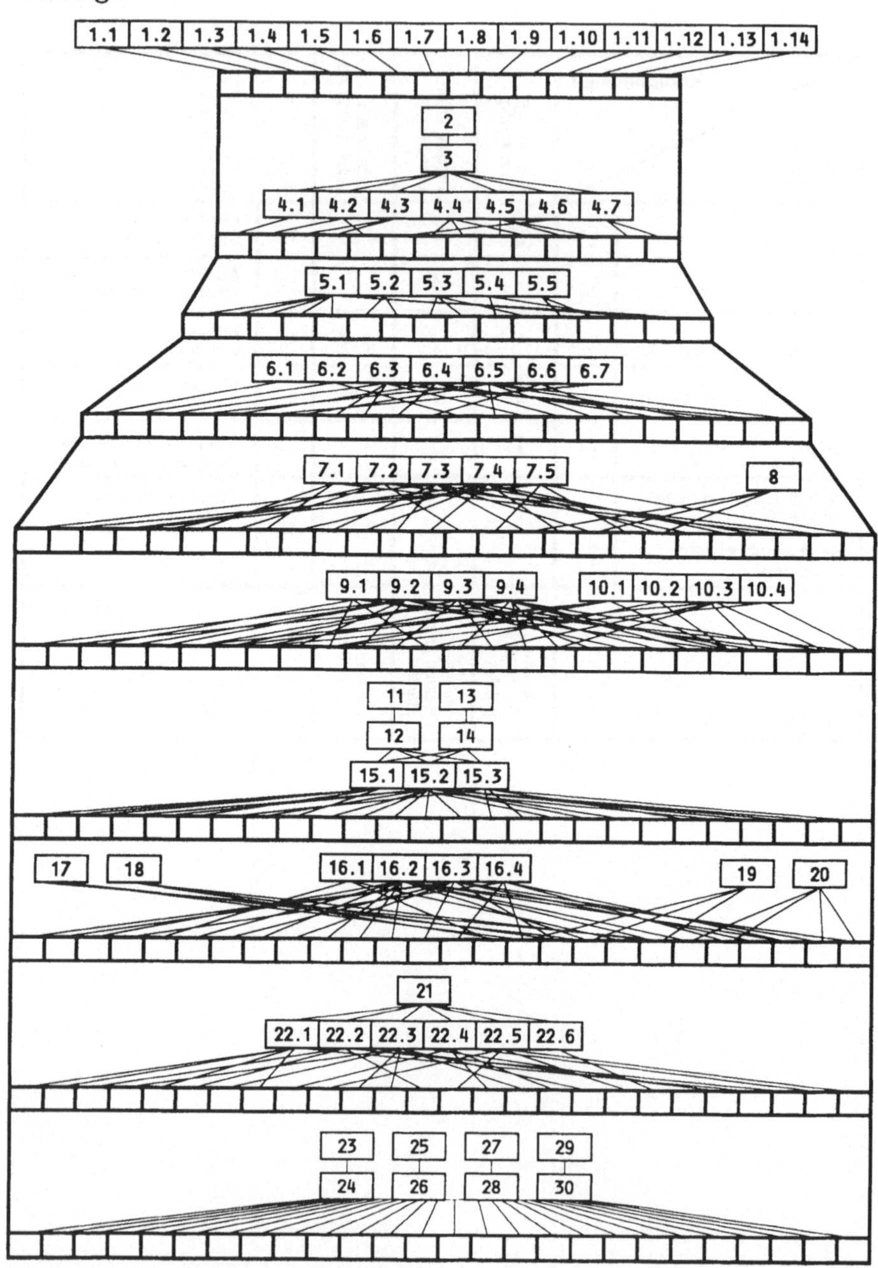

Nr.	Kenner	Benennung
1.1	E	Laserquelle01
1.2	E	Laserquelle02
1.3	E	Laserquelle03
1.4	E	Laserquelle04
1.5	E	Laserquelle05
1.6	E	Laserquelle06
1.7	E	Laserquelle07
1.8	E	Laserquelle08
1.9	E	Laserquelle09
1.10	E	Laserquelle10
1.11	E	Laserquelle11
1.12	E	Laserquelle12
1.13	E	Laserquelle13
1.14	E	Laserquelle14
V15	----	-------------------------------------
2		Passive Strahlführung
3		Aktive Strahlführung
4.1	E	Bikonvexlinse
4.2	E	Plankonvexlinse
4.3	E	Meniskuslinse
4.4	E	Sphärischer Spiegel
4.5	E	Parabolspiegel
4.6	E	Scanner
4.7	E	Sonderoptiken
V24	----	-------------------------------------
5.1	E	Ohne Pulverzufuhr
5.2	E	Seitliche Pulverzufuhr
5.3	E	Zentrische Pulverzufuhr
5.4	E	Mehrstrahldüse
5.5	E	Ringdüse
V30	----	-------------------------------------

Nr.	Kenner	Benennung
6.1	E	Koordinatentisch
6.2	E	Roboter
6.3	E	Koordinatentisch+Kragarm
6.4	E	Koordinatentisch+Portal
6.5	E	Portal
6.6	E	Roboter mit interner Strahlführung
6.7	E	Roboter mit externer Strahlführung
V38	----	-----------------------------------
7.1	E	Spannstock
7.2	E	Backenfutter
7.3	E	Schwenk- und Kipptisch
7.4	E	Drehtisch
7.5	E	Spezialvorrichtung
V44	----	-----------------------------------
8	Z	Vorbehandlungseinrichtung
9.1	E	Manuell
9.2	E	Einlegegerät
9.3	E	Palettenwechsler
9.4	E	Industrieroboter
V50	----	-----------------------------------
10.1	ZE	Drehtellerdosierer
10.2	ZE	Bandwaagendosierer
10.3	ZE	Schneckendosierer
10.4	ZE	Zellenraddosierer
11		Lasergasversorgung
12		Arbeits- und Schutzgas
13		Druckluft
14		Spülgas
15.1	E	Luftgekühlte Kühlanlage
15.2	E	Wasser-Wasser Wärmetauscher
15.3	E	Kompressorbetriebene Kühlung
V62	----	-----------------------------------

<u>Nr.</u>	<u>Kenner</u>	<u>Benennung</u>
16.1	E	Absaugung nach unten
16.2	E	Absaugarme
16.3	E	Absaughaube
16.4	E	Vollkapselung
V67	----	-------------------------------------
17	Z	Sammeleinrichtung
18	Z	Aufbereitung
19	Z	Nachbehandlung
20	Z	Prüfstation
21		Sicherheitseinrichtungen
22.1	E	Teach-in Programmierung
22.2	E	Play-back Programmierung
22.3	E	Master-slave Programmierung
22.4	E	Manuelle off-line Programmierung
22.5	E	Maschinelle off-line Programmierung
22.6	E	Hybride Programmierung
V79	----	-------------------------------------
23		Steuerung Bearbeitungsstation
24		Lasersteuerung
25		Steuerung der Strahlführung
26		Steuerung der Strahlformung
27		Sensorik und Überwachung
28		Regeleinrichtungen
29		Organisatorischer Leitstand
30		Dokumentationssystem
V88	----	-------------------------------------

<u>Legende:</u>   E :   Ersatzvariantenteil

                   Z :   Zusatzvariantenteil

                 ZE :   Zusatzersatzvariantenteil

                 V :   Variantenleiste

Anhang G

S Y S T E M S T E C K B R I E F

TEIL I: unternehmensspezifische Daten

Unternehmen: ___________________________

Datum: 14.02.1991

Arbeitstage pro Jahr: 237

Arbeitsstunden pro Tag: 7.4

Schichtanzahl pro Tag: 2

Kakulationszinssatz: 10 %

Versicherung: ./.

Instandhaltungskostenfaktoren

Bearbeitungseinheiten: 5 % von Investitionssumme

Werkzeuge/Vorrichtungen: 2.5 %   -"-

Materialfluß/Versorgung: 2.5 %   -"-

Umlagen

Stromkosten:	0.191 DM/kWh	Druckluftkosten:	0.3 DM/m^3
Ölkosten:	0.58 DM/l	Raumkosten:	150 DM/m^2
Wasserkosten:	5.31 DM/m^3		

jährliche Zuwachsraten

Personalkosten:	3.0 %	Preis:	2.2 %
Materialkosten:	2.2 %	Wiederbeschaffung:	2.2 %
betriebsabhängige Kosten:	3 %		

Personalkosten

ungelernter Mitarbeiter:	38.8 DM/h	Facharbeiter:	120 TDM/a
Dipl. Ingenieur:	160 TDM/a		

Nr.:

SYSTEMSTECKBRIEF
TEIL II: produktspezifische Daten

Unternehmen: _______________

Datum: 14.02.1991

Produkt: Matrizen - Einsatz

Variante: ./.

Zeichnungs-Nr.: 1420

Abmaße (L:B:H): s. Zeichnung

Gewicht: 0.9 kg

Materialspezifikation

Werkstoff: X 32 CrMoV 3 3 (1.2365)

Oberfläche: Nitriert

Beschichtung: ./,

Oberflächenqualität: ./.

Ökologische Aspekte

Emissionsaspekte: ./.

Bearbeitungsabfälle: ./.

Kosten/Erlöse

Patent-/Lizenzgebühren: ./.

Materialkosten: 11.99 DM/St   Erlöse: 123.02 DM/St

Stückzahlentwicklung

Periode	1	2	3	4	5	6	7	8
Anzahl	2914	2914	2914	2914	2914	2914	2914	2914

Nr.:

S Y S T E M S T E C K B R I E F

TEIL II: produktspezifische Daten

Unternehmen: ________________________

Datum: 14.02.1991

Produkt: Matrize

Variante: ./.

Zeichnungs-Nr.:   1416

Abmaße (L:B:H):   s. Zeichnung

Gewicht: 1.75 kg

Materialspezifikation

Werkstoff: X 32 CrMoV 3 3 (1.2365)

Oberfläche: Einsatzgehärtet

Beschichtung: ./,

Oberflächenqualität: ./.

Ökologische Aspekte

Emissionsaspekte: ./.

Bearbeitungsabfälle: ./.

Kosten/Erlöse

Patent-/Lizenzgebühren: ./.

Materialkosten: 28.13 DM/St   Erlöse: 288.52 DM/St

Stückzahlentwicklung

Periode	1	2	3	4	5	6	7	8
Anzahl	2914	2914	2914	2914	2914	2914	2914	2914

Nr.:

SYSTEMSTECKBRIEF
TEIL II: produktspezifische Daten

Unternehmen: _______________

Datum: 14.02.1991

Produkt: Preßstempel

Variante: ./.

Zeichnungs-Nr.: 1415

Abmaße (L:B:H): s. Zeichnung

Gewicht: 1.75 kg

Materialspezifikation

Werkstoff: X 32 CrMoV 3 3 (1.2365)

Oberfläche: Einsatzgehärtet

Beschichtung: ./,

Oberflächenqualität: ./.

Ökologische Aspekte

Emissionsaspekte: ./.

Bearbeitungsabfälle: ./.

Kosten/Erlöse

Patent-/Lizenzgebühren: ./.

Materialkosten: 4.90 DM/St   Erlöse: 50.27 DM/St

Stückzahlentwicklung

Periode	1	2	3	4	5	6	7	8
Anzahl	2914	2914	2914	2914	2914	2914	2914	2914

Nr.:

Anhang H

Projekt-Nr.: Ac/PO /01	Planungsalternative 1	Seite : 1	4.1
Version der Planungsbasis : 0	Version der Alternative : 0		
Version der fixen Daten : 15	Erstellung der Berechnung : 11.03.91		
Amortisationszeit : -1.00	Kapitalwert : -3287.04		

Kapitaleinsatz / Periode	0	1	2
Betriebsbereitschaft			
Investition	461500.00	0.00	0.00
Selbsterstellung	0.00	0.00	0.00
Installation	0.00	0.00	0.00
Konstruktion	0.00	0.00	0.00
Projektstand	0.00	0.00	0.00
während des Betriebes			
Personalkosten	0.00	380550.69	391967.21
Betriebsabh. Kosten	0.00	67586.14	68406.96
Zusatzkosten durch Einf.	0.00	187925.89	68349.17
Raumkosten	0.00	0.00	0.00
Betriebsmittelanpassung	0.00	0.00	0.00
Materialkosten	0.00	0.00	0.00
Einnahmen	0.00	0.00	0.00
Kapitaldienst (Kosten/Erlös)	0.00	-46150.00	-114371.27
Projektstand [TDM]	-461.50	-1143.71	-1786.81

Projekt-Nr.: Ac/PO /01	Planungsalternative 1	Seite : 2	4.1
Version der Planungsbasis : 0	Version der Alternative : 0		
Version der fixen Daten : 15	Erstellung der Berechnung : 11.03.91		
Amortisationszeit : -1.00	Kapitalwert : -3287.04		

Kapitaleinsatz / Periode	3	4	5
Betriebsbereitschaft			
Investition	0.00	0.00	0.00
Selbsterstellung	0.00	0.00	0.00
Installation	0.00	0.00	0.00
Konstruktion	0.00	0.00	0.00
Projektstand	0.00	0.00	0.00
während des Betriebes			
Personalkosten	403726.22	415838.01	428313.15
Betriebsabh. Kosten	69252.41	70123.23	71020.16
Zusatzkosten durch Einf.	0.00	0.00	0.00
Raumkosten	0.00	0.00	0.00
Betriebsmittelanpassung	0.00	0.00	0.00
Materialkosten	0.00	0.00	0.00
Einnahmen	0.00	0.00	0.00
Kapitaldienst (Kosten/Erlös)	-178680.73	-243846.67	-316827.46
Projektstand [TDM]	-2438.47	-3168.27	-3984.44

Projekt-Nr.: Ac/PO /01	Planungsalternative 1	Seite : 3	4.1
Version der Planungsbasis : 0	Version der Alternative : 0		
Version der fixen Daten : 15	Erstellung der Berechnung : 11.03.91		
Amortisationszeit : -1.00	Kapitalwert : -3287.04		

Kapitaleinsatz / Periode	6 •	7	8
Betriebsbereitschaft			
Investition	0.00	0.00	0.00
Selbsterstellung	0.00	0.00	0.00
Installation	0.00	0.00	0.00
Konstruktion	0.00	0.00	0.00
Projektstand	0.00	0.00	0.00
während des Betriebes			
Personalkosten	441162.54	454397.42	468029.34
Betriebsabh. Kosten	71944.01	72895.57	73875.68
Zusatzkosten durch Einf.	0.00	0.00	0.00
Raumkosten	0.00	0.00	0.00
Betriebsmittelanpassung	0.00	0.00	0.00
Materialkosten	0.00	0.00	0.00
Einnahmen	0.00	0.00	0.00
Kapitaldienst (Kosten/Erlös)	-398443.54	-489598.55	-591287.70
Projektstand [TDM]	-4895.99	-5912.88	-7046.07

Projekt-Nr.: Ac/PO /01	Planungsalternative 2	Seite : 1	4.1
Version der Planungsbasis : 0	Version der Alternative : 0		
Version der fixen Daten : 15	Erstellung der Berechnung : 11.03.91		
Amortisationszeit : -1.00	Kapitalwert : -1691.35		

Kapitaleinsatz / Periode	0	1	2
Betriebsbereitschaft			
Investition	478000.00	0.00	0.00
Selbsterstellung	0.00	0.00	0.00
Installation	0.00	0.00	0.00
Konstruktion	0.00	0.00	0.00
Projektstand	0.00	0.00	0.00
während des Betriebes			
Personalkosten	0.00	165714.11	170685.53
Betriebsabh. Kosten	0.00	24452.13	24809.55
Zusatzkosten durch Einf.	0.00	89665.32	32645.22
Raumkosten	0.00	0.00	0.00
Betriebsmittelanpassung	0.00	0.00	0.00
Materialkosten	0.00	0.00	0.00
Einnahmen	0.00	0.00	0.00
Kapitaldienst (Kosten/Erlös)	0.00	-47800.00	-80563.16
Projektstand [TDM]	-478.00	-805.63	-1114.34

Projekt-Nr.: Ac/PO /01	Planungsalternative 2	Seite : 2	4.1
Version der Planungsbasis : 0	Version der Alternative : 0		
Version der fixen Daten : 15	Erstellung der Berechnung : 11.03.91		
Amortisationszeit : -1.00	Kapitalwert : -1691.35		

Kapitaleinsatz / Periode	3	4	5
Betriebsbereitschaft			
Investition	0.00	0.00	0.00
Selbsterstellung	0.00	0.00	0.00
Installation	0.00	0.00	0.00
Konstruktion	0.00	0.00	0.00
Projektstand	0.00	0.00	0.00
während des Betriebes			
Personalkosten	175806.10	181080.28	186512.69
Betriebsabh. Kosten	25177.68	25556.86	25947.41
Zusatzkosten durch Einf.	0.00	0.00	0.00
Raumkosten	0.00	0.00	0.00
Betriebsmittelanpassung	0.00	0.00	0.00
Materialkosten	0.00	0.00	0.00
Einnahmen	0.00	0.00	0.00
Kapitaldienst (Kosten/Erlös)	-111433.50	-142675.23	-177606.47
Projektstand [TDM]	-1426.75	-1776.06	-2166.13

Projekt-Nr.: Ac/PO /01	Planungsalternative 2	Seite : 3	4.1

Version der Planungsbasis : 0	Version der Alternative : 0

Version der fixen Daten : 15	Erstellung der Berechnung : 11.03.91

Amortisationszeit : -1.00	Kapitalwert :　　-1691.35

Kapitaleinsatz / Periode	6	7	8
Betriebsbereitschaft			
Investition	0.00	0.00	0.00
Selbsterstellung	0.00	0.00	0.00
Installation	0.00	0.00	0.00
Konstruktion	0.00	0.00	0.00
Projektstand	0.00	0.00	0.00
während des Betriebes			
Personalkosten	192108.07	197871.31	203807.45
Betriebsabh. Kosten	26349.68	26764.01	27190.78
Zusatzkosten durch Einf.	0.00	0.00	0.00
Raumkosten	0.00	0.00	0.00
Betriebsmittelanpassung	0.00	0.00	0.00
Materialkosten	0.00	0.00	0.00
Einnahmen	0.00	0.00	0.00
Kapitaldienst (Kosten/Erlös)	-216613.12	-260120.21	-308595.76
Projektstand [TDM]	-2601.20	-3085.96	-3625.55

Projekt-Nr.: Ac/PO /01	Planungsalternative 3	Seite : 1	4.1

Version der Planungsbasis : 0	Version der Alternative : 0

Version der fixen Daten : 15	Erstellung der Berechnung : 24.02.91

Amortisationszeit : -1.00	Kapitalwert : -2946.26

Kapitaleinsatz / Periode	0	1	2
Betriebsbereitschaft			
Investition	451500.00	0.00	0.00
Selbsterstellung	0.00	0.00	0.00
Installation	0.00	0.00	0.00
Konstruktion	0.00	0.00	0.00
Projektstand	0.00	0.00	0.00
während des Betriebes			
Personalkosten	0.00	324036.11	333757.19
Betriebsabh. Kosten	0.00	67484.15	68304.97
Zusatzkosten durch Einf.	0.00	187929.72	68350.57
Raumkosten	0.00	0.00	0.00
Betriebsmittelanpassung	0.00	0.00	0.00
Materialkosten	0.00	0.00	0.00
Einnahmen	0.00	0.00	0.00
Kapitaldienst (Kosten/Erlös)	0.00	-45150.00	-107610.00
Projektstand [TDM]	-451.50	-1076.10	-1654.12

Projekt-Nr.: Ac/PO /01	Planungsalternative 3	Seite : 2	4.1

Version der Planungsbasis : 0	Version der Alternative : 0

Version der fixen Daten : 15	Erstellung der Berechnung : 24.02.91

Amortisationszeit : -1.00	Kapitalwert : -2946.26

Kapitaleinsatz / Periode	3	4	5
Betriebsbereitschaft			
Investition	0.00	0.00	0.00
Selbsterstellung	0.00	0.00	0.00
Installation	0.00	0.00	0.00
Konstruktion	0.00	0.00	0.00
Projektstand	0.00	0.00	0.00
während des Betriebes			
Personalkosten	343769.91	354083.01	364705.50
Betriebsabh. Kosten	69150.42	70021.24	70918.17
Zusatzkosten durch Einf.	0.00	0.00	0.00
Raumkosten	0.00	0.00	0.00
Betriebsmittelanpassung	0.00	0.00	0.00
Materialkosten	0.00	0.00	0.00
Einnahmen	0.00	0.00	0.00
Kapitaldienst (Kosten/Erlös)	-165412.27	-223245.53	-287980.51
Projektstand [TDM]	-2232.46	-2879.81	-3603.41

Projekt-Nr.: Ac/PO /01	Planungsalternative 3	Seite : 3	4.1

Version der Planungsbasis : 0	Version der Alternative : 0

Version der fixen Daten : 15	Erstellung der Berechnung : 24.02.91

Amortisationszeit : -1.00	Kapitalwert : -2946.26

Kapitaleinsatz / Periode	6	7	8
Betriebsbereitschaft			
Investition	0.00	0.00	0.00
Selbsterstellung	0.00	0.00	0.00
Installation	0.00	0.00	0.00
Konstruktion	0.00	0.00	0.00
Projektstand	0.00	0.00	0.00
während des Betriebes			
Personalkosten	375646.66	386916.06	398523.54
Betriebsabh. Kosten	71842.02	72793.58	73773.69
Zusatzkosten durch Einf.	0.00	0.00	0.00
Raumkosten	0.00	0.00	0.00
Betriebsmittelanpassung	0.00	0.00	0.00
Materialkosten	0.00	0.00	0.00
Einnahmen	0.00	0.00	0.00
Kapitaldienst (Kosten/Erlös)	-360340.93	-441123.89	-531207.24
Projektstand [TDM]	-4411.24	-5312.07	-6315.58

Projekt-Nr.: Ac/PO /01	Planungsalternative 4	Seite : 1	4.1

Version der Planungsbasis : 0   Version der Alternative : 0

Version der fixen Daten : 15   Erstellung der Berechnung : 24.02.91

Amortisationszeit : -1.00   Kapitalwert :   -2855.25

Kapitaleinsatz / Periode	0	1	2
Betriebsbereitschaft			
Investition	501500.00	0.00	0.00
Selbsterstellung	0.00	0.00	0.00
Installation	0.00	0.00	0.00
Konstruktion	0.00	0.00	0.00
Projektstand	0.00	0.00	0.00
während des Betriebes			
Personalkosten	0.00	302087.17	311149.78
Betriebsabh. Kosten	0.00	67484.15	68304.97
Zusatzkosten durch Einf.	0.00	177394.23	64507.31
Raumkosten	0.00	0.00	0.00
Betriebsmittelanpassung	0.00	0.00	0.00
Materialkosten	0.00	0.00	0.00
Einnahmen	0.00	0.00	0.00
Kapitaldienst (Kosten/Erlös)	0.00	-50150.00	-109861.56
Projektstand [TDM]	-501.50	-1098.62	-1652.44

Projekt-Nr.: Ac/PO /01	Planungsalternative 4	Seite : 2	4.1

Version der Planungsbasis : 0   Version der Alternative : 0

Version der fixen Daten : 15   Erstellung der Berechnung : 24.02.91

Amortisationszeit : -1.00   Kapitalwert :   -2855.25

Kapitaleinsatz / Periode	3	4	5
Betriebsbereitschaft			
Investition	0.00	0.00	0.00
Selbsterstellung	0.00	0.00	0.00
Installation	0.00	0.00	0.00
Konstruktion	0.00	0.00	0.00
Projektstand	0.00	0.00	0.00
während des Betriebes			
Personalkosten	320484.28	330098.80	340001.77
Betriebsabh. Kosten	69150.42	70021.24	70918.17
Zusatzkosten durch Einf.	0.00	0.00	0.00
Raumkosten	0.00	0.00	0.00
Betriebsmittelanpassung	0.00	0.00	0.00
Materialkosten	0.00	0.00	0.00
Einnahmen	0.00	0.00	0.00
Kapitaldienst (Kosten/Erlös)	-165243.92	-220731.78	-282816.96
Projektstand [TDM]	-2207.32	-2828.17	-3521.91

Projekt-Nr.: Ac/PO /01	Planungsalternative 4	Seite : 3	4.1

Version der Planungsbasis : 0	Version der Alternative : 0
Version der fixen Daten : 15	Erstellung der Berechnung : 24.02.91
Amortisationszeit : -1.00	Kapitalwert :　　-2855.25

Kapitaleinsatz / Periode	6	7	8
Betriebsbereitschaft			
Investition	0.00	0.00	0.00
Selbsterstellung	0.00	0.00	0.00
Installation	0.00	0.00	0.00
Konstruktion	0.00	0.00	0.00
Projektstand	0.00	0.00	0.00
während des Betriebes			
Personalkosten	350201.82	360707.88	371529.11
Betriebsabh. Kosten	71842.02	72793.58	73773.69
Zusatzkosten durch Einf.	0.00	0.00	0.00
Raumkosten	0.00	0.00	0.00
Betriebsmittelanpassung	0.00	0.00	0.00
Materialkosten	0.00	0.00	0.00
Einnahmen	0.00	0.00	0.00
Kapitaldienst (Kosten/Erlös)	-352190.65	-429614.10	-515925.65
Projektstand [TDM]	-4296.14	-5159.26	-6120.49

Projekt-Nr.: Ac/PO /01	Planungsalternative 7	Version : 0	3.1.1
Kurzbeschreibung der Planungsalternative			Seite : 1

Kurzbeschreibung :
Integrationsplanung

Beschreibung:

Projekt-Nr.: Ac/PO /01	Planungsalternative 7	Version : 0	3.1.2
Nicht monetär bewertbare Vor- und Nachteile der Planungsalternat			Seite : 1

1. Vorteile   :   ----

2. Nachteile :   ----

Projekt-Nr.: Ac/PO /01	Planungsalternative 7	Version : 0	3.1.3
Produktionsgliederung und Zeitplan			Seite : 1

Nr	Produktgruppe	Produkt	Produktion von	bis
1	Matrize	1	01/91	12/98
2	Stempel	2	01/91	12/98
3	Matrizeneinsatz	3	01/91	12/98

Projekt-Nr.: Ac/PO /01	Planungsalternative 7	Version : 0	3.1.4
Betriebsmittelgliederung			Seite : 1

Nr	Betriebsmittelbezeichnung	Produktion von	bis	für Produktgruppe	S
1	Vorbehandeln	01/91	12/98	1/2/3	2
2	Bearbeiten	01/91	12/98	1/2/3	2
3	Prüfen	01/91	12/98	1/2/3	2
4	Leitstand	01/91	12/98	1/2/3	1

Projekt-Nr.: Ac/PO /01	Planungsalternative 7	Version : 0	3.2.2.1.1

Betriebsmittel : Vorbehandeln   BM-Nummer : 1

Anschaffung von Bearbeitungseinheiten   Seite : 1

Nr	Bezeichnung/Funktion	techn.Daten/Auswahlk.	A_ZP	A_Wert	ND	Inst.K.	FI
1	Sandstrahler		01/91	10000	10	0.14	1.40
Gesamt :				10000		0.14	

Projekt-Nr.: Ac/PO /01	Planungsalternative 7	Version : 0	3.2.1

Betriebsmittel : Bearbeiten   BM-Nummer : 2

Funktionale Beschreibung des Betriebsmittels   Seite : 1

Aufstellungsplan-Nr. :

Raumbedarf (m) :   130   Kategorie : 1 Preis m /Jahr : 150.00

Funktionale Merkmale
    Anzahl autom. Stationen   :   0
    Anzahl Arbeitsplätze   :   0
    Kritische Komponenten   :   ----
    Art der Materialzuführung :
    Andere Merkmale   :   ----

Funktionsbeschreibung :   ----

Projekt-Nr.: Ac/PO /01	Planungsalternative 7	Version : 0	3.2.2.1.1

Betriebsmittel : Bearbeiten   BM-Nummer : 2

Anschaffung von Bearbeitungseinheiten   Seite : 1

Nr	Bezeichnung/Funktion	techn.Daten/Auswahlk.	A_ZP	A_Wert	ND	Inst.K.	FI
1	Laserquelle		01/91	451500	10	14.30	3.17
2	Kühlung		01/91	57100	10	1.81	3.17
3	HeNe-Laser		01/91	8480	10	0.27	3.18
4	Ersatzteilkit		01/91	20000	10	0.63	3.15
5	Gasversorgung		01/91	5000	10	0.16	3.20
6	Strahlführung		01/91	12000	10	0.38	3.17
7	Strahlformung		01/91	34000	10	1.08	3.18
8	ZWS-Versorgung		01/91	45000	10	0.71	1.58
9	Bewegungssystem		01/91	180000	10	2.85	1.58
10	Werkstückwechsler		01/91	50000	10	0.79	1.58
11	Absauganlage		01/91	30000	10	0.48	1.60
12	Sicherheitseinrichtungen		01/91	10000	10	0.02	0.16
13	Steuerung incl. SW		01/91	140000	10	2.22	1.59
14	Externer Prgrammierplatz		01/91	40000	10	0.00	0.00
Gesamt :				1083080		25.70	

Projekt-Nr.: Ac/PO /01	Planungsalternative 7	Version : 0	3.2.2.3

Betriebsmittel : Bearbeiten — BM-Nummer : 2

Installation — Seite : 1

Nr	Beschreibung der Aufgabe	Dauer von	bis	Personal-Qualifik.	Be-darf	Kost stel	Perso-nalk.	Zusatz-kosten
1	Vorbereitung				0		0	0
2	Aufstellung				0		0	0
3	Arbeitsplätze einrichten				0		0	0
4	Materialsystem				0		0	0
5	Energieanschlüsse				0		0	0
6	EDV-Kopplung				0		0	0
7	Gesamt	01/91	01/91		0		0	15000
Gesamt :							0	15000

Projekt-Nr.: Ac/PO /01	Planungsalternative 7	Version : 0	3.2.3

Betriebsmittel : Bearbeiten — BM-Nummer : 2

Betriebabhängige Kosten — Seite : 1

Nr	Kostenart	DM/h	Erklärung/Herleitung
1	Werkzeugkosten	0.00	
2	Stromkosten	7.60	(Anschlußleistung : 40.00 kW/h Standardstrompreis : 0.19 DM/kW)
3	Andere Energiekosten	0.00	
4	Hilf- und Betriebsstoffe	0.00	
5	Kohlendioxid	0.05	2.8 l/h (Lasergas)
6	Stickstoff	0.20	28.3 l/h (Lasergas)
7	Helium	1.91	53.9 l/h (Lasergas)
8	Argon	2.16	4 l/min (Pulvergeber)
9	Argon	6.48	12 l/min (Schutzgas)
10	Argon	16.20	30 l/min (Schutzgas)
	Gesamt :	34.60	

Projekt-Nr.: Ac/PO /01	Planungsalternative 7	Version : 0	3.2.4.1

Betriebsmittel : Bearbeiten — BM-Nummer : 2

Aufwendungen durch Einführung und Anlauf des Betriebsmittels — Seite : 1

Nr		1991	1992	1993
1	Effektive Leistung des BM (%)	52	83	100
2	Reisekosten (DM/Jahr)	0	0	0
3	Seminare und Lehrgänge (DM/Jahr)	0	0	0
4	Fremdrechnungen (DM/Jahr)	0	0	0
5	Sonstige anlaufbedingte Kosten (DM/Jahr)	0	0	0

Projekt-Nr.: Ac/PO /01	Planungsalternative 7	Version : 0	3.2.2.1.1

Betriebsmittel : Prüfen — BM-Nummer : 3

Anschaffung von Bearbeitungseinheiten — Seite : 1

Nr	Bezeichnung/Funktion	techn.Daten/Auswahlk.	A_ZP	A_Wert	ND	Inst.K.	FI
1	Härtemeßgerät		01/91	10000	10	0.16	1.60
Gesamt :				10000		0.16	

Projekt-Nr.: Ac/PO /01	Planungsalternative 7	Version : 0	3.2.2.1.1

Betriebsmittel : Leitstand — BM-Nummer : 4

Anschaffung von Bearbeitungseinheiten — Seite : 1

Nr	Bezeichnung/Funktion	techn.Daten/Auswahlk.	A_ZP	A_Wert	ND	Inst.K.	FI
1	Dipl.-Ing.	Gehaltskosten	01/91	150000	1	0.00	0.00
2	Hard- und Software		01/91	10000	10	0.00	0.00
Gesamt :				160000		0.00	

Projekt-Nr.: Ac/PO /01	Planungsalternative 7	Version : 0	3.3.1

Produktgruppe : Matrize — Gr-Nummer : 1

Produktionsabhängige Daten und Arbeitsaufteilung — Seite : 1

Durchlaufzeit je Los (h) : 3.37
Durchschlittliche Losgröße : 4
Summe der durchschnittl. Rüstzeiten pro Los (min) : 8.00

Arbeitsaufteilung

Nr	Arbeitsvorgang/Arbeitsplatz	Verweis
1	Sandstrahlen	
2	Reinigen	
3	Bearbeiten	
4	Prüfen	

| Projekt-Nr.: Ac/PO /01 | Planungsalternative 7 | Version : 0 | 3.3.2 |

Produktgruppe : Matrize — Gr-Nummer : 1

Arbeitsvorgangsabhängige Daten — Seite : 1

	AV 1	AV 2	AV 3	Summe
Betriebsmittel-Nr.	1	1	2	
Kostenstelle				
Bearbeitungszeit (min/St)	5.0000	0.0000	36.0650	
Fertigung : Vorgabezeit für AV (h%)	8.3300	8.3300	84.1300	
Lohngruppe	1	1	2	
Leistungsgrad (%)	0	0	0	
rechnerische Anzahl	0.00	0.00	0.00	
Springer : Vorgabezeit für AV (h%)	0.0000	0.0000	0.0000	
Lohngruppe				
Leistungsgrad (%)	0	0	0	
rechnerische Anzahl	0.00	0.00	0.00	
Anderes P. : Lohn-/Tarifgruppe				
Bedarf: – Zeit (h%)	0.0000	0.0000	0.0000	

| Projekt-Nr.: Ac/PO /01 | Planungsalternative 7 | Version : 0 | 3.3.2 |

Produktgruppe : Matrize — Gr-Nummer : 1

Arbeitsvorgangsabhängige Daten — Seite : 2

	AV 4	AV 5	AV 6	Summe
Betriebsmittel-Nr.	3			
Kostenstelle				
Bearbeitungszeit (min/St)	0.0000			41.0650
Fertigung : Vorgabezeit für AV (h%)	3.3300			104.1200
Lohngruppe	2			
Leistungsgrad (%)	0			
rechnerische Anzahl	0.00			
Springer : Vorgabezeit für AV (h%)	0.0000			0.0000
Lohngruppe				
Leistungsgrad (%)	0			
rechnerische Anzahl	0.00			
Anderes P. : Lohn-/Tarifgruppe				
Bedarf: – Zeit (h%)	0.0000			0.0000

| Projekt-Nr.: Ac/PO /01 | Planungsalternative 7 | Version : 0 | 3.3.3 |

Produktgruppe : Matrize — Gr-Nummer : 1

Materialkosten und Produktverrechnungspreis — Seite : 1

Materialkosten (DM%)   :   2813.108
Herleitung   :   ----

Produktverrechnungspreis (DM%) :   28852.239
Herleitung   :   ----

Projekt-Nr.: Ac/PO /01	Planungsalternative 7	Version : 0	3.3.1

Produktgruppe : Stempel	Gr-Nummer : 2

Produktionsabhängige Daten und Arbeitsaufteilung	Seite : 1

```
Durchlaufzeit je Los (h) :                              0.98
Durchschlittliche Losgröße :                            4
Summe der durchschnittl. Rüstzeiten pro Los (min) :     8.00
```

Arbeitsaufteilung

Nr	Arbeitsvorgang/Arbeitsplatz	Verweis
1	Sandstrahlen	
2	Reinigen	
3	Bearbeiten	
4	Prüfen	

Projekt-Nr.: Ac/PO /01	Planungsalternative 7	Version : 0	3.3.2

Produktgruppe : Stempel	Gr-Nummer : 2

Arbeitsvorgangsabhängige Daten	Seite : 1

	AV 1	AV 2	AV 3	Summe
Betriebsmittel-Nr.	1	1	2	
Kostenstelle				
Bearbeitungszeit (min/St)	5.0000	0.0000	6.2800	
Fertigung : Vorgabezeit für AV (h%)	8.3300	8.3300	24.5700	
Lohngruppe			2	
Leistungsgrad (%)	0	0	0	
rechnerische Anzahl	0.00	0.00	0.00	
Springer : Vorgabezeit für AV (h%)	0.0000	0.0000	0.0000	
Lohngruppe				
Leistungsgrad (%)	0	0	0	
rechnerische Anzahl	0.00	0.00	0.00	
Anderes P. : Lohn-/Tarifgruppe				
Bedarf: − Zeit (h%)	0.0000	0.0000	0.0000	

```
┌──────────────────────────────────────────────────────────────────────────────┐
│ Projekt-Nr.: Ac/PO /01  │ Planungsalternative 7 │ Version : 0 │    3.3.2        │
├──────────────────────────────────────────────────┴─────────────┴───────────────┤
│ Produktgruppe : Stempel                              │ Gr-Nummer :      2        │
├──────────────────────────────────────────────────────┴─────────────────────────┤
│           Arbeitsvorgangsabhängige Daten                │ Seite :      2          │
└──────────────────────────────────────────────────────────────────────────────┘
```

	AV 4	AV 5	AV 6	Summe
Betriebsmittel-Nr.	2			
Kostenstelle				
Bearbeitungszeit (min/St)	0.0000			11.2800
Fertigung : Vorgabezeit für AV (h%)	3.3300			44.5600
Lohngruppe				
Leistungsgrad (%)	0			
rechnerische Anzahl	0.00			
Springer : Vorgabezeit für AV (h%)	0.0000			0.0000
Lohngruppe				
Leistungsgrad (%)	0			
rechnerische Anzahl	0.00			
Anderes P. : Lohn-/Tarifgruppe				
Bedarf: − Zeit (h%)	0.0000			0.0000

```
┌──────────────────────────────────────────────────────────────────────────────┐
│ Projekt-Nr.: Ac/PO /01  │ Planungsalternative 7 │ Version : 0 │    3.3.3        │
├──────────────────────────────────────────────────┴─────────────┴───────────────┤
│ Produktgruppe : Stempel                              │ Gr-Nummer :      2        │
├──────────────────────────────────────────────────────┴─────────────────────────┤
│      Materialkosten und Produktverrechnungspreis        │ Seite :      1          │
└──────────────────────────────────────────────────────────────────────────────┘
```

```
Materialkosten (DM%)             :     490.000
Herleitung                       :     ----


Produktverrechnungspreis (DM%) :     5026.548
Herleitung                       :     ----
```

```
┌──────────────────────────────────────────────────────────────────────────────┐
│ Projekt-Nr.: Ac/PO /01  │ Planungsalternative 7 │ Version : 0 │    3.3.1        │
├──────────────────────────────────────────────────┴─────────────┴───────────────┤
│ Produktgruppe : Matrizeneinsatz                      │ Gr-Nummer :      3        │
├──────────────────────────────────────────────────────┴─────────────────────────┤
│   Produktionsabhängige Daten und Arbeitsaufteilung      │ Seite :      1          │
└──────────────────────────────────────────────────────────────────────────────┘
```

```
      Durchlaufzeit je Los (h) :                         1.71
      Durchschlittliche Losgröße :                       4
      Summe der durchschnittl. Rüstzeiten pro Los (min) :   8.00

Arbeitsaufteilung
```

Nr	Arbeitsvorgang/Arbeitsplatz	Verweis
1	Sandstrahlen	
2	Reinigen	
3	Bearbeiten	
4	Prüfen	

Projekt-Nr.: Ac/PO /01	Planungsalternative 7	Version : 0	3.3.2

Produktgruppe : Matrizeneinsatz   Gr-Nummer : 3

Arbeitsvorgangsabhängige Daten   Seite : 1

	AV 1	AV 2	AV 3	Summe
Betriebsmittel-Nr.	1	1	2	
Kostenstelle				
Bearbeitungszeit (min/St)	5.0000	0.0000	15.3770	
Fertigung : Vorgabezeit für AV (h%)	8.3300	8.3300	42.7540	
Lohngruppe	1	1	2	
Leistungsgrad (%)	0	0	0	
rechnerische Anzahl	0.00	0.00	0.00	
Springer : Vorgabezeit für AV (h%)	0.0000	0.0000	0.0000	
Lohngruppe				
Leistungsgrad (%)	0	0	0	
rechnerische Anzahl	0.00	0.00	0.00	
Anderes P. : Lohn-/Tarifgruppe				
Bedarf: − Zeit (h%)	0.0000	0.0000	0.0000	

Projekt-Nr.: Ac/PO /01	Planungsalternative 7	Version : 0	3.3.2

Produktgrúppe : Matrizeneinsatz   Gr-Nummer : 3

Arbeitsvorgangsabhängige Daten   Seite : 2

	AV 4	AV 5	AV 6	Summe
Betriebsmittel-Nr.	3			
Kostenstelle				
Bearbeitungszeit (min/St)	0.0000			20.3770
Fertigung : Vorgabezeit für AV (h%)	3.3300			62.7440
Lohngruppe	2			
Leistungsgrad (%)	0			
rechnerische Anzahl	0.00			
Springer : Vorgabezeit für AV (h%)	0.0000			0.0000
Lohngruppe				
Leistungsgrad (%)	0			
rechnerische Anzahl	0.00			
Anderes P. : Lohn-/Tarifgruppe				
Bedarf: − Zeit (h%)	0.0000			0.0000

Projekt-Nr.: Ac/PO /01	Planungsalternative 7	Version : 0	3.3.3

Produktgruppe : Matrizeneinsatz   Gr-Nummer : 3

Materialkosten und Produktverrechnungspreis   Seite : 1

Materialkosten (DM%)	:	1199.415
Herleitung	:	----
Produktverrechnungspreis (DM%)	:	12301.691
Herleitung	:	

Projekt-Nr.: Ac/PO /01	Planungsalternative 7	Seite : 1	4.1
Version der Planungsbasis : 0	Version der Alternative : 0		
Version der fixen Daten : 15	Erstellung der Berechnung : 20.03.91		
Amortisationszeit : 3.60	Kapitalwert : 1465.40		

Kapitaleinsatz / Periode	0	1	2
Betriebsbereitschaft			
Investition	1263080.00	153300.00	156672.60
Selbsterstellung	0.00	0.00	0.00
Installation	0.00	15000.00	0.00
Konstruktion	0.00	0.00	0.00
Projektstand	0.00	0.00	0.00
während des Betriebes			
Personalkosten	0.00	353052.06	363643.62
Betriebsabh. Kosten	0.00	169175.42	172085.31
Zusatzkosten durch Einf.	0.00	226160.92	82134.02
Raumkosten	0.00	19500.00	19500.00
Betriebsmittelanpassung	0.00	0.00	0.00
Materialkosten	0.00	131203.52	134090.00
Einnahmen	0.00	1345699.13	1375304.51
Kapitaldienst (Kosten/Erlös)	0.00	-126308.00	-111108.08
Projektstand [TDM]	-1263.08	-1111.08	-775.01

Projekt-Nr.: Ac/PO /01	Planungsalternative 7	Seite : 2	4.1
Version der Planungsbasis : 0	Version der Alternative : 0		
Version der fixen Daten : 15	Erstellung der Berechnung : 20.03.91		
Amortisationszeit : 3.60	Kapitalwert : 1465.40		

Kapitaleinsatz / Periode	3	4	5
Betriebsbereitschaft			
Investition	160119.40	163642.02	167242.15
Selbsterstellung	0.00	0.00	0.00
Installation	0.00	0.00	0.00
Konstruktion	0.00	0.00	0.00
Projektstand	0.00	0.00	0.00
während des Betriebes			
Personalkosten	374552.93	385789.52	397363.20
Betriebsabh. Kosten	175082.50	178169.61	181349.33
Zusatzkosten durch Einf.	0.00	0.00	0.00
Raumkosten	19500.00	19500.00	19500.00
Betriebsmittelanpassung	0.00	0.00	0.00
Materialkosten	137039.98	140054.86	143136.06
Einnahmen	1405561.21	1436483.56	1468086.19
Kapitaldienst (Kosten/Erlös)	-77500.99	-31324.45	20475.86
Projektstand [TDM]	-313.24	204.76	784.73

Projekt–Nr.: Ac/PO /01	Planungsalternative 7	Seite : 3	4.1

Version der Planungsbasis : 0	Version der Alternative : 0
Version der fixen Daten : 15	Erstellung der Berechnung : 20.03.91
Amortisationszeit : 3.60	Kapitalwert : 1465.40

Kapitaleinsatz / Periode	6	7	8
Betriebsbereitschaft			
Investition	170921.48	174681.75	0.00
Selbsterstellung	0.00	0.00	0.00
Installation	0.00	0.00	0.00
Konstruktion	0.00	0.00	0.00
Projektstand	0.00	0.00	0.00
während des Betriebes			
Personalkosten	409284.10	421562.62	434209.50
Betriebsabh. Kosten	184624.44	187997.80	191472.36
Zusatzkosten durch Einf.	0.00	0.00	0.00
Raumkosten	19500.00	19500.00	19500.00
Betriebsmittelanpassung	0.00	0.00	0.00
Materialkosten	146285.06	149503.33	152792.40
Einnahmen	1500384.09	1533392.54	1567127.18
Kapitaldienst (Kosten/Erlös)	78472.99	143297.19	215641.61
Projektstand [TDM]	1432.97	2156.42	3141.21

Sicherheit in der Lasermaterialbearbeitung

Hrsg.
VDI-Technologiezentrum
Physikalische Technologien.
1990. 95 S., 14 Bilder
DIN A5. Br.
DM 58,–/52,20*
(3-18-400975-0)

Die Lasertechnik findet
immer schneller Eingang in
Produktion und Fertigung.
Dabei gilt es bei der Nutzung dieses „neuen Werkzeugs" ganz besonders
auch neue Sicherheitsvorschriften zu beachten. Es
wird über den derzeitigen
Stand der Technik sowie die
zu beachtenden Vorschriften
umfassend informiert.

SchOHT

Handbuch der Schicht-,
Oberflächen- und Halbleitertechnik.
Hrsg. Forschungszentrum
Jülich GmbH/VDI-Technologiezentrum Physikalische
Technologien.
1990. VIII. 612 S., 11 Abb.
DIN A5. Br.
DM 48,00/43,20*
(3-18-401003-1)

Das Handbuch der Schicht-,
Oberflächen und Halbleitertechnik als aktuelles Nachschlagewerk für Forschung
und Industrie liefert:
– fachlichen Überblick
– detaillierte Informationen
– kompetente Ansprechpartner

Die Oberflächenanalyse

Anwendung – Verfahren –
Anbieteradressen.
Otto W. Madelung

Hrsg.
VDI-Technologiezentrum
Physikalische Technologien.
1989. VII. 308 S., 11 Abb.
DIN A5. Br.
DM 78,00/70,20*
(3-18-400918-1)

Eine ausführliche Information
über die Möglichkeiten, die
Verfahren und die Nutzung
der Oberflächenanalyse.
Im Teil: „Anbieteradressen"
werden katalogmäßig
solche Stellen aufgelistet,
die entsprechende Analysegeräte betreiben und
grundsätzlich bereit sind,
Lohnanalysen durchzuführen.

* Preis für VDI-Mitglieder

VDI VERLAG

Vertriebsleitung
Postfach 10 10 54
4000 Düsseldorf 1
Telefon: (02 11) 61 88-0
Fax: (02 11) 61 88-1 33

DAS TECHNISCHE WISSEN DER GEGENWART.

VDI-Lexikon Werkstofftechnik

Hrsg. Hubert Gräfen
1991. 1187 S., 997 Abb., 188 Tab.
24 x 16,8 cm. Ln.
Subskriptionspreis bis zum 31. 12. 1991
DM 248,–, danach DM 278,–
ISBN 3-18-400893-2

VDI-Lexikon Bauingenieurwesen

Hrsg. Hans-Gustav Olshausen und
VDI-Gesellschaft Bautechnik.
1991. VIII, 649 S., 800 Abb., 100 Tab.
24 x 16,8 cm. Ln. DM 168,–
ISBN 3-18-400897-5

Lexikon Elektronik und Mikroelektronik

Hrsg. VALVO/Hans Weinerth/Dieter Sautter
1990. XII, 922 S., 1158 Abb., 106 Tab.
24 x 16,8 cm. Ln. DM 128,–
ISBN 3-18-400896-7

Lexikon Informatik und Kommunikationstechnik

Hrsg. Fritz Krückeberg/Otto Spaniol
1991. XII, 693 S., 454 Abb., 35 Tab.
24 x 16,8 cm. Gb. DM 168,–
ISBN 3-18-400894-0

In Vorbereitung:

- VDI-Lexikon Meß- und Automatisierungstechnik
- VDI-Lexikon Energietechnik
- Lexikon Maschinenbau Produktion Verfahrenstechnik
- Lexikon Umwelttechnik

VDI VERLAG

Jeder Band erschließt mit einigen tausend Stichwörtern und Stichwortartikeln die gesamte Bandbreite des jeweiligen Wissenschaftsbereiches, einschließlich der Grundwissenschaften und tangierender Gebiete.

Das Gerüst der Lexika und die Festlegung der zu erläuternden Begriffe sind das Ergebnis jahrelanger Zusammenarbeit von Herausgeber, Autoren und Redaktion, mit Unterstützung einer eigenen Datenbank. Nur so konnten ständig neue Begriffe berücksichtigt werden, mit dem Ziel, dem Leser aktuelle und zuverlässige Fachkenntnisse zu vermitteln.

Ausführliche Informationen über die weiteren Fachlexika erhalten Sie über Frau Kerstin Köhler, Telefon (02 11) 61 88-125 – oder: Schicken Sie uns den Coupon.

COUPON

Bitte einsenden an:
VDI VERLAG, Postfach 10 10 54, Vertriebsleitung,
4000 Düsseldorf 1, Telefon (02 11) 61 88-0,
Fax (02 11) 61 88-1 33, oder an Ihre Buchhandlung.

Ja, ich bestelle

_______ Expl. VDI-Lexikon Werkstofftechnik
ISBN 3-18-400893-2

_______ Expl. VDI-Lexikon Bauingenieurwesen
ISBN 3-18-400897-5

_______ Expl. Informatik und Kommunikationstechnik
ISBN 3-18-400894-0

_______ Expl. Lexikon Elektronik und Mikroelektronik
ISBN 3-18-400896-7

Die Preise verstehen sich inkl. MwSt. zzgl. Versandkosten.

Ja, ich interessiere mich für die Fachlexika.
Bitte informieren Sie mich über das

☐ VDI-Lexikon Bauingenieurwesen
☐ VDI-Lexikon Energietechnik
☐ VDI-Lexikon Werkstofftechnik
☐ VDI-Lexikon Umwelttechnik
☐ VDI-Lexikon Meß- und Automatisierungstechnik
☐ Lexikon Maschinenbau – Produktion – Verfahrenstechnik
☐ Lexikon Informatik und Kommunikationstechnik
☐ Lexikon Elektronik und Mikroelektronik

Name/Vorname

Straße/Nr.

PLZ/Ort

Datum/Unterschrift

VDI-Mitglieds-Nr.

Heinrich Raimund Schunk · Laser für die Oberflächenbehandlung